Dieter Seeliger

Kernphysik an der Technischen Universität Dresden von 1955 bis 1990

TUDpress

Dieter Seeliger

Kernphysik an der Technischen Universität Dresden von 1955 bis 1990

Zweite, überarbeitetete Auflage

TUD*press*

2012

Bibliografische Information der Deutschen Nationalbibliothek
Die Deutsche Nationalbibliothek verzeichnet diese Publikation in der Deutschen Nationalbibliografie; detaillierte bibliografische Daten sind im Internet über http://dnb.d-nb.de abrufbar.

Bibliographic information published by the Deutsche Nationalbibliothek
The Deutsche Nationalbibliothek lists this publication in the Deutsche Nationalbibliografie; detailed bibliographic data are available in the Internet at http://dnb.d-nb.de.

ISBN 978-3-942710-63-3

Verlag der Wissenschaften GmbH
Bergstr. 70 | D-01069 Dresden
Tel.: +49 (351) 47 96 97 20 | Fax: +49 (351) 47 96 08 19
http://www.tudpress.de

Zweite, überarbeitetete Auflage
Gesetzt vom Autor.
Umschlag: Stefan Schulte Kommunikationsdesign, Dresden
Printed in Germany.

Vorwort zur zweiten, überarbeiteten Auflage

Infolge der Resonanz, den die erste Auflage bei früheren Kollegen und Studierenden fand, war sie bald vergriffen. Zugleich erreichten den Autor weitere Informationen und Fakten zu den Anfängen der Kernphysik an der Technischen Universität Dresden, die eine Überarbeitung und Ergänzung der Broschüre rechtfertigen. In diesem Zusammenhang wurde das Verzeichnis der Publikationen vervollständigt und ein Personenregister der genannten Wissenschaftler angefügt, so dass nun eine schnelle Orientierung über deren Tätigkeit im Zusammenhang mit dem Gebiet der Kernphysik an der TU Dresden möglich ist. Allen, die hierzu beitrugen, sei hiermit gedankt.

Dieter Seeliger   Dresden, April 2012

Vorwort zur ersten Auflage

Siebzig Jahre sind seit der Entdeckung der Kernspaltung vergangen, in deren Folge sich die Physik des Atomkerns aus einem Forschungsgegenstand weltweit weniger Spezialisten in ein breit gefächertes Gebiet von Forschung, Technologie und Industrie mit dem Ziel der Nutzung der Kernenergie – die Kerntechnik – wandelte. Im Nachkriegsdeutschland Ost und West begann ihre Entwicklung 1955 erneut, nachdem sie zehn Jahre zuvor mitten in den Versuchen, eine selbsterhaltende Kettenreaktion in Gang zu setzen, mit dem Zusammenbruch des „Dritten Reiches“ ihr vorläufiges Ende gefunden hatte.

Der Neubeginn fand nicht nur in der Bundesrepublik Deutschland statt, wo der überwiegende Teil prominenter deutscher Kernphysiker daran aktiv mitwirken konnte und eine leistungsfähige Schwerindustrie existierte. Auch in der DDR, unter hierfür weitaus komplizierteren personellen und materiellen Voraussetzungen, gab es gleichzeitig einen Neuanfang der Kerntechnik.

Die nachfolgenden Ausführungen beschreiben die Ausbildung und Forschung am Wissenschaftsbereich Kernphysik der Technischen Universität Dresden und seinen Vorgängereinrichtungen, Institut für Allgemeine Kerntechnik und Institut für Experimentelle Kernphysik, von den Anfängen im Jahr 1955 bis zum Jahr 1990. Im Fokus der Ausführungen stehen dabei fachliche und personelle Aspekte dieser Entwicklung, mit einem - in der gewählten Kürze zwangsläufig unvollständigen - Resümee erzielter Ergebnisse in Ausbildung und Forschung.

Nicht beabsichtigt ist hier eine detaillierte Analyse des politischen Umfeldes, in dem diese Entwicklung erfolgten musste – dies würde den Rahmen der kurz gehaltenen, fachbezogenen Ausführungen sprengen. Andererseits sind viele der nachfolgend beschriebenen Entwicklungen nur im Zusammenhang mit den in der DDR herrschenden gesellschafts-politischen Rahmenbedingungen zu verstehen: Das betrifft sowohl die Strukturveränderungen an der TH/TU Dresden, wie auch die Bedingungen für die Gestaltung von Kooperationsbeziehungen mit Einrichtungen im In- und Ausland oder die materielle Basis hinsichtlich technischer Ausstattung mit Beschlenigern und Rechentechnik. Deshalb werden grundlegende Entscheidungen der Politik an solchen Stellen erwähnt, an denen dies für das Verständnis der Entwicklung eines Hochschulbereichs unter Einwirkung von außen vorgegebener politischer Prämissen angebracht ist.

Diese Dokumentation soll die Leistung derjenigen Wissenschaftler in Erinnerung bringen, die am Anfang der Entwicklung der Kerntechnik an der TU Dresden standen. Zugleich ist sie gedacht als Dank an Kollegen im In- und Ausland, an die Mitarbeiter des Wissenschaftsbereichs Kernphysik und viele Studenten, mit denen der Autor im Laufe von fast drei Jahrzehnten – oft unter nicht einfachen Bedingungen – in Forschung und Lehre zusammengearbeitet hat.

Trotz sorgfältiger Recherchen konnten bisher leider nicht alle Lücken geschlossen werden. Hinweise und ergänzende Informationen werden gern entgegengenommen. Besonderer Dank gilt in diesem Zusammenhang posthum Herrn Dr. Helmut Helfer, der über viele Jahre Namenslisten zusammengetragen hat. Auch weiteren früheren Kollegen, die mit Hinweisen und Ergänzungen zu dieser Zusammenstellung beigetragen haben, sei an dieser Stelle gedankt.

Dresden, März 2009

Inhaltsverzeichnis

1. Institutionelle Verankerung der Kernphysik an der TU Dresden

1.1 Entwicklungen im zeitlichen Umfeld des Neuanfangs

Ein Ursprung der Physik des Atomkerns im engeren Sinn geht auf Ernest Rutherford zurück, der anhand von Experimenten zur Streuung von Alphateilchen im Jahr 1911 das noch heute gültige Modell des Atomaufbaus aus Hülle und Kern ableitete und so den Atomkern als eigenständiges Untersuchungsobjekt in die Physik einführte. Es begann eine weltweit schnelle Entwicklung der Kernphysik mit immer neuen Höhepunkten, von denen hier nur die Entdeckungen des Neutrons durch James Chadwick im Jahr 1932 und der Kernspaltung durch Otto Hahn und Fritz Strassmann im Jahr 1938[1]genannt seien.

Dann begann der II. Weltkrieg. Im Jahr 1942 gelang noch ein weiterer Höhepunkt auf dem Wege zur friedlichen Nutzung der Kernenergie - die Verwirklichung der selbst erhaltenden Kettenreaktion in einem Natururan-Graphit-Reaktor durch Enrico Fermi. Doch verschoben sich im Verlauf des Krieges die Forschungsschwerpunkte drastisch in Richtung auf die militärische Nutzung der Kernspaltung, getrieben von den Interessen der kriegführenden Staaten. Die Kernforschung wurde weltweit strengster Geheimhaltung unterworfen.

Fast nahtlos schloss sich daran die lange Phase des „Kalten Krieges" zwischen Ost und West an, in der wiederum die Entwicklung der Kerntechnik wegen ihrer militärisch-strategischen Bedeutung unter ganz besonderen Prioritäten und äußeren Zwängen stand. Es ist weder Gegenstand dieser Dokumentation, die fachlichen Meilensteine der Kernphysik in den Anfangsjahren lückenlos zu beschreiben, noch die politischen Ereignisse und deren Einfluss auf die Entwicklung des Fachgebietes umfassend darzustellen.

Nur schlaglichtartig werden einige historische Ereignisse herausgegriffen, um gravierende Rückwirkungen der Politik auf die Entwicklung eines Wissenschaftsgebietes an der Technischen Universität Dresden sichtbar und dem heutigen Leser verständlich zu machen. Dabei soll jedoch nicht die heutige Erkenntnis, nach der Überwindung des Ost-West-Konflikts, das Maß der Darstellung sein, sondern die damaligen Ziele, Motivationen und Aus-

---

1 Bekanntlich waren Hahn und Strassmann am 18.12.1938 bei Experimenten zur Bestrahlung von Uran mit Neutronen zur Gewissheit gekommen, dass ein Reaktionsprodukt nur das viel leichtere Barium sein kann. Am nächsten Tag teilten sie dies Lise Meitner mit und reichten am 22.12.1938 das Manuskript der Publikation bei der Zeitschrift *Naturwissenschaften* ein, wo es am 06.01.1939 erschien. Bereits am 16.01.1939 veröffentlichten Lise Meitner und W. Frisch eine Notiz in der Zeitschrift *Nature*, in der sie die theoretische Erklärung der Beobachtung von Hahn und Strassmann gaben, als ein bis dahin unbekannter Prozess der Kernspaltung, bei dem ungewöhnlich große Energiemengen freigesetzt werden. Parallel gelangten S. Flügge und G. v. Droste in einer Publikation am 23.01.1939 zum gleichen Ergebnis. Kurz danach stand auch bereits fest, dass eine Kettenreaktion prinzipiell möglich scheint. So waren um die Jahreswende 1938/39 wesentliche Grunderkenntnisse weltweit bekannt geworden, die bis heute Grundlage für die Nutzung der Kernenergie sind.

wirkungen auf die praktische Arbeit in Lehre und Forschung an der Hochschule – soweit sie heute noch erinnerlich oder reproduzierbar sind.

Kommen wir zu einigen historischen Ereignissen und deren Auswirkung auf die Entwicklung der Kernforschung in Dresden: Durch das Kontrollratsgesetz Nr. 25 vom Frühjahr 1946 war den Deutschen in Ost und West die Arbeit auf dem Gebiet der Kernforschung mit dem Ziel der Verwertung der Kernenergie untersagt. Auf dem Territorium der sowjetischen Besatzungszone kam hinzu, dass nahezu alle Wissenschaftler mit Erfahrungen auf diesem Gebiet – soweit sie nicht in die westlichen Besatzungszonen geflüchtet waren - als „Spezialisten" von 1946 bis 1955 in der UdSSR lebten und arbeiteten. Zu ihnen zählten auch Heinz Pose, Heinz Barwich, Werner Hartmann, Gustav Richter, Manfred von Ardenne, Ernst Rexer und Josef Schintlmeister, von denen noch ausführlicher berichtet wird.[2] Darüber hinaus war sofort nach Kriegsende auch der Bestand an kerntechnisch relevanten Materialien, Geräten und Ausrüstungen als Kriegsbeute fast vollständig in die UdSSR verbracht worden.

Nachdem beide Hauptkontrahenten des Ost-West-Konflikts – die USA und UdSSR - ab 1952/53 nicht nur bereits zahlreiche Atomsprengköpfe besaßen, sondern auch über die Fähigkeit verfügten, thermo-nukleare Sprengköpfe zu zünden, begann angesichts der immer realer werdenden Gefahr einer globalen nuklearen Katastrophe schrittweise ein partieller Prozess des Umdenkens – zu der noch viele Jahre auf beiden Seiten weiter bestehenden Doktrin der gegenseitigen Abschreckung durch Aufstockung des nuklearen Arsenals, kam die Besinnung der Kernwaffenmächte auf ein gemeinsames Interesse hinzu: Die Verhinderung der weiteren Ausbreitung des Besitzes von Kernwaffen auf immer mehr Staaten in der Welt. Dies sollte erreicht werden durch eine teilweise Öffnung der Kernforschung und Hinorientierung aller Staaten auf die friedliche Anwendung der Atomenergie, allerdings unter weitgehender Kontrolle durch die Kernwaffenmächte.

Den ersten Schritt hierzu machte der US-Präsident Eisenhower in seiner Rede vor der UNO-Vollversammlung am 08.12.1953 mit dem Vorschlag der Gründung einer Internationalen Atomenergiebehörde der UNO. Wenn auch zunächst zögerlich und überschattet von den Spannungen des Kalten Krieges, begannen internationale Ost-West-Kontakte auf dem Gebiet der Kerntechnik. Als sichtbares Zeichen der in der ersten Hälfte der 50-er Jahre einsetzenden Entwicklung eines, immer noch vorsichtig-begrenzten internationalen Wissenschaftsaustauschs, ist die Erste Genfer Konferenz der UNO über die friedliche Anwendung der Atomenergie im August 1955 zu sehen. Erstmals präsentierten dort beide Seiten Ergebnisse ihrer bis dahin streng geheim gehaltenen nuklearen Forschungen. Von einem freien wissenschaftlichen Austausch über Ländergrenzen hinweg war damals die Situation al-

2 Weitere deutsche Nuklearspezialisten, die in der UdSSR arbeiteten und danach in die DDR kamen, sind: Gustav Hertz, Nikolaus Riehl, Max Steenbeck, Peter-Adolf Thiessen, Max Volmer, Fritz Bernhardt, Hans-Joachim Born und Justus Mühlenpfordt, die an anderen Einrichtungen in unterschiedlichen Funktionen tätig wurden.

lerdings noch sehr weit entfernt! Noch dominierte das Machtkalkül der Blöcke über rein wissenschaftliche Argumente, zogen Geheimdienste im Hintergrund die Fäden, und dennoch - es war ein erster Schritt aufeinander zu, nach der Blockade von Westberlin und dem Koreakrieg.

Zwei Jahre später, am 29.07.1957, trat das Statut der **Internationalen Atombehörde IAEA** tatsächlich in Kraft, über 100 Staaten wurden sofort Mitglied, viele weitere kamen später hinzu. Auch wenn in den Jahren nach Gründung der IAEA einige weitere Staaten in den Besitz von Kernwaffen gelangten, bewähren sich die seinerzeit abgeschlossenen Verträge bis heute als wirksames Instrument zur Eindämmung der weltweiten atomaren Aufrüstung – es gibt dazu bis heute keine vernünftige Alternative. Die erfolgreiche Entwicklung dieser Spezialorganisation der UNO in den folgenden Jahrzehnten und die weltweite Anerkennung ihrer Leistung fand unter anderem in der Zuerkennung des Friedensnobelpreises am 09.12.2005 ihren Ausdruck. Auch für die Arbeit des hier vorgestellten Hochschulbereichs sollte die Mitwirkung an den Zielen dieser Organisation in späteren Jahren von wesentlicher Bedeutung werden, wie hier berichtet wird.

In dieser Phase des „Aufbruchs in ein künftiges, friedliches Atomzeitalter" entfällt 1955 das Verbot kerntechnischer Forschung in Deutschland durch die Alliierten Siegermächte des II. Weltkrieges. Obwohl in der DDR konzeptionelle Überlegungen über die künftige Durchführung wissenschaftlicher Arbeiten auf den Gebieten Atomenergie und Anwendung radioaktiver Isotope bereits im Jahr 1949 unter Federführung von Robert Rompe und Hans Wittbrodt begannen – wie in einem Artikel des Zeitzeugen Karl Lanius beschrieben (LAN 2007) - war bis dahin der tatsächliche Stand der Kernforschung annähernd gleich Null. In Zeuthen bei Berlin war ab 1952 ein kleines „Institut für Korpuskularphysik" aufgebaut worden, welches sich vorrangig mit Untersuchungen der Höhenstrahlung befasste. Ansätze für Hochschulforschung, die sich der Kernphysik zuordnen ließen, beschränkten sich im Osten Deutschlands bis 1955 weiterhin auf kleine Gruppen in Jena (Alfred Eckardt), Halle (Wilhelm Messerschmidt) und Rostock (Paul Kunze). Im Osten und Westen[3] Deutschlands erfolgten nun schnell – oft auf der Grundlage bereits vorsorglich vorbereiteter Konzepte - die ersten Schritte zum Aufbau einer eigenen Forschungsbasis. Ab Frühjahr des gleichen Jahres entstand, ausgearbeitet durch eine kleine Gruppe von Fachleuten[4], die Konzeption für den Aufbau des **Zentralinstituts für Kernphysik (ZfK)**[5] in **Rossendorf**, nahe Dresden. Als wichtige Grundlage der späteren detaillierten Planung dienten dabei Unterlagen von der Ersten Genfer Konferenz, auf

3 In der Bundesrepublik Deutschland ist diese Entwicklung markiert durch die Souveränitätserklärung vom 05.05.1955 und die Gründung des Atomministeriums im Oktober 1955 (BAG 1957, SCR 2003, SCR 2005).

4 Zur Guppe gehörten: Karl-Friedrich Alexander, Christian Keck, Karl Lanius, Jürgen Wolf, später auch Heinz Barwich (LAN 2007).

5 Im Jahr 1963 erfolgte seine Umbenennung in Zentralinstitut für Kernforschung, die bis zur Auflösung im Jahr 1991 beibehalten wurde.

der zwei Wissenschaftler aus Dresden - Heinz Barwich und Wilhelm Macke - als Beobachter teilgenommen hatten (LAN 2007).

In den Jahren 1954/55 kehrten die meisten deutschen Spezialisten von ihrem langjährigen Aufenthalt in der Sowjetunion zurück und übernahmen Führungspositionen beim Aufbau der ostdeutschen Kernforschung - Gustav Hertz in Leipzig, Gustav Richter in Miersdorf/Zeuthen, Heinz Barwich und Josef Schintlmeister in Rossendorf sowie Werner Hartmann und Ernst Rexer in Dresden. Sie entschieden sich für diesen Weg aus innerer Überzeugung. Durch Abschluss von - für die damalige Situation sehr lukrativen - Einzelverträgen hatte die Regierung diese Entscheidung erleichtert und ihnen interessante Entwicklungsmöglichkeiten durch Gründung neuer Institute bzw. Produktions- oder Forschungseinrichtungen geboten. Dies geschah mit Billigung, teilweise auf ausdrückliche Empfehlung seitens der sowjetischen Führung - die Phase der allumfassenden Reparationslieferungen war schließlich zu Ende, nun sollte der verbündete und kontrollierte Staat im Ost-West-Konflikt als Gegenpol zur Bundesrepublik ausgebaut werden. Dies ging sogar soweit, 1955 die Gründung eines privaten Forschungsinstituts durch Manfred von Ardenne in Dresden zuzulassen und finanziell zu fördern. Heinz Barwich wurde Direktor des ZfK Rossendorf und blieb dies bis zu seinem Weggang aus der DDR im Jahr 1964. Zugleich übte er bis 1961 in diesem Institut auch die Leitung des Bereichs Reaktor- und Neutronenphysik aus. Josef Schintlmeister übernahm die Leitung des 1956 gebildeten Bereichs Physik der Atomkerne im ZfK Rossendorf.

Auch die anderen „Rückkehrer aus der Sowjetunion" nahmen zentrale Positionen in den neu gegründeten übergeordneten Leitungen und den beratenden wissenschaftlichen Gremien ein (vgl. Tabellen A-1 und A-2): In Berlin wurde das dem Ministerrat direkt unterstellte „Amt für Kernforschung und Kerntechnik" (KF&KT) geschaffen, welches den Aufbau der Kernforschung als Regierungsorgan koordinieren und leiten sollte. Es stand unter Leitung von Karl Rambusch, sein Stellvertreter wurde Bertram Winde.

Der Wissenschaftliche Rat für die friedliche Anwendung der Atomenergie (WRAE) beim Ministerrat, als höchstes Beratungsgremium, stand unter der Leitung von Gustav Hertz. Mitglieder im Rat waren Karl-Friedrich Alexander, Manfred von Ardenne, Heinz Barwich, Heinz Faulstich, Klaus Fuchs, Werner Hartmann, Werner Lange, Karl Lanius, Gustav Richter, Karl Rambusch, Robert Rompe, Ernst Rexer, Max Steenbeck und Kurt Schwabe.

Ihm beigeordnet war die Kommission Kernphysik des Wissenschaftlichen Rates unter Vorsitz von Gustav Richter, deren Mitglieder im Jahr 1961waren: Karl-Friedrich Alexander, Alfred Eckardt, Paul Kunze, Werner Lange, Kurt Lösche, Heinz Pose, Josef Schintlmeister, Klaus Fuchs, Karl Lanius, Bertram Winde und Dipl.-Phys. Amm als Sekretär des Amtes für KF&KT.

Die Finanzierung der kernphysikalischen Grundlagenforschung erfolgte direkt aus dem Staatshaushalt, über den Etat des Amtes für KF&KT. Damit nahm die Kernforschung eine Sonderstellung ein, sowohl im Vergleich zu den Akademieeinrichtungen, wie auch zu den Hochschulen. Dieser Zustand galt für die Jahre von 1955 bis 1962/63. Es war die Zeit des Neuanfangs, des Aufschwungs, offenbar auch - angesichts der wirtschaftlichen Realitäten in der DDR - mancher Illusionen, wie sich Jahre später herausstellte. In dieser Zeit übten die „Rückkehrer", die den aktuellen Stand der Kernforschung - zumindest bis zum Beginn der mehrjährigen „Abklingphase" vor ihrer Rückkehr - aus eigener Arbeit kannten, einen beträchtlichen Einfluss aus auf die Vorbereitung von Regierungsentscheidungen, die Forschungsplanung und Mittelvergabe. Dies geschah u.a. in Form von Ergebnisberichten, die mit Beschlussvorlagen des WRAE verbunden wurden und damit als eine Empfehlung des WRAE an das Amt für KF&KT galten.[6] Unter den genannten Mitgliedern der beiden Räte waren Befürworter einer starken kernphysikalischen Grundlagenforschung angemessen vertreten, neben ebenso einflussreichen Verfechtern kerntechnischer Anwendungen.

Beim Stand der Industrie in Ostdeutschland hätte der Neubeginn ohne Unterstützung von außen viele Jahre in Anspruch genommen. Um den Prozess zu beschleunigen, unterbreitete die Sowjetunion ihrerseits im Januar 1955 ein Angebot über Hilfeleistungen für die osteuropäischen Länder der Volksdemokratien bei der Schaffung wissenschaftlich-technischer Zentren der Kernphysik. Am 28.04.1955 wurde zwischen der UdSSR und der DDR ein entsprechendes Abkommen unterzeichnet. Es sah die Projektierung und Lieferung eines Forschungsreaktors WWR-S mit einer Leistung von 2 MW und eines Zyklotrons U-120 für die Beschleunigung von Alphateilchen für das aufzubauende Zentralinstitut vor, inklusive technischer Hilfe bei deren Aufbau und Inbetriebnahme sowie Ausbildung von Bedienungsmannschaften für den Betrieb. Hinzu kam weiterhin ein 2 MV Van-de-Graaff Beschleuniger aus der Entwicklung des Transformatoren- und Röntgenwerkes Dresden. Mit den genannten Großgeräten sowie der Infrastruktur des Instituts, inklusive Werkstätten, radiochemischen sowie dosimetrischen Labors, fand der Aufbau des ZfK Rossendorf bis zum Jahr 1958 seinen vorläufigen Abschluss. Begleitet wurde der Aufbau des Zentralinstituts durch Schaffung von Neubau-Wohnraum für die Mitarbeiter im damals noch weitgehend zerstörten Dresden, insbesondere im Stadtzentrum und im Ortsteil Striesen. Auch in anderen osteuropäischen Ländern entstanden damals nationale

6 J. Schintlmeister: „Bericht über die Tätigkeit des Bereiches Physik der Atomkerne im ZfK"; Vorlage für die 14. Tagung des WRAE am 21.10.1960; ZfK-A 0/145;
G. Richter: „Bericht über den Aufbau und die Arbeiten des Kernphysikalischen Instituts der DAW zu Berlin"; Vorlage für die 18.Tagung des WRAE am 07.07.1961, ZfK-A, 0/539;
K. Fuchs: „Bericht über laufende Arbeiten und zukünftige Aufgabenstellungen des Bereiches Theoretische Physik des ZfK"; Vorlage für die 19.Tagung des WRAE am 13.10.1961; ZfK-A, 0/145
„Bericht über die für die Kernforschung und Kerntechnik vorgesehenen Investitionsmaßnahmen" ; Vorlage für die 20.Tagung des WRAE am 09.03.1962; ZfK-A, 0/145
(*Erläuterung:* Die Hinweise auf Ablage im ZfK-Archiv sind dem unveröffentlichten Bericht von K.H. Kaun aus dem Jahr 1993 ,,Kernphysik am ZfK Rossendorf in den Jahren 1955 bis 1990" entnommen)

Kernforschungszentren mit sowjetischer Hilfe, bestückt mit ähnlichen Großgeräten, wie im ZfK Rossendorf.

Die indirekte Hilfestellung seitens der UdSSR ging jedoch noch über diesen Rahmen hinaus: Sie betraf auch die Ausbildung von Fachkräften für die spätere Forschungsarbeit, insbesondere durch das Studium an den Universitäten in Leningrad (heute wieder Sankt Petersburg) und Moskau, sowie Aspiranturen an Hochschulen und Forschungseinrichtungen (Karl-Heinz Müller, Karl-Heinz Kaun, Günter Flach, Dieter Seeliger, Horst Sodann u.v.a.m.). Zu erwähnen sind in diesem Zusammenhang auch einige Wissenschaftler, die während des Aufenthaltes deutscher Fachleute in der SU - ohne selbst zur ersten Reihe der oben genannten Prominenten zu gehören - dort als Laboranten oder Mitarbeiter in Kernforschungsprojekten Erfahrungen sammeln und nun wesentliche Beiträge zum Aufbau der Kernforschung in Dresden leisten konnten (Victor Bredel, Hartwin Jungclausen u.a.). Bedenkt man die schwierige wirtschaftliche Lage des Landes nach dem Krieg, so erfolgte der Aufbau des Zentralinstituts für Kernphysik in Rossendorf überraschend schnell. Es konnte bereits einige Jahre später über erste Forschungsergebnisse berichtet werden (BAR 1958, RAM 1960, ALE 1961, SCI 1961, FUC 1962, FAU 1965).

In die Ereigniskette des Neubeginns gehört zweifellos auch die Gründung des **Vereinigten Instituts für Kernforschung (VIK)** im Städtchen **Dubna** an der Wolga, nördlich von Moskau. Am 26.03.1956 unterzeichneten Regierungsvertreter von 11 Staaten – Albanien, Bulgarien, Ungarn, DDR, VR China, Nordkorea, Mongolei, Polen, Rumänien, Sowjetunion und Tschechoslowakei - im Konferenzsaal der Akademie der Wissenschaften der UdSSR in Moskau das Gründungsabkommen. Kurze Zeit später wurde noch Nordvietnam, als zwölftes Mitglied, aufgenommen. Das Ziel war, den genannten Ländern Osteuropas und Asiens den Zugang zur modernen Kernforschung für friedliche Zwecke mit entsprechender Großgeräteausstattung zu ermöglichen. Das VIK Dubna war wohl auch gedacht als ein Gegengewicht zu dem 1954 gegründeten Kernforschungszentrum CERN der westeuropäischen Länder. in der Nähe von Genf.

Das VIK entstand auf der Grundlage von zwei bereits vorhandenen Einrichtungen der Akademie, dem Institut für Kernprobleme, mit einem Synchronzyklotron zur Beschleunigung von Protonen bis 680 MeV als Basisanlage und dem Elektrophysikalischen Laboratorium (BIR 1960).

Erster Direktor des Instituts wurde der Theoretiker D.I. Blochinzew, ihm folgte einige Jahre später der ebenso bekannte Theoretiker N.N. Bogoljubow. Der Institutsleitung wurde, neben dem für Grundsatzfragen und die Finanzierung zuständigen Komitee der Regierungsbevollmächtigten, ein Wissenschaftlicher Rat aus prominenten Wissenschaftlern aller Mitgliedsländer zur Begutachtung und Bestätigung aller Forschungs- und Entwicklungsprogramme des Instituts übergeordnet. Die ersten Ratsmitglieder aus der DDR waren Gustav Hertz, Heinz Pose und Heinz Barwich, während als Regierungsbevollmächtigter Karl Rambusch fungierte. Einer der deutschen Kernphysiker, Heinz Pose, war bereits vor Ort ab 1955 in Dubna tätig und hatte, neben Forschungsarbeiten am Synchronzyklotron, an der Gründung dieses internationalen Zentrums mitgewirkt, ehe er dann 1959 nach Deutschland zurück kam (siehe Abb. 1 - 3).

Das Forschungszentrum an der Wolga sollte in den kommenden Jahrzehnten von grundlegender Bedeutung für die Entwicklung des Hochschulinstituts in Dresden werden. Ab Mitte der sechziger Jahre kehrten die ersten Mitarbeiter von mehrjährigen Arbeitsaufenthalten am VIK Dubna zurück und brachten den dort erworbenen Erfahrungsschatz in die Arbeit ihrer Heimatinstitute ein (Helmut Helfer, Berthold Kühn, Gerhard Peter, Gerhard Musiol u.v.a.m.). Hiermit wurde gleichzeitig auch die personelle Basis für die spätere, politisch gewünschte und geförderte, enge Zusammenarbeit mit den Forschungsinstituten in der UdSSR gelegt.

Wie bereits erwähnt, hatte die – wie offiziell stets verbrämt - „uneigennützige Hilfe der Sowjetunion" andererseits natürlich auch eine eigennützige, politisch-ideologische Motivation: Stärkung des sozialistischen Lagers im Wettlauf mit dem Westen, aber nur unter eigener, d.h. sowjetischer Führung und damit Unterbindung nationaler Alleingänge der Partner. Nicht durchgängig ging dieses politische Kalkül auf: Vor allem Wissenschaftler aus Polen und Ungarn verbanden zunehmend die fachlichen Kontakte nach Dubna mit ebenso engen Verbindungen zu Einrichtungen in westlichen Ländern. Für die Kernphysiker aus der DDR blieben dagegen Verbindungen zur weltweiten Forschung auf ihrem Gebiet noch viele Jahre politisch extrem erschwert - ein Nachteil, der bis 1990 bestand.

Das blieben nicht die einzigen äußeren Zwänge, mit denen die Kernforschung in der DDR belastet war. Weitere gingen von der Tätigkeit der Geheimdienste aus, die dieses Gebiet wegen seiner strategischen Bedeutung als besonderen Schwerpunkt ihrer Aufmerksamkeit ansahen. Kronzeugnis für die Härte der Auseinandersetzung auf dieser Ebene legen Leben und Schicksal des Theoretikers Klaus Fuchs ab, der im Jahr 1959 aus mehrjähriger Haft in Großbritannien wegen Spionage für die Sowjetunion nach Dresden kam und hier eine führende Position beim Aufbau der Kernforschung in Rossendorf einnahm. Die geheimdienstlichen Aktivitäten richteten sich jedoch auch nach innen: In dem Buch von Günter Nagel „Atomversuche in Deutschland - Geheime Uranarbeiten in Gottow, Oranienburg und Stadtilm" (NAG 2003) beschreibt der Autor, wie die Wissenschaftler nach Rückkehr aus der Sowjetunion vom Ministerium für Staatssicherheit „in Empfang genommen" wurden. Aus heutiger Sicht muss man annehmen, dass diese „Fürsorge" alle prominenten Rückkehrer aus dem Osten betraf. Auch die Gegenseite blieb bei weitem nicht untätig, wie Paul Maddrell im Buch „Spying on Science - Western Intelligence in Divided Germany 1945-1961" (MAD 2008) eindrucksvoll beschreibt. Auch diese Zusammenhänge gehörten zu dem komplizierten Umfeld, in dem sich der ohnehin schwierige Start der Kernforschung im Osten Deutschlands abspielte und mit dessen Auswirkungen die nachfolgende Physikergeneration zurecht kommen musste.

Abb. 1 : Ein Gebäude des bereits bestehenden Laboratoriums für Kernprobleme, welches bei Institutsgründung im Jahr 1956 in den Bestand des VIK übernommen wurde

Abb. 2 (Mitte): Karl Rambusch, Leiter des Amtes für Kernforschung und Kerntechnik, auf der Sitzung der Regierungsbevollmächtigten 1956, links neben ihm Wilhelm Macke, rechts neben ihm - Dolmetscherin und Bertram Winde

Abb. 3: Sitzung des Wissenschaftlichen Rates beim VIK 1956, v.r.n.l. - die Teilnehmer aus der DDR, Heinz Barwich, Josef Schintlmeister und Heinz Pose, links Mitglieder der ungarischen Delegation, mit A. Konia, T. Siklos und L. Pal

1.2 Der Beginn: Fakultät für Kerntechnik (1955 bis 1961)

Auch im Hochschulwesen erfolgte parallel eine entsprechende Entwicklung: Der geplante umfassende Aufbau der Kerntechnik im Osten Deutschlands sollte durch eine qualitativ und quantitativ adäquat angelegte Ausbildung von Fachleuten abgesichert werden. Hierzu diente die Gründung einer Fakultät für Kerntechnik.[7] Aufgrund des gewählten Standortes für das Zentralinstitut für Kernphysik in Rossendorf war es nahe liegend, diese Ausbildung an der Technischen Hochschule in Dresden, der späteren Technischen Universität, zu konzentrieren. Hier gab es bis zur Rückkehr der genannten Fachleute aus der UdSSR nur einen Wissenschaftler, der bereits bestimmte Erfahrungen in der Kernforschung besaß - Wilhelm Macke, ein Schüler von Werner Heisenberg, der 1954 von einer Professur in Brasilien nach Dresden gekommen war, um hier die Leitung des Instituts für Theoretische Physik zu übernehmen. Apparative Voraussetzungen für die Kernforschung lagen allerdings an der Hochschule nicht vor, es gab hier zunächst keine geeigneten Labors oder geschützten Räume für Arbeiten mit Kernstrahlung. Die Hochschule konnte nicht auf Vorkriegstraditionen auf dem Gebiet zurückblicken, es begann also ein Aufbau vom Stand Null.

Ein Zeitzeuge, der seinerzeit als Student von Wilhelm Macke betreute Herbert Hänsgen, beschreibt die Anfangsstimmung im Vorfeld der Fakultätsgründung wie folgt: *„Da die Diplomanden des Jahrgangs 1951 bereits auf die experimentellen Institute verteilt waren, das theoretische Institut gab es ja noch nicht, setzte Professor Macke zusammen mit seinem Oberassistenten Helmut Felke im November 1954 in der Fachrichtung Physik durch, dass ihm außerplanmäßig Studenten des Jahrgangs 1952, die sich am Anfang des dritten Studienjahrs befanden, als künftige Diplomanden zugeteilt wurden. Mit diesen betrieb er eine intensive Bestenförderung mit nahezu täglichen Gesprächen und ungewöhnlichen Leistungsanforderungen. So wurden die Vorlesungsnachschriften dieser ersten Studentengeneration Grundlage der späteren Lehrbücher von Wilhelm Macke zur Theoretischen Physik.“* (MAC 1958) ... *„Das umfangreiche schriftliche Material, das er (von der Ersten Genfer Konferenz) mitbrachte, stellte er seinen Studenten zur Verfügung. In Seminarvorträgen und Gesprächen äußerte sich eine euphorische Stimmung. Es öffnete sich uns eine bis dahin unbekannte Welt.“ ...Im September 1955 „beginnen Vorbereitungen zur Gründung der Fakultät Kerntechnik. Drei Diplomanden von Prof. Macke werden als erste Studenten dieser Fakultät ausgewählt: Herbert Hänsgen, Bertram Köhler*

7 Etwa zur gleichen Zeit erfolgte die Gründung einer Fakultät für Leichtbau/Flugzeugwesen. Dies stand im Zusammenhang mit den damaligen Plänen zur langfristigen, schwerpunktmäßigen Entwicklung der Gebiete Kernenergie und Flugzeugbau. Diese „Sturm- und Drangperiode“ wurde ebenfalls von den damals aus der UdSSR zurückkehrenden deutschen Flugzeugbauern initiiert, die teilweise bereits vorbereitete Projektentwürfe für ein Düsen-Verkehrsflugzeug aus ihrer „Abklingphase“ am Ende des SU-Aufenthaltes mitbrachten.

und Günter Schmidt."... Vom 14. bis zum 16. Oktober 1955 fand ein gesamtdeutsches Studententreffen in Eisenach, genannt Wartburgfest, statt. *„Im wissenschaftlichen Teil spielte die Atomkernenergie eine zentrale Rolle: Der Hauptvortrag von Karl-Friedrich Alexander galt den Kernreaktoren, mit besonderer Hervorhebung der Neutronendiffusion. Kurzvorträge zur Auswertung der Genfer Konferenz hielten die Dresdner Diplomanden Herbert Hänsgen und Bertram Köhler."*

Am **15.11.1955** erfolgte der Gründungsakt der **Fakultät für Kerntechnik**. An der Fakultät sollten vier Studienrichtungen aufgebaut werden: Kernphysik, Radiochemie, Strahlenmesstechnik und Kernenergetik. In diesen Richtungen sollte die Fakultät zunächst eine reine Oberstufenausbildung aufbauen. Erster Dekan wurde Wilhelm Macke (bis 1958), der diese Aufgabe neben der seit 1954 von ihm ausgeübten Leitung des Instituts für Theoretische Physik an der Fakultät Mathematik und Naturwissenschaften erfüllte. In seiner Verantwortung lag von 1955 bis 1960 obendrein noch der Aufbau eines **Instituts für Allgemeine Kerntechnik** an der Fakultät, dessen Direktor er ebenfalls wurde. An diesem Institut sollten künftig insbesondere die wissenschaftlichen Grundlagen der Nutzung von Kernenergie und Reaktortechnik – die Kerntechnik im engeren Sinne - bearbeitet werden. Diesem Institut kam daher eine zentrale Bedeutung im Rahmen der Zielstellung für die Fakultät zu.

Der Zeitzeuge Wolfgang Fratzscher beschreibt die Vorgänge aus der Sicht des Maschinenbaus an der TH Dresden wie folgt[8]: *„Meine Kontakte zur Fakultät Kerntechnik begannen in den Jahren 1957/58 und liefen im wesentlichen über Helmut Felke, der seinerzeit Oberassistent bei Macke war und auf Grund seiner Veranlagung und Interessen insbesondere in der Eigenschaft von Macke als Dekan der Fakultät u.a. die Verbindungen zu den Ingenieurdisziplinen aufzubauen versuchte. Faktisch verantwortlicher Hochschullehrer war Barwich als nebenamtlicher Professor, der organisatorisch in das Institut für allgemeine Kerntechnik, also bei Macke, eingebunden war. Er bot damals eine Einführung in die Kernenergetik und Reaktorphysik und ein Seminar zu Speziellen Gebieten der Reaktortechnik an, die an der Fakultät für Maschinenwesen eingeordnet waren."* ... *„Die Kernphysiker kamen aus der Physik, die Radiochemiker aus der Chemie, die Strahlenmesstechniker aus der Elektrotechnik und die Kernenergetiker aus dem Maschinenbau. Dazu waren entsprechende Hochschullehrer erforderlich. Das war relativ einfach für die Physik und die Chemie zu lösen, für die Ingenieure gab es keine Erfahrungsträger. Deshalb wurden Verhandlungen mit der Fachrichtung Wärmetechnik der Fakultät Maschinenwesen geführt, insbesondere mit Pauer[9] und Boie[10]. Sie schlugen Norbert Elsner[11], meinen dama-*

8 Aus einem Schreiben von W. Fratzscher an den Autor vom 26.10.2010

9 Walther Pauer, 1952-58 Professor für Energietechnik

10 Werner Boie, 1950-67 Prof. für Wärmetechnik und Wärmewirtschaft, 1959-61 Dekan der Fakultät für Maschinenwesen

11 Norbert Elsner, 1958-65 Prof. für Energiewirtschaft, ab 1965 Prof. für Thermodynamik und Energiewirtschaft sowie 1966-68 Dekan der gleichen Fakultät

ligen Chef, vor, der aber ablehnte. Als Minimallösung einigten sich beide Seiten auf mich. 1959 schloss ich meine Promotion ab und konnte als Oberassistent bei Barwich in die Fakultät eintreten. Die erste große Herausforderung bestand in der Durchführung eines einmaligen Ausbildungskurses von einem Jahr für die künftigen wissenschaftlichen und organisatorischen Leitungskader des Kernkraftwerkes Rheinsberg. Der Kurs wurde am Industrieinstitut der TH Dresden durchgeführt. Die Hörer waren etwa 30 Mann, hauptsächlich Ingenieure verschiedener Fachrichtungen mit Praxiserfahrungen aus der Kraftwerkstechnik. Ich musste damals Vorlesungen und Übungen aus der Wärmetechnik und der Thermodynamik und der Reaktorwärmetechnik, wie wir es damals nannten, halten. Dadurch lernte ich viele meiner späteren Kollegen aus Rheinsberg kennen, da ich auch dort ab 1961 direkt angestellt wurde. Für die inhaltliche Gesamtleitung trugen u.a. Felke und Weißmantel Verantwortung, die dazu auf Erfahrungen zurückgreifen konnten, die sie aus KdT-Kursen[12] gewonnen hatten, die ab 1957 angeboten wurden. In einem solchen Kurs habe ich auch meine ersten kerntechnischen Kenntnisse und Erfahrungen erworben. Die Arbeitsgruppe Kernenergetik war zunächst bei Macke angesiedelt, da Barwich nur nebenamtlich an der TH tätig war. Insbesondere waren wir organisatorisch an das Sekretariat von Macke angeschlossen, das damals, als er seine Theoretische Physik schrieb, mit einer Stenolehrerin und einem Mitglied der DDR-Kernmannschaft für Maschine schreiben bestens besetzt war. Später wurde dann auch eine Trennung vollzogen.

Die Aufgabe der Arbeitsgruppe bestand in der Ausbildung von Maschinenbauern auf dem Gebiet der Kernenergetik. Zunächst war eine eigene Fachrichtung vorgesehen, realisiert wurde eine Vertiefungsrichtung innerhalb der Fachrichtung Wärmetechnik. Im Jahre 1960 hatte ich Gelegenheit gemeinsam mit unseren ersten beiden Assistenten, Nitsch und König, an einem Weiterbildungslehrgang in Moskau am MEI teilzunehmen, den die Margulowa für die sozialistischen Länder organisiert hatte. Durchschnittlich 10 Studenten nahmen jährlich an der Nebenfachausbildung teil. Als Vorlesungsveranstaltungen wurde Kern- und Reaktorphysik als Kernenergetik I, Reaktorwärmetechnik und Kernkraftwerkstechnik als Kernenergtik II und eine Vorlesung über Technologie der Kernenergetik als Kernenergetik III angeboten. Wesentliche Teile aus diesen Veranstaltungen sind in dem Buch „Einführung in die Kernenergetik“ von Fratzscher/ Felke, das in 2 Auflagen erschienen ist,[13] enthalten. 1959 standen bereits 3 Studenten mit einem Sonderstudienplan an, darunter Hampel,[14] der in Lubmin eine führende Rolle gespielt hat und später Rektor in Zittau war, und ein erster großer Posten von 10 bis 15 Studenten aus der Vertiefungsrichtung mit Großen Belegen. Darunter waren Nitsch, König, Schönherr u.a.“

Ab 1957 übernahm Heinz Pose, im Rahmen des Instituts für Allgemeine Kerntechnik nebenamtlich eine Professur mit Lehrauftrag für Sondergebiete

12 KdT – Ingenieurverband der DDR Kammer der Technik

13 W. Fratzscher, H. Felke, Einführung in die Kernenergetik, Leipzig, VEB Deutscher Verlag der Grundstoffindustrie, 1971

14 Rainer Hampel, Rektor an der Hochschule Zittau/Görlitz 2003 bis 2010

der Kerntechnik, und damit von seiner Arbeitsstelle in Dubna aus bereits Aufgaben an der TH Dresden. Nach seiner Rückkehr im Jahr 1959 erhielt er den Lehrstuhl für Neutronenphysik der Reaktoren. Ein Jahr später übernahm er von Wilhelm Macke die Leitung des Instituts für Allgemeine Kerntechnik und wurde 1960 zugleich Dekan der Fakultät für Kerntechnik bis zum Jahr 1962 (Abb. 4-6). Dem Institut für Allgemeine Kerntechnik können noch folgende Hochschullehrer inhaltlich zugeordnet werden[15]: Ab 1956 bekleideten Manfred von Ardenne, neben der Leitung seines privaten Instituts, eine nebenamtliche Professur für elektronische Sonderprobleme der Kerntechnik und Ernst Rexer, neben der Leitung des Akademieinstituts für Angewandte Physik der Reinststoffe, eine nebenamtliche Professur mit Lehrauftrag für Werkstoffe der Kerntechnik. Des weiteren hatte Heinz Barwich, neben seiner Tätigkeit als Direktor des ZfK Rossendorf (1956-1964), zugleich an der Fakultät eine Professur mit Lehrauftrag für Spezialgebiete der Kerntechnik inne, in deren Rahmen er anfangs die Vorlesung Einführung in die Kernenergie und Reaktorphysik hielt.

Werner Hartmann wirkte an der Fakultät nebenamtlich auf dem Gebiet der Kernelektronik, während er hauptamtlich als Gründungsdirektor der Dresdner Firma VEB Vakutronik arbeitete und deren wissenschaftliche Profilierung erfolgreich in Richtung Entwicklung und Produktion kerntechnischer Elektronik und Nachweistechnik leitete. Damit konnten die Hochschullehrer des Instituts für Allgemeine Kerntechnik auch die Strahlungsmesstechnik in der Ausbildung abdecken.

An der neuen Fakultät wurde auch die **Kernphysik** angesiedelt, Die Experimentelle Kernphysik wurde zunächst von 1956 bis 1958 hauptamtlich vertreten durch Josef Schintlmeister, der den Lehrstuhl für Experimentelle Kernphysik bekleidete und das gleichnamige Institut leitete. Im Jahr 1958 nahm Josef Schintlmeister eine Tätigkeit beim Amt für Kernforschung und Kerntechnik der DDR in Berlin auf und parallel dazu war er als Leiter des Bereichs Physik der Atomkerne am ZfK Rossendorf tätig. An der Fakultät für Kerntechnik bekleidete er in dieser Zeit eine nebenamtliche Professur für Kernspektroskopie.

Im Jahr 1958 übernahm Paul Kunze, der mit seinem Mitarbeiter Otto Fiedler aus Rostock nach Dresden gekommenen war, den Lehrstuhl für Experimentelle Kernphysik und bis zu seiner Emeritierung im Jahr 1962 die Leitung des Instituts (PET 2003). In den Jahren von 1958 bis 1960 amtierte Paul Kunze zugleich als Dekan der Fakultät.

Die Theoretische Kernphysik wurde von zwei Hochschullehrern vertreten: Wilhelm Macke erhielt mit Fakultätsgründung, zusätzlich zu den oben bereits genannten Aufgaben, auch den neu geschaffenen Lehrstuhl für Kerntheorie. Klaus Fuchs übernahm 1961, neben seiner hauptamtlichen Arbeit als Leiter des Bereichs Theoretische Physik und Stellvertretender Direktor des ZfK Rossendorf (1959-1974), eine nebenamtliche Professur mit Lehrauftrag für Sondergebiete der theoretischen Kerntechnik.

---

15 Die detaillierte strukturelle Zuordnung der nebenamtlichen Lehrkräfte zu den Instituten konnte nicht in allen Fällen eindeutug rekonstruiert werden

Abb. 4 (oben): Abschiedsfoto - Heinz Pose im Kreise seiner Gruppe im Physikalisch-Energetischen Institut Obninsk, 1955

Abb. 5:
Gebäude der Fakultät für Kerntechnik am Zelleschen Weg, heute ist das der Andreas-Schubert-Bau

Abb. 6 (rechts):
Heinz Pose als Dekan der Fakultät für Kerntechnik an der TU Dresden 1960 - 1962

Als dritte Linie der kerntechnischen Ausbildung und Forschung entstand die **Wissenschaftlich-technische Anwendung der Radioaktivität** unter Leitung von Werner Lange, die im Institut für Anwendung radioaktiver Isotope an der Fakultät für Kerntechnik angesiedelt wurde. Er bekam später Verstärkung durch Liselott Herforth, die 1960 einen Lehrauftrag für Angewandte Radioaktivität an der Fakultät für Kerntechnik erhielt und 1962 die Nachfolge von Werner Lange auf dem Lehrstuhl und als Institutsdirektorin antrat. Dosimetrie ionisierender Strahlung, Strahlenschutz und technischer Einsatz radioaktive Isotope wurden zu hauptsächlichen Arbeitsrichtungen an diesem Institut.

Die **Radiochemie** sollte von Mitarbeitern der Fakultät für Chemie getragen werden. In diesem Zusammenhang ist Hans-Joachim Born zu erwähnen, der nach seinem SU-Aufenthalt eine leitende Tätigkeit am Institut der Akademie für Medizin und Biologie in Berlin-Buch aufgenommen hatte und die Verpflichtung zur nebenamtlichen Lehrtätigkeit an der Fakultät für Kerntechnik in Dresden auf dem Gebiet der Radiochemie eingegangen war. Bereits 1957 wechselte er in die Bundesrepublik, sein Wirken an der Fakultät war somit nur von kurzer Dauer. Im weiteren Verlauf leitete Kurt Schwabe den Aufbau der Radiochemie. Eine tragende Rolle übernahm später Rolf Dreyer, der aus seiner Tätigkeit als Abteilungsleiter und Gruppenleiter für Radioaktive Präparate am ZfK einem Ruf an die TU Dresden folgte, wo er u.a. von 1978 bis 1989 als Leiter des Wissenschaftsbereichs Struktur- und Radiochemie tätig war und so die Tradition der begonnenen Vertiefungsrichtung Radiochemie fortsetzte.

Diese vier, bereits in der Anfangsphase des Aufbaus der Fakultät für Kerntechnik zugrunde gelegten wissenschaftlichen Profile – Kernphysik, Kernenergie&Reaktortechnik, Radioaktivität&Isotopenanwendung und Radiochemie - blieben in den folgenden Jahrzehnten, ungeachtet aller späteren Weiterentwicklungen und Modifizierungen, in ihren Grundzügen bestehen und prägten über einige Jahrzehnte hinweg das Gesicht der universitären Ausbildung und Forschung an der TU Dresden auf kernwissenschaftlichem Gebiet. Als problematisch erwies sich einige Jahre später, dass nur wenige der prominenten Wissenschaftler hauptamtlich an der neuen Fakultät verankert waren. Das Stammpersonal wurde vor allem aus Nachwuchswissenschaftlern gebildet, die aus den Fakultäten für Naturwissenschaften und Mathematik, Elektrotechnik und Maschinenbau stammten, sich meist selbst noch am Beginn der Promotionszeit befanden und in das Gebiet erst einarbeiten mussten.

Um schnell Diplomingenieure für Kerntechnik heranzubilden, wurde Studenten anderer Institute oder Universitäten die Möglichkeit geboten, an die neue Fakultät in Dresden zu wechseln, so dass bereits ab dem Jahr 1958 erste Diplome erteilt werden konnten. Die drei im November 1955 an die Fakultät gewechselten Studenten des Instituts für Theoretische Physik sind bereits genannt.

Im Januar 1956 kamen weitere 17 Studenten aus den Fachrichtungen Physik der Universitäten Halle, Jena, Leipzig sowie aus der Fachrichtung Elektrotechnik der TH Dresden an der Fakultät für Kerntechnik hinzu. Zu ihnen

Abb. 7 (links):
Außenaufnahme vom Umbau des Fabrikgebäudes in Pirna-Copitz
Abb. 8 (oben):
Einbau von Strahlenschutzwänden und -türen

Abb. 9:
Außenstelle der TU in Pirna-Copitz nach Fertigstellung, Ansicht von Westen

Abb. 10 (links):
Dgl. Ansicht des Gebäudekomplexes von Osten

gehörten Dieter Bergner, Hermann Kumpf, Siegfried Menzel und Gerhard Musiol. Mit diesen Studenten begann am 01.02.1956 der Lehrbetrieb. Im September 1956 wurden nochmals 39 Studenten des vierten Studienjahres von den Fachrichtungen Physik der Universitäten Greifswald, Dresden, Halle, Jena, Leipzig sowie von der Chemie in Leipzig und der Elektrotechnik in Dresden delegiert. Unter ihnen waren Ernst Adam, Bernhard Feigenspan, Kurt Irmer, Klaus Schillinger, Erhard Hentschel, Dietmar Heinrich, Helmut Löffler, Roland Reif, Jürgen Mösner, Alfred Pfitzner, Dieter Sippel.

Auch in den folgenden Jahren gab es noch Wechsel von Studenten aus anderen Hochschulen an die Fakultät für Kerntechnik. So wurden 1957 weitere Studenten des Immatrikulationsjahrgangs 1954 von anderen Studieneinrichtungen delegiert, zu denen u.a. Lothar Funke, Wolfgang Meiling, Frank Baldeweg, Dieter Netzband, Werner Rudolph und Georg Winter gehörten. Im gleichen Jahr erfolgt aber auch erstmals die Immatrikulation von 100 Studenten ab dem erstem Studienjahr. Unter den Immatrikulierten befanden sich ebenfalls später bekannt gewordene Physiker - Ruprecht Fülle, Peter Gippner, Friedrich Dönau, Hartmut Guratzsch, Klaus Elk, Walter John, Hans-Werner Kammer, Wolfhard Willemer, Bernhard Pietraß, Klaus Hübner. Damit begann 1957 die Ausbildung bereits ab dem Grundstudium.

So befand sich schon nach kurzer Zeit ein leistungsfähiger wissenschaftlicher Nachwuchs mit hoher Motivation für die Perspektive eines umfassenden Aufbaus der Kerntechnik in der Ausbildung. Viele der Genannten spielten später in den verschiedenen Einrichtungen der Kernforschung in der DDR eine tragende Rolle. Eine Voraussetzung hierfür bildete, neben der bereits erwähnten Lehrbuchreihe über Theoretische Physik von Wilhelm Macke, auch das von Gustav Hertz herausgegebene Lehrbuch Kernphysik, dessen erste Auflage im Jahr 1958 erschien und an dem auch Dresdner Hochschullehrer der Fakultät für Kerntechnik und des ZfK Rossendorf wesentlich mitwirkten – unter anderem Josef Schintlmeister, Heinz Barwich, Werner Hartmann, Liselott Herforth und Karl-Friedrich Alexander (HRZ 1958).

Wie sah es aus mit der materiellen Ausstattung der neuen Fakultät: Als Übergangslösungen bis zu einem späteren Neubau wurden ab 1955 zunächst zwei Stadtvillen in der Nähe des Universitätscampus genutzt, auf der Liebigstrasse und der Würzburger Straße, sowie mit dem Ausbau eines seit dem Krieg leerstehenden Fabrikgebäudes in Pirna-Copitz – eine ehemalige Produktionsstätte für Fallschirmseide - begonnen. Die war zwanzig Kilometer flussaufwärts von Dresden entfernt, direkt am Elbufer gelegen. Dann entstand als Sitz der Fakultät ein moderner Neubau mit Hörsälen und Labors am Zelleschen Weg in Dresden (Abb.5), der ab 1959 bezogen werden konnte. In diesem Gebäude gab es neben Büroräumen und Hörsälen ausreichend Raum für mechanische und elektronische Werkstätten. Auch für die von Otto Fiedler durchgeführten Querschnittsbestimmungen von Kernverschmelzungsprozessen bei extrem geringen Energien bestanden hier keine Einschränkungen aus Sicht des Strahlenschutzes. Es fehlten in diesem Neubau allerdings Arbeitsmöglichkeiten mit starken Strahlungsquellen, insbesondere Neutronenquellen.

Dazu sollten später auf dem Gelände am Zelleschen Weg, mit unmittelbarem Anschluss an den Neubau, mehrere Experimentierhallen mit starker Strahlenabschirmung errichtet werden. Die Baupläne lagen bereits vor, doch Baukapazität dafür stand nicht sofort zur Verfügung. Daher wurde das begonnene Objekt in Pirna-Copitz für die Unterbringung starker Neutronen- und Gammaquellen, wie sie für die am Institut für Allgemeine Kerntechnik geplanten Forschungen zur Reaktortechnik erforderlich waren, auch nach Fertigstellung des Neubaus am Zelleschen Weg weiter ausgebaut (Abb. 7 und 8). Der Ausbau des Objektes erfolgte vorrangig in Hinblick auf die geplanten kerntechnischen Anwendungen: Massive Strahlenschutzwände und -türen, Abklingbecken für radioaktive Quellen, Betonbecken für den Aufbau von unterkritischen Anordnungen.

Ein Ableger des Instituts für Angewandte Radioaktivität, die 1958 gegründete Arbeitsgruppe Technische Isotopenanwendung, wurde ebenfalls in Pirna-Copitz untergebracht, da sie starke radioaktive Quellen zum Einsatz brachte. Der Ausbau des Objektes zog sich über mehrere Jahre hin, ab 1957 konnte das Gebäude schrittweise genutzt werden, erste Experimentiereinrichtungen wurden zu Beginn der 60-er Jahre fertiggestellt (Kap. 3).

Die Planung der Grundlagenforschung war in diesem Zeitraum relativ einfach: Die autarken Institute legten über die Kommission Kernphysik ihre Themenvorschläge dem Amt für Kernforschung und Kerntechnik zur Bestätigung vor und erhielten von diesem entsprechende finanzielle Zuwendungen und Personalvorgaben. Damit war ihre Finanzierung durch den Staatshaushalt gesichert. Sie mussten, je nach vereinbarter Laufzeit, zu Zwischen- und Abschlussterminen durch Ergebnisberichte an das Amt abgerechnet werden. Allgemeine Beschränkungen für die Publikation von Ergebnissen bestanden nicht, sofern die Publikation selbst nicht den Einsatz von Devisen erforderte. Vom Geschick, persönlicher Präsenz in den Beratungsgremien und Durchsetzungsvermögen der Institutsdirektoren hing in starkem Maße ab, wie erfolgreich sich - im Rahmen der gegebenen Möglichkeiten - das betreffende Institut samt seiner Geräteausstattung entwickeln konnte.

In der hier beschriebenen Anfangsphase der Kernphysik im Hochschulwesen blieben neben der Fakultät für Kerntechnik in Dresden auch die Institute für Experimentelle Kernphysik an den Universitäten in Leipzig (Arthur Lösche) und Jena (Alfred Eckardt) weiter bestehen, orientiert auf den klassischen Bereich der Atomkernphysik bei relativ geringer Teilchenenergie, der mit den zwei in Leipzig und Jena neu installierten elektrostatischen 2 MV Van-de-Graaff-Generatoren, entwickelt und produziert im Transformatoren- und Röntgenwerk Dresden, erreichbar war.

Eine hiervon unabhängige Entwicklung fand im Raum Berlin statt. Robert Rompe und Hans Wittbrodt schlugen frühzeitig vor, auf dem Gelände des ehemaligen Instituts für Kernphysik der Reichspost in Miersdorf (Zeuthen) im Rahmen der Akademie der Wissenschaften ein „Institut für Korpuskularphysik" einzurichten, in dem Voraussetzungen für kernphysikalische Arbeiten geschaffen werden sollten. Dieses Vorhaben wurde bereits im Oktober 1950 von der Klasse für Mathematik und allgemeine Naturwissenschaften der Berliner Akademie gebilligt, die Bauarbeiten begannen im folgenden Jahr. Michael von der Schulenburg wurde als kommissarischer Leiter eingesetzt. Zu den ersten wissenschaftlichen Nachwuchskräften des Instituts zählten Karl-Friedrich Alexander, Karl Lanius und Irene Hauser (LAN 2005). In Miersdorf konzentrierten sich die Arbeiten auf den Nachweis von Elementarteilchen in der Höhenstrahlung mittels Kernemulsion und die Entwicklung neuer Nachweis- und Auswertungsverfahren. Im Zuge der Profilierung wurden später die unter Gustav Richter begonnenen Arbeiten zu Kernreaktionen an Kaskadenbeschleunigern eingestellt. Damit war frühzeitig der Grundstein für die spätere erfolgreiche Entwicklung des Instituts für Hochenergiephysik der Akademie der Wissenschaften in Zeuthen gelegt.

Es existierte in dieser Zeit in der DDR eine Gemeinschaft der niederenergetischen Kernphysik, verankert im Zentralinstitut für Kernphysik Rossendorf und an drei Hochschulinstituten, die eng miteinander kommunizierten. Ein weiteres Zentralinstitut in Regie des Amtes für Kernforschung und Kerntechnik war in Leipzig entstanden, welches sich vorrangig dem Gebiet der Strahlen- und Isotopentechnik zu wandte. Die Forschungen zur Physik des Atomkerns im engeren Sinn, wie auch die Forschungsarbeiten zur Nutzung der Kernenergie, konzentrierten sich damit von Beginn an auf den Süden der DDR, markiert durch das Städtedreieck Dresden, Leipzig und Jena. Dabei blieb es auch später, lediglich mit der Ausnahme, dass sich zusätzlich an der Technischen Hochschule in Zittau Lehre und Forschung auf dem Gebiet der Kernenergie dauerhaft etablierten.

Bereits ab 1960 trat in Regierungskreisen eine zunehmende Ernüchterung ein, die sich in den folgenden beiden Jahren verstärkte: Fehlende Ressourcen und vermutlich Abstimmungsprobleme mit dem „großen Bruder Sowjetunion“ machten die weitere Verfolgung der begonnenen weitreichenden Pläne unmöglich. Eine Korrektur wurde erforderlich. Als erste Konsequenz daraus, schlug die Kommission Kernenergie des WRAE im April 1962 die Überführung der Fakultät für Kerntechnik in den Gesamtrahmen der Technischen Universität Dresden vor.[16] Der Vorstand des WRAE setzte die begonnene Diskussion über die Perspektiven der Kernphysik in den folgenden Monaten fort.[17] Das Ergebnis der Beratungen in den Räten und Regierungsorganen führte schließlich zu einem weitreichenden Beschluss des Ministerrats, der die weitere Entwicklung stark eingrenzte.[18] Von einer eigenständigen Entwicklung der Kerntechnik in der DDR wurde Abstand genommen, künftig sollten nur noch Kernreaktoren und Kernbrennstoffe aus der Sowjetunion zum Einsatz kommen. Damit endete vorerst die 1955 begonnene erste Phase des Aufschwungs der Kerntechnik in der DDR. Die bereits laufende Entwicklung ziviler Passagierflugzeuge wurde ebenfalls eingestellt.

16 Diskussion und Empfehlung auf der 8. Sitzung der Kommission Kernenergie des WRAE am 27.04.1962; ZfK-A, 0/145

17 Sitzungen des WRAE am 11.05.1962 und des Vorstands am 17.07.1962

18 Präsidium des Ministerrats der DDR: Beschluss über die weitere Arbeit auf dem Gebiet der Kernforschung und Kerntechnik vom 19.12.1962;

AUF BESCHLUSS DES PRÄSIDIUMS DES MINISTERRATES
DER DEUTSCHEN DEMOKRATISCHEN REPUBLIK
VOM DREIUNDZWANZIGSTEN MÄRZ NEUNZEHNHUNDERTEINUNDSECHZIG
WIRD DER TECHNISCHEN HOCHSCHULE DRESDEN
AUF GRUND IHRER ENTWICKLUNG ZUR
UNIVERSITAS LITTERARUM TECHNICARUM
UND IN WÜRDIGUNG IHRER HERVORRAGENDEN LEISTUNGEN
UND ERFOLGE IN LEHRE UND FORSCHUNG DER STATUS EINER
TECHNISCHEN UNIVERSITÄT VERLIEHEN.
DIE TECHNISCHE HOCHSCHULE DRESDEN TRÄGT AB FÜNFTEN OKTOBER
NEUNZEHNHUNDERTEINUNDSECHZIG DIE BEZEICHNUNG

TECHNISCHE UNIVERSITÄT DRESDEN

REGIERUNG DER DEUTSCHEN DEMOKRATISCHEN REPUBLIK
STAATSSEKRETARIAT FÜR DAS HOCH- UND FACHSCHULWESEN

DER STAATSSEKRETÄR

Dr. Wilhelm Girnus

DR. WILHELM GIRNUS

Abb. 11: Urkunde zur Verleihung des Status einer Technischen Universität an die Technische Hochschule Dresden im Jahr 1960

Auch wenn die ambitionierten Pläne zum Aufbau einer eigenständigen Kerntechnik und der Produktion von Düsenverkehrsflugzeugen nicht in die Praxis umgesetzt werden konnten, blieb diese Zeit und damit verbunden das Wirken der genannten deutschen Wissenschaftler nicht ohne positive Auswirkungen auf die Entstehung leistungsfähiger Forschungs- und Industriezweige im Raum Dresden. Genannt seien in diesem Zusammenhang:

- Messelektronik und -gerätebau; Elektronische Datenverarbeitung; Mikroelektronik; Leichtmetallbau; Gasturbinenbau; Elektronenstrahltechnik; Reinststoffe; Nichteisenmetalle und Hochvakuumtechnik.
- Nicht zuletzt profitierten davon auch die kerntechnischen Anwendungen: Isotopentechnik und Nuklearmedizin; Kernenergetische Forschung, insbesondere das Projekt Kernkraftwerk Rheinsberg.

Bereits erwähnt wurde, dass an der Fakultät für Kerntechnik in den sieben Jahren ihres Bestehens viele leistungsfähige Ingenieure und Naturwissenschaftler ihre Ausbildung und wissenschaftliche Prägung erhielten, die später an anderen Hochschulen, Forschungseinrichtungen oder in Industrieunternehmen an maßgeblicher Stelle erfolgreich wirkten.

Zweifellos müssen wir heute im Rückblick auf diese Zeit, neben den genannten positiven auch negative Aspekte feststellen. Zu letzteren gehört, neben den beginnenden Anzeichen der angestrebten Hegemonie der Politik gegenüber von Wissenschaft und Forschung, vor allem auch das Wirken von Geheimdiensten der Kontrahenten im Kalten Krieg, auf das bereits hingewiesen wurde. Auch hieraus resultierten Isolation und teilweise Ausgrenzung von der länderübergreifenden Wissenschaftskooperation, welche die spätere Arbeit des Hochschulinstituts sehr erschwerten.

1.3 Institut für Experimentelle Kernphysik an der Fakultät für Mathematik und Naturwissenschaften (1962)

An der TH Dresden traten bedeutsame Veränderungen ein: Auf Beschluss des Präsidiums des Ministerrats wurde der TH Dresden am 05.10.1961 der Status einer Technischen Universität verliehen, die den Namen **Technische Universität Dresden** tragen soll (Abb. 11). Auf dem Festakt aus diesem Anlass erfolgte zugleich - in Anwesenheit hochrangiger Mitglieder der Regierung und der herrschenden Partei - die Einführung eines neuen Rektors: Den bisherigen Rektor Werner Gruner löste Kurt Schwabe ab, der dieses Amt bis zum Jahr 1965 bekleidete.

In seiner Antrittsrede warnte Kurt Schwabe besonders davor *„rasche, nicht bis ins letztere durchdachte Veränderungen vorzunehmen“*[19] und betonte nachdrücklich die Bedeutung der Grundlagenausbildung von Ingenieuren bei der Erziehung von Führungskräften für die Industrie mit den Worten: *„... Nur eine Bildungsstätte, die eine universelle Ausbildung in den Grundlagen vermittelt und eine enge Spezialisierung vermeidet, kann solche Kräfte hervorbringen“*.

---

19 Im Sonderdruck "Verleihung des Status einer Technischen Universität an die Technische Hochschule Dresden" Landesdruckerei Sachsen, 116Gr III-9-5 IG 02/62, S. 38-46

Das war eine Warnung vor zu eng spezialisierter technischer Ausbildung, meinte er damit auch die Fakultät für KF&KT? Wie schon festgestellt, traten etwa zur gleiche Zeit Veränderungen ein, die zum Umdenken in der Wissenschaftsstrategie zwangen: Die anfangs weitreichenden Pläne zur Entwicklung einer eigenständigen Atomwirtschaft und des Flugzeugbaus in der DDR wurden revidiert und ein neuer wirtschaftlicher Schwerpunkt gesetzt - Aufbau der Erdölverarbeitung in Leuna und Schwedt. Die begrenzte Wirtschaftskraft des Landes war für die weitere Entwicklung der Kerntechnik und des Flugzeugbaus nicht ausreichend. Eine andere Ursache lag vermutlich in dem Drängen der Sowjetunion, die - insbesondere nach den beginnenden Zerwürfnissen mit China – an einer Verbreitung von Know-how über sensible Bereiche der Kerntechnik nicht interessiert war. Fortan wurden alle Vorhaben zum Bau von Kernkraftwerken in den Ländern Osteuropas auf den Einsatz sowjetischer WWER-Reaktoren orientiert, einschließlich Bezug und Rückführung der erforderlichen Kernbrennstäbe (Eine Ausnahme hiervon bildeten lediglich eigenständige Reaktorentwicklungen in den Skoda-Werken Pilsen). Die Urangewinnung im Erzgebirge und in Thüringen im Rahmen der WISMUT AG blieb weiterhin unter sowjetischer Führung und Kontrolle. Die bis 1990 gewonnenen Erzkonzentrate und Yellow Cake mit einem Urangehalt von über 230.000 t gelangten ausnahmslos die in Lagerbestände der Sowjetunion. Eine eigenständige Kernbrennstoffwirtschaft entstand in der DDR nicht.

Als Auswirkung der Neuorientierung erfolgte - in Übereinstimmung mit den bereits zitierten Empfehlungen des WRAE vom 28.04.1962 - der erste Einschnitt in die geplante umfassende Entwicklung der Kernforschung: Am **31.08.1962** wurde die **Fakultät für Kerntechnik** an der TU Dresden wieder **aufgelöst**, weitere Investitionen in den Ausbau der Experimentierbasis an der Universität gestoppt, geplante Immatrikulationszahlen und Personalzuführungen in diese Richung zurückgenommen. Eine breite Hochschulausbildung zur Kerntechnik, d.h. Kernenergetik einschließlich Sicherheitstechnik und zugehörige Grundlagenforschung, wurde drastisch reduziert.

Nach der offiziellen Verkündung des Verzichts auf eigenständige kerntechnische Entwicklungen in der DDR, war der Abwicklungsprozess auch intern an der Universität forciert worden, indem die Institutsdirektoren der Experimentalphysik und Chemie, insbesondere das einflussreiche Mitglied des WRAE und neuer Rektor Kurt Schwabe, auf der Alleinverantwortung ihrer Institute und damit der Fakultät für Mathematik und Naturwissenschaften für die Lehre auf den betreffenden Gebieten, inklusive Diplom- und Promotionsrecht, bestanden und so einer eigenständigen Ausbildung von „Diplomphysikern, -chemikern und -ingenieuren für Kerntechnik“ eine wichtige Grundlage fehlte. Mit dieser Situation musste sich die Kernphysik an der TU Dresden in den folgenden Jahren immer wieder auseinandersetzen, bis sie sich in den siebziger Jahren zu einem leistungsfähigen Institut bzw. Wissenschaftsbereich dauerhaft stabilisieren konnte, integriert in das traditionell gewachsene Gefüge der Universität.

Das größte Teil des Instituts für Allgemeine Kerntechnik (Heinz Pose), welcher auf die Erforschung kernphysikalischer Grundlagen der Kernenergiegewinnung orientiert war und das kleine Institut für Experimentelle Kernphysik (Paul Kunze) wurden zu einem neuen, größeren **Institut für Experimentelle Kernphysik** zusammengeschlossen und der Abteilung Physik der Fakultät für Mathematik und Naturwissenschaften der TU Dresden eingegliedert. Die Leitung dieses Instituts übernahm **Heinz Pose,** während Paul Kunze aus Altersgründen emeritierte. Heinz Pose brachte für die Verschmelzung der beiden Richtungen gute Voraussetzungen mit: Er hatte Kernreaktionen mit Alphateilchen bereits in Halle am Institut von Gerhard Hoffmann untersucht (POS 1929, POS 1930), war während des Krieges mit Modellversuchen zu kritischen Anordnungen aus Uran und Paraffin (POS 1943a), der Konzipierung eines Zyklotrons und Messungen der Neutronenemission aus der Spontanspaltung von Uran und Thorium befasst (POS 1943b). In der Zeit seines Aufenthaltes in Obninsk bei Moskau bearbeitete er mit seinem deutsch-russischen Team kernphysikalische Grundlagen für Kernreaktoren, darunter die Bestimmung von Wirkungsquerschnitten des Neutroneneinfangs (POS 1957) und hatte schließlich in Dubna Untersuchungen der Proton-Proton-Streuung bei Energien um 600 MeV begonnen (NIK 1962).

Ebenso wurde das **Institut für Anwendung radioaktiver Isotope** in die Fakultät für Mathematik und Naturwissenschaften eingegliedert und **Liselott Herforth** mit dessen Leitung beauftragt. Werner Lange setzte seine bereits 1956 begonnene Tätigkeit als Direktor des Forschungsinstituts für Nichteisenmetalle in Freiberg fort. Die Arbeitsstelle Isotopentechnik in Pirna-Copitz blieb außerhalb der Fakultät, sie wurde dem Rektor direkt unterstellt, während mit der operativen Leitung vor Ort der Oberassistent Siegfried Koch, ein Schüler von Herforth, beauftragt wurde.

Wilhelm Macke behielt weiterhin die Leitung des Instituts für Theoretische Physik, der Lehrstuhl für Kerntheorie wurde geschlossen. Der Lehrstuhl für Kernspektroskopie von Josef Schintlmeister wurde in einen nebenamtlichen Lehrstuhl für Spezialvorlesungen über Kernspektroskopie an der Fakultät für Mathematik und Naturwissenschaften umgewandelt, ohnehin war Josef Schintlmeister zu diesem Zeitpunkt bereits fest im ZfK Rossendorf als Bereichsleiter etabliert. In den Rossendorfer Bereich wechselten nun auch die Assistenten von Josef Schintlmeister - Rudolf Weibrecht, Harry Muschter, Franz Stary und Wolfgang Meiling. Von der Fakultät für Kerntechnik kamen sie an das ZfK, wo sie ihre Arbeit fortsetzen konnten.

Eine kleine Arbeitsgruppe des Instituts für Allgemeine Kerntechnik (Helmut Felke, Wolfgang Fratzscher) in den Räumen der Villa auf der Liebigstraße, die sich mit Fragen der Kernenergetik befasst hatte und von Heinz Barwich angeleitet worden war, wurde der Fakultät für Maschinenwesen zugeordnet. Der losen Koordinierung zwischen den genannten Richtungen diente in den folgenden Jahren die fakultätsübergreifende **Arbeitsgemeinschaft Kerntechnik,** der allerdings keinerlei Leitungsbefugnisse zugewiesen wurden.

Die anderen der oben genannten nebenamtlichen Professoren der Fakultät für Kerntechnik setzten ihre bereits laufende erfolgreiche Arbeit in verantwortlichen Positionen außerhalb der Universität fort. Da nur wenige hauptamtlich an der Universität tätige Hochschullehrer von der Fakultätsschließung unmittelbar betroffen waren, blieb auch der innere Widerstand gegen die Schließung der Fakultät entsprechend gering. Allerdings traten bei dieser Maßnahme fachliche Verluste im Ausbildungsprofil ein: Erst Jahre später konnten wieder solche wichtigen Gebiete wie Kernphysikalische Elektronik, Strahlenschäden in Werkstoffen der Kerntechnik, Radiochemie oder Kerntheorie in der universitären Ausbildung verankert werden. Ebenfalls viel später konnten, anstelle der kleinen Gruppe auf dem Gebiet Kernenergie, sich wieder ein Lehrstuhl und Wissenschaftsbereich Kernenergie im Maschinenwesen etablieren (detaillierter hierzu - siehe Punkt 1.7).

In diesem Zeitraum traten erhebliche Veränderungen des organisatorischen Rahmens für die Kernforschungsarbeiten in der DDR generell ein: Der Auflösung der Fakultät für Kerntechnik waren einschneidende Veränderungen im Bereich des Zentralinstituts für Kernphysik auf dem Fuße gefolgt, indem dieses Institut 1963 in die Forschungsgemeinschaft der DAW aufgenommen wurde.[20] Das ZfK unterstand damit der übergeordneten Leitung durch die Forschungsgemeinschaft mit seinem Vorstand (Vorsitzender Hermann Klare; Fachbereich Süd, Vorsitzender Hans Frühauf). Als oberstes beratendes Gremium wurde der Forschungsrat der DDR gegründet, der unter Leitung von Max Steenbeck stand. Ihm zugeordnet war eine Kommission "Kernphysik" als zentraler Arbeitskreis (ZAK) des Forschungsrates unter dem Vorsitz von Gustav Richter, später übernahm Josef Schintlmeister diese Funktion (s. Tabelle A-2).

Das Amt für Kernforschung und Kerntechnik sowie - ein Jahr später - der WRAE stellten ihre Tätigkeit ein. Sämtliche Aktivitäten auf dem Gebiet der Kernforschung waren damit strukturell in die DAW bzw. das Hochschulwesen eingeordnet. Mit der Koordinierung und Kontrolle der Kernphysik-Forschungspläne wurde ab 1963 das Staatssekretariat und spätere Ministerium für Wissenschaft und Technik (MWT) beauftragt, das auch für die Erfüllung der Regierungsvereinbarung über die Mitarbeit der DDR im VIK Dubna verantwortlich war. Die kernphysikalische Grundlagenforschung wurde weiterhin aus dem Staatshaushalt, über den Etat des Staatssekretariats bzw. MWT, finanziert. Für diesen Bereich trug viele Jahre der Stellvertretende Minister Fritz Hilbert persönliche Verantwortung, unterstützt von seinem Mitarbeiter Waldemar Buschinski. Minister Hilbert, vorher selbst am ZfK Rossendorf wissenschaftlich tätig, vertrat viele Jahre engagiert die Interessen der Kernphysik in seinem Ministerium, begründet mit den umfangreichen Verpflichtungen gegenüber Dubna.

Das ZfK Rossendorf wurde ab Mitte 1963 „Leiteinrichtung" für das Gebiet der niederenergetischen Kernphysik (Forschungskomplex 3.4.02 des Planes

20 Beschluss Nr. 84/6 vom 07.05.1963 "Über die Aufnahme des Zentralinstituts für Kernphysik Rossendorf in die Forschungsgemeinschaft der DAW; in Beschlüsse und Mitteilungen der DAW zu Berlin, Nr.5, S.30, 1963

der naturwissenschaftlichen Forschung der DDR). Auch unter den neuen Rahmenbedingungen konnten die Kernphysiker am Zentralinstitut und in den drei Hochschulinstituten in Dresden, Leipzig und Jena die thematischen Inhalte frei von äußeren Direktiven oder Vorgaben bestimmen, begrenzt lediglich durch die ihnen verfügbare Gerätebasis und die bewilligten Finanzmittel, wobei westliche Devisen allerdings nicht oder nur äußerst schwer zu beschaffen waren. In enger Zusammenarbeit der Wissenschaftler aus den vier Einrichtungen wurden die gemeinsamen Interessen gegenüber den übergeordneten Organen der Forschungskoordinierung formuliert und von den Kollegen des ZfK vertreten.

Für die jungen Wissenschaftler im ZfK Rossendorf, die nach den Stellenkürzungen in der Kernphysik verbleiben konnten, folgten - ungeachtet aller Einschränkungen und Hemmnisse – als Beginn ihrer wissenschaftlichen Entwicklung einige Jahre des Aufschwungs: Tragfähige Forschungsthemen etablierten sich, erste Promotionen konnten abgeschlossen werden, sogar begrenzte wissenschaftliche Kontakte in die Bundesrepublik waren bis 1968 noch möglich (näheres hierzu – siehe Punkt 3.6).

Die Hochschulinstitute mussten darüber hinaus allerdings zusätzlich auch mit den Vorgaben und Reglementen ihrer Hochschulen zurecht kommen, sie waren nun „Gleiche unter Gleichen" mit den anderen Instituten ihrer jeweiligen Fakultäten, mental blieben sie allerdings noch lange Zeit die „unerwünscht Hinzugekommenen". Neue Mitarbeiter erhielten Assistentenstellen mit entsprechenden Lehrverpflichtungen, auch die Hochschullehrer übernahmen schrittweise Lehraufgaben in der Grund- und Fachausbildung Physik vor Studenten der eigenen und anderen Fachrichtungen (s. Kap. 4). Die generelle Autonomie der Hochschulinstitute blieb in dieser Phase der Entwicklung noch für einige Jahre bestehen.

1.4 Profilierung am Institut und seiner Folgeeinrichtung Arbeitsgruppe Experimentalphysik IV (1963 bis 1971)

Die Startbedingungen des neuen Instituts für Experimentelle Kernphysik im Jahr 1962 waren allerdings ausnehmend schwierig: Als Standort des Instituts wurde die Außenstelle Pirna-Copitz gewählt, wo das Gros seiner Mitarbeiter am Vorläufer, dem Institut für Allgemeine Kerntechnik, beschäftigt war. Nach dem Ausbau des Gebäudes war dort ab 1959/60 mit dem Bau von zwei Kaskadenbeschleunigern als Neutronenquellen – mit Beschleunigungsspannungen bis 110 KeV bzw. 500 KeV – begonnen worden. Von ihnen lieferte bei Institutsgründung nur der „kleine Generator" Neutronen. Bereits einige Zeit vorher konnte auf Na/Be-Photoneutronenquellen zurückgegriffen werden, indem der seit 1958 betriebene Rossendorfer Forschungsreaktor für die Aktivierung von Natrium zur Verfügung stand. Parallel wurde die Entwicklung eines kompakten Betatrons betrieben, allerdings ohne eine zu diesem Zeitpunkt erkennbare Perspektive seines späteren Einsatzes für Forschungsarbeiten am Institut. Die verfügbare Messtechnik für Experimente blieb hauptsächlich auf Eigenbaugeräte und Produkte des in Dresden entstandenen Betriebes Vakutronik beschränkt. Büroraum für die

Mitarbeiter war in dem ehemaligen Fabrikgebäude von Anfang an knapp, aber es gab ausreichend freie Baufläche auf dem Gelände der Außenstelle – Reserve für die Zukunft.

Die am neuen Institut tätigen Wissenschaftler, die sich bis dahin über Jahre mit dem Ausbau der Außenstelle und Errichtung einer Forschungsbasis für Kerntechnik befasst hatten, sahen sich nun vor der doppelten Herausforderung, die begonnenen methodischen Entwicklungen schnell zu einem nutzbaren Stand zu bringen und gleichzeitig für eine Promotion als Physiker an der Fakultät für Mathematik und Naturwissenschaften akzeptable Resultate vorzulegen (Vorher lautete ihr Ziel Promotion zum Dr. Ing. für Kerntechnik). Mit Kernphysik sich zu befassen, war neu für sie.

Seit Beginn seiner ständigen Tätigkeit in Dresden, ab 01.11.1959, hatte Heinz Pose sich bemüht, die laufenden Forschungsarbeiten von einer kerntechnischen Orientierung hin zur Kernphysik zu lenken. So begannen Heinz Oehler und Heiner Köhler mit dem Aufbau eines Transmissionsexperiments in Kugelgeometrie mit Photoneutronenquelle, in Anlehnung an das letzte Arbeitsthema von Heinz Pose in Obninsk (POS 1957). Ausgehend von seinen Arbeiten in Dubna zu Parametern der Proton-Proton-Streuung (NIK 1962), regte Heinz Pose den Aufbau eines Polarisationsexperiments an, was von Gustav Schirmer aufgegriffen wurde. Über erste methodische und physikalische Forschungsergebnisse des Instituts konnte Heinz Pose 1966 kurz berichten (POS 1966) (siehe Pkt.3.2).

Die folgenden Jahre waren einerseits geprägt vom Promotionsgeschehen der bereits langjährig am Institut tätigen Wissenschaftler, die nach ihrer Promotion ausnahmslos das Institut verließen - Otto Fiedler, Heinz Oehler, Heiner Köhler, Enno Jordan, Werner Liebich, Gustav Schirmer, Herbert Hänsgen - und andererseits dem Neuzugang von Physikern, welche vorher am VIK Dubna eigene praktische Erfahrungen in der Kernforschung sammeln konnten - Helmut Helfer, Gerhard Peter und Dieter Seeliger. Letzterer begann den Aufbau der Flugzeitspektrometrie am DT-Generator mit Unterstützung von mehreren Diplomanden - ab 1964 Karl Trützschler, Klaus Wiesner und in den folgenden Jahren Klaus Seidel, Dietrich Hermsdorf, Sasson Sassonoff und andere. Aus den Absolventen der Diplomausbildung wurden später Assistenten oder Aspiranten, so dass sich bis 1969/70 ein vollständiger Wechsel des Wissenschaftlerbestandes am Institut im Vergleich zum Jahr der Institutsgründung 1962 vollzog.

Demgegenüber war der Stamm technischer Mitarbeiter durch eine ausgesprochene Kontinuität geprägt. Auch beim Hochschullehrerbestand gab es zunächst keine Veränderung – Heinz Pose als Institutsdirektor blieb bis 1969 der einzige am Institut hauptamtlich tätige Hochschullehrer. Ausführlicher sind die Entwicklungen des Mitarbeiterbestandes, der Forschungsvorhaben und des Promotionsgeschehens den folgenden Kapiteln 2, 3 bzw.5 zu entnehmen.

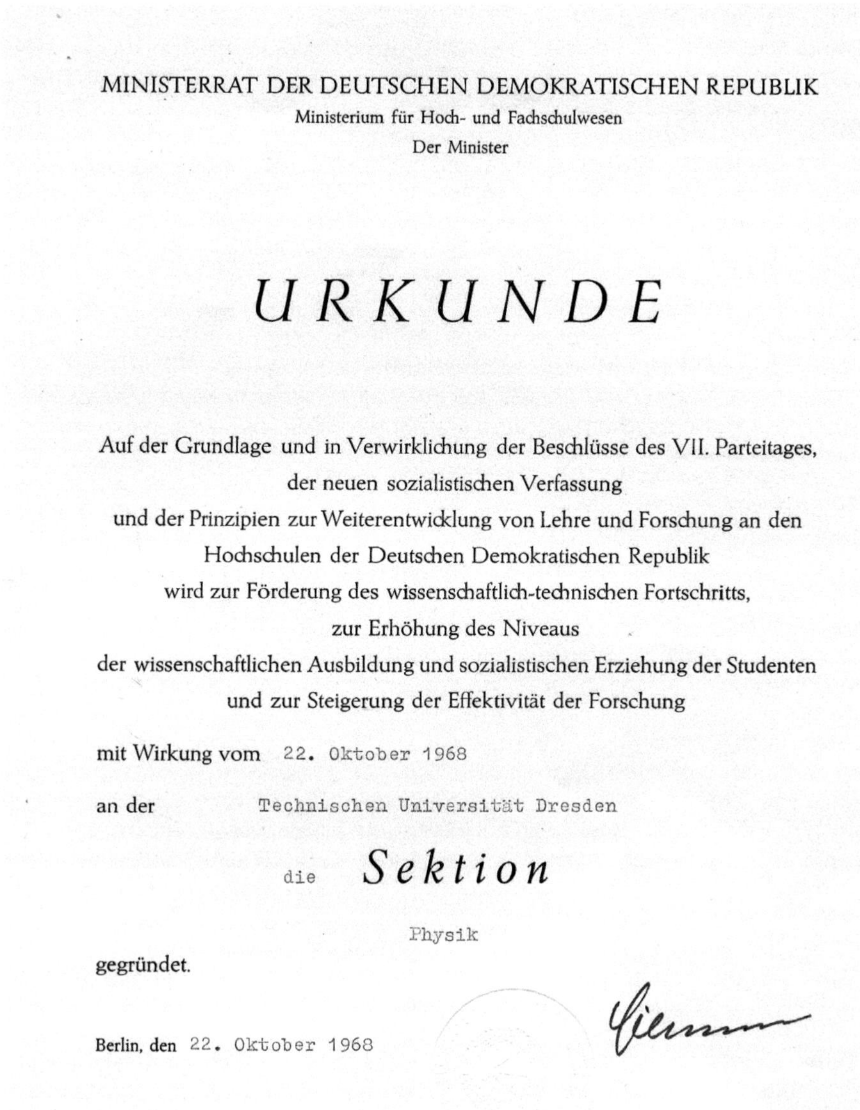

MINISTERRAT DER DEUTSCHEN DEMOKRATISCHEN REPUBLIK
Ministerium für Hoch- und Fachschulwesen
Der Minister

URKUNDE

Auf der Grundlage und in Verwirklichung der Beschlüsse des VII. Parteitages,
der neuen sozialistischen Verfassung
und der Prinzipien zur Weiterentwicklung von Lehre und Forschung an den
Hochschulen der Deutschen Demokratischen Republik
wird zur Förderung des wissenschaftlich-technischen Fortschritts,
zur Erhöhung des Niveaus
der wissenschaftlichen Ausbildung und sozialistischen Erziehung der Studenten
und zur Steigerung der Effektivität der Forschung

mit Wirkung vom 22. Oktober 1968

an der Technischen Universität Dresden

die **Sektion**

Physik

gegründet.

Berlin, den 22. Oktober 1968

Abb. 12: Gründungsurkunde der Sektion Physik an der TU Dresden aus dem Jahr 1968; im Vergleich mit der Urkunde zur Verleihung des Status Technische Universität wird der im Ergebnis der III. Hochschulreform masssiv verstärkte Führungsanspuch der SED deutlich sichtbar

Einen zweiten Einschnitt erlitt die ostdeutsche Kernforschung an den Hochschulen im Zuge der **III. Hochschulreform** ab 1967. *„Durch straffere Führung von Lehre und Forschung und konsequente ideologische Ausrichtung, sollen die Hochschulen künftig einen größeren Beitrag zur Entwicklung der Volkswirtschaft bringen"* - so lautete die von der SED unter Führung von Walter Ulbricht vorgegebene Zielstellung. Als generelle Organisationsform wurden die bisher wissenschaftlich weitgehend selbständigen Institute abgeschafft und in neu gegründete Sektionen gebündelt. So entstand **am 22.10.1968** auch an der Technischen Universität Dresden eine neue Struktur: An die Stelle von acht Fakultäten mit 152 Instituten traten 22 Sektionen. Die Hochschule sollte fortan nach ähnlichen Prinzipien geleitet werden, wie ein Industriebetrieb. „Systemdenken", Straffe Organisation, Planung und Kontrolle traten als Methoden zur Leitung der Wissenschaft in den Vordergrund. An die Stelle der Finanzierung von Grundlagenforschung aus dem Staatshaushalt sollte die unmittelbare Industriefinanzierung von Forschungsprojekten treten. Diese Umgestaltung der Technischen Universität sollte unter Führung eines neuen Rektors mit Industrieerfahrung erfolgen. Hierfür wurde Fritz Liebscher, Professor für Ökonomie, Organisation und Planung der Bauwirtschaft, im gleichen Jahr gewählt.

Aus dem Fachbereich Physik der Fakultät entstand die **Sektion Physik** (Gründungsurkunde - s. Abb. 12). Erster Sektionsdirektor wurde der Direktor des Theoretischen Instituts, Gerhard Heber. Alle wichtigen Entscheidungen, insbesondere Personalentscheidungen, erfolgten ab sofort in der Sektionsleitung. Die bisherigen Physikalischen Institute erhielten die Bezeichnung und den Status von Arbeitsgruppen einer von der Sektionsleitung einheitlich geführten Sektion Physik, mit folgender Struktur (TUD 1973):

- Arbeitsgruppe Experimentalphysik I
  (Oberflächen- und Elektronenphysik, Leitung Alfred Recknagel)
- Arbeitsgruppe Experimentalphysik II
  (Metall- und Röntgenphysik, Leitung Gustav Schulze)
- Arbeitsgruppe Experimentalphysik III
  (Strahlenschutzphysik, Leitung Volkmar Schuricht)
- Arbeitsgruppe Experimentalphysik IV
  (Kernphysik, Leitung Dieter Seeliger)
- Abeitsgruppe Experimentalphysik V
  (Photophysik, Leitung Rudolf Reuther)
- Arbeitsgruppe Theoretische Physik
  (Theoretische Physik[21], Leitung Paul Ziesche)
- Arbeitsstelle Isotopentechnik
  (Leitung Siegfried Koch)

So hieß das bisherige Institut für Experimentelle Kernphysik fortan **Arbeitsgruppe Experimentalphysik IV**. Geplant war nicht nur eine formale Umbenennung, sondern eine prinzipielle Umprofilierung des Instituts: Mit großem Nachdruck verfolgte die staatliche Planung die Entwicklung von Datenverarbeitung und Rechentechnik. Erhebliche materielle und personelle

21 außer dem Lehrstuhl Kerntheorie

Ressourcen flossen in das Gebiet, besonders im Raum Dresden, wo das Kombinat Robotron entstanden war. Die neue Universitätsleitung erklärte die *„Schaffung von Grundlagen zur Entwicklung und Nutzung integrierter Informationsverarbeitungssysteme in der automatisierten Produktion“* zum Hauptanliegen der gesamten Universität und die Kombinate Robotron und Carl Zeiss Jena zu deren wichtigsten Industriepartnern (FEL 1969).

Als ein Beitrag der Sektion Physik zu dieser neuen Strategie war vorgesehen, die Forschungsarbeit in der Arbeitsgruppe Experimentalphysik IV auf die Schaffung von beispielhaften Lösungen zur Experimentautomatisierung zu lenken. Gleichzeitig sollten durch die Lehrkräfte der Gruppe die neu in die Studienpläne aufgenommenen Lehrveranstaltungen zur Informationsverarbeitung, Informationstechnik und Elektronik für Physikstudenten abgedeckt werden. Die Neuprofilierung hätte bei konsequenter Umsetzung das Ende der damals reichlich zehnjährigen Existenz der Kernphysik an der Universität bedeutet. Für die noch bestehenden Institute für Kernphysik an den Universitäten Leipzig und Jena bestand die gleiche Gefahr.

Um den weiteren Verlauf der Ereignisse zu verstehen, ist es zweckmäßig, kurz die Prozesse zu beleuchten, die sich parallel an der **Akademie der Wissenschaften** abspielten, wo ebenfalls eine Reform vorbereitet wurde - die Akademiereform. Auch an der Akademie sollten ähnlich straffe Leitungsstrukturen aufgebaut werden, wie im Hochschulwesen. Im Rahmen der AdW zu Berlin wurde der Forschungsbereich „Kernwissenschaften" als übergeordnetes Leitungsorgan eingerichtet, unter Leitung von Justus Mühlenpfordt. Beratendes Organ ist der Forschungsrat, weiterhin unter Leitung von Max Steenbeck. Ihm zugeordnet ist die Gruppe 11 "Physik" unter Vorsitz von Arthur Lösche. Unter den 13 Mitgliedern in dieser Gruppe befindet sich nur noch ein Vertreter der niederenergetischen Kernphysik - das ist Josef Schintlmeister. Die Elementarteilchenphysik ist immerhin mit zwei Wissenschaftlern vertreten - Gustav Richter und Karl Lanius. Der Durchgriff der niederenergetischen Kernphysik[22] innerhalb der Akademie-Struktur ist damit wesentlich schwächer geworden (vgl. Tabellen A-1 und A-2). Leider wurde diese Situation in der Akademie zum Dauerzustand über viele Jahre, was die Entwicklung der kernphysikalischen Grundlagenforschung in der Folgezeit nicht erleichterte.

Es gab jedoch eine starke Gegenkraft, die zugunsten der Kernphysik wirkte: Das Ministerium für Wissenschaft und Technik (MWT) war daran interessiert, die kernphysikalische Grundlagenforschung auf einem bestimmten Niveau beizubehalten, um den Verpflichtungen zur Mitarbeit im VIK Dubna nachkommen zu können.

---

22 Hinweis: Der Begriff „niederenergetiscche Kernphysik“ wird hier als Teilgebiet der Kernforschung verstanden, welches sich unmittelbar mit dem Atomkern und seinen Umwandlungsprozessen befasst, in Abgrenzung zur Hochenergie- oder Elementarteilchenphysik einerseits und den vielfältigen Richtungen zur Anwendung nuklearer Phänomene andererseits. Nicht selten wird der Begriff „Kernphysik“ auch wesentlich breiter benutzt, alle Richtungen umfassend, in denen subatomare Phänomene erforscht und/oder angewandt werden.

Tabelle A-1

Konzeptionen, Leitdokumente und Beschlüsse über die kernphysikalische Grundlagenforschung

Namen/Bezeichnung	Datum	Herausgeber
Perspektivplanung der kernphysikalischen Grundlagenforschung	13.10.1961	WRAE
Beschluss über die weitere Arbeit auf dem Gebiet der Kernforschung und Kerntechnik	19.12.1962	Ministerrat der DDR
Perspektivplan bis 1970 auf dem Gebiet der Kernphysik	04.01.1964	Kommission Kernphysik des WRAE
Prognose Atomkernphysik	August 1967	ZfK Rossendorf
Wissenschaftliche Konzeption der Atomkernphysik	26.08.1968	J. Schintlmeister /ZfK
Prognose Physik	Oktober 1970	Gruppe 11 „Physik" des Forschungsrates
Verordnung über die Leitung, Planung und Finanzierung der Forschung an der ADW der DDR und den Universitäten und Hochschulen	23.08.1972	Ministerrat der DDR GB, Teil II, 1972, 589
Konzeption der langfristigen Entwicklung der naturwissenschaftlichen und mathematischen Grundlagenforschung im Bereich der ADW und des Ministeriums für das Hoch- und Fachschulwesen	16.05.1974	Ministerrat der DDR Beschluss
Programm Physik; Hauptforschungsrichtung „Kernphysik und Anwendung kernphysikalischer Methoden in der nuklearen Festkörperforschung"	1975	Gruppe 11 „Physik" des Forschungsrates

Abkürzungen: WRAE – Wissenschaftlicher Rat für die friedliche Anwendung der Atomenergie
GB – Gesetzblatt der DDR

Beim MWT lag die Verantwortung und offizielle Vertretung der DDR im Rat der Regierungsbevollmächtigten für das VIK Dubna. Personell wahrgenommen wurde diese Verantwortung durch den Stellvertretenden Minister Fritz Hilbert. Im Rahmen des seit 1956 bestehenden Regierungsabkommens hatte die DDR, auf Drängen der Sowjetunion, kurz zuvor einer starken Erhöhung des zu zahlenden Anteils am Budget des VIK zugestimmt und war so mit Abstand zweitgrößter Beitragszahler geworden (hierzu auch Punkt 3.6). Dieser Aufwand sollte sich ummünzen in prestigeträchtige Erkenntnisse der Grundlagenforschung, in wissenschaftlich-technische Ergebnisse, die in der Industrie direkt verwertbar sind und als „wissenschaftlicher Durchlauferhitzer" bei der Entwicklung von Führungskräften für die Forschung und Industrie im Lande.

Nach Einführung der auftragsgebundenen Forschung in der Akademie ab 1968 blieb das MWT daher weiterhin Auftraggeber der kernphysikalischen Themen im Rahmen der unter Leitung von Schintlmeister ausgearbeiteten und im AdW-Forschungsbereich Kernwissenschaften beschlossenen „Wissenschaftlichen Konzeption der Atomkernphysik bis 1975".[23] Der Bereich Kernphysik im ZfK fungierte als Leiteinrichtung für die kernphysikalische Grundlagenforschung und die Universitätsinstitute wurden Unterauftragnehmer des ZfK. Ergebnisberichte waren dem Auftraggeber MWT jährlich vorzulegen und wurden auf Kontrollberatungen gegenüber dem Forschungsbereich Kernwissenschaften, in Anwesenheit eines Vertreters aus dem MWT, verteidigt. Die Rossendorfer Kernphysiker und ihre Kollegen aus den Hochschulen schlossen sich hierzu in einer „**Arbeitsgemeinschaft Kernphysik**" zusammen, in deren Rahmen die Themen verabschiedet und verteidigt wurden. So blieb an der Hochschule, auch in der schwierigen Phase des äußeren Drucks in Richtung einer Umprofilierung, die Finanzierung der Forschung aus dem Etat des MWT bis 1974 weiter stabil gesichert, was für die Kernphysik überlebenswichtig war.

Für die Umsetzung der Ziele in Dubna konnte auch auf die Verankerung der Kernphysik im Hochschulwesen nicht vollständig verzichtet werden. Fritz Hilbert setzte sich persönlich nachdrücklich dafür ein, die Kernphysik an der TU Dresden zu diesem Zweck zu erhalten, ja in den kommenden Jahren personell beträchtlich auszubauen.

Um den Konflikt zu lösen wird ein Kompromiss zwischen den beiden Ministerien – dem für das Hochschulwesen und dem für Wissenschaft und Technik - gefunden. Der beinhaltet, dass das wissenschaftliche Profil der Dresdner Arbeitsgruppe Experimentalphysik IV in einer Symbiose zwischen Kernphysik und Experimentautomatisierung bestehen soll.

Die Kernphysik hat sich die bisher international als Vorreiter beim Aufbau komplexer Experimente mit weitgehend automatisierter Technik der Sammlung, Speicherung und Verarbeitung großer Datenmengen erwiesen und stellt für die Anwendung kerntheoretischer Modelle immer höhere Anforderungen an die Rechentechnik – so lautet die offizielle, in der Tat nicht unbegründete Argumentation.

23 "Wissenschaftskonzeption Atomkernphysik bis 1975", J. Schintlmeister, Rossendorf, 26.08.1968; ZfK-A, 0/1088

Tabelle A-2

Programmverantwortlichkeit für die kernphysikalische Forschung in der DDR von 1955 bis 1990

Zeitraum	Übergeordnete Leitung	Beratungsorgan Leiter	spezifisches Beratungsorgan Leiter
1956 - 1963	Amt für Kernforschung und Kerntechnik Karl Rambusch	WR für die friedliche Anwendung der Atomenergie Gustav Hetz	Kommission Kernphysik Gustav Richter
1963 - 1969	Forschungsgemeinschaft der naturwissenschaftlichen, technischen und medizinischen Institute der DAW zu Berlin Hermann Klare	Forschungsrat der DDR Max Steenbeck	Kommission Kernphysik als Zentraler Arbeitskreis des FR Gustav Richter, später Josef Schintlmeister
1969 - 1974	DAW bzw. AdW der DDR (ab 72) Forschungsbereich Kernwissenschaften der DAW Justus Mühlenpfordt	Forschungsrat der DDR Max Steenbeck	Gruppe 11"Physik" des Forschungsrates Arthur Lösche
1974 - 1990	AdW der DDR Forschungsbereich „Physik, Kern- und Werkstoffwissenschaften" Klaus Fuchs, Günther Albrecht (ab 79), Wilhelmi (ab 87)	Programmrat für das Programm „Physik" Günther Albrecht, später Wilhelmi	WR der Hauptforschungsrichtung „Kernphysik und Anwendung nuklearer Methoden" Karl Hohmuth (74-83 u. 87 - 90), Klaus Hennig (83-87)

Abkürzungen: DAW - Deutsche Akademie der Wissenschaften;
AdW - Akademie der Wissenschaften (ab 1972);
WR - Wissenschaftlicher Rat

In der Praxis war diese weitreichende Zielstellung allerdings nur bedingt machbar: Es mangelte oft schon an der Bereitstellung entsprechender Geräte und Bauelemente, vor allem aber an technologischer Unterstützung bei der Realisierung zeitgemäßer elektronischer Geräte, die nicht mehr im Eigenbau zu erstellen waren. Aber die Aufgabe stand.

Hierzu wurden zwei Physiker aus der Akademie der Wissenschaften - Gerd Stiller und Wolfgang Meiling - für die Gebiete Informationsverarbeitung und Informationstechnik - als Professor bzw. Dozent berufen. Auch die Kernphysik wird gestärkt durch eine weitere Professur und eine Dozentur - besetzt mit Gerhard Musiol und Dieter Seeliger. Der Anonymisierung der Arbeitsgebiete entsprechend, lauten bei allen Neuberufungen die Berufungsgebiete schlicht Experimentalphysik. Der Hochschullehrerbestand in der Arbeitsgruppe ist so bis zum Jahr 1971 erfreulicher Weise auf vier gestiegen.

Heinz Pose geht zuvor im Jahr 1970, nach längerer Krankheit, in den Ruhestand. Bereits mehrere Jahre zuvor war er, mit der Auflösung der Kommission Kernphysik der WRAE, auch aus den zuständigen zentralen Beratungsgremien ausgeschieden. Deprimiert nahm er, so wie andere seiner Kollegen, die Auflösung der Hochschulinstitute zur Kenntnis, ohne sie verhindern zu können. Enttäuscht ist er auch über die fehlende Unterstützung seines Gebietes, umso mehr nach den weitreichenden Versprechungen, unter denen der Aufbau in der Gründerzeit begann.

Der Generationswechsel ist damit abgeschlossen. So wie in vielen anderen Hochschulbereichen ist die Generation der älteren Wissenschaftler ausgeschieden, die noch vor dem Krieg in den Hochschuldienst eingetreten waren. Auch die anderen Gründungsprofessoren der Fakultät für Kerntechnik haben zu diesem Zeitpunkt alle ihren Dienst an der Universität beendet. Gerhard Musiol übernimmt zunächst die Leitung der Arbeitsgruppe. Er wird jedoch wenig später als Prorektor für Wissenschaftsentwicklung in die Leitung der Universität berufen.

Eine Erhöhung der Anzahl von Hochschullehrern ist noch aus einem ganz anderen Grund dringend erforderlich: Die III. Hochschulreform sieht als weiteres Ziel vor, die Zahl der diplomierten Hochschulabsolventen im Land drastisch zu steigern. Hierzu werden die Immatrikulationszahlen stark erhöht und gleichzeitig ab 1967 die Studiendauer von fünf auf vier Jahre verkürzt. Um auch die Zahl promovierter Absolventen zu steigern, wird eine neue Studienform eingeführt, das Forschungsstudium. Es dauert im Regelfall drei Jahre und schließt sich direkt an das vierjährige Grund- und Fachstudium an. Dies alles soll nach den Vorstellungen der Wissenschaftsplaner den erhofften „großen Sprung" in der Wirtschaft bringen. Es rollt also bereits eine „Studentenwelle" aus dem Grundstudium auf das Fachstudium zu, als die neuen Berufungen erfolgen. Die soll in den kommenden Jahren weiter wachsen und 60 bis 70 Studenten pro Jahr allein in der Vertiefungsrichtung Kernphysik erreichen! So sieht es die gemeinsame Konzeption der beiden Ministerien vor.

Hierzu ist der Neubau eines Lehrgebäudes der Universität auf dem Gelände des ZfK Rossendorf geplant. Das hätte gleich mehrere Vorteile: Es wird eine engere Zusammenarbeit beider Einrichtungen in Lehre und Forschung erreicht. Die Forschergruppen im Akademieinstitut erfahren einen Leistungsschub durch studentisches Forschungspotenzial und frischen Nachwuchs für den Personalbestand. Für die Mitarbeit im VIK Dubna steht ein ausreichend großes „Heimatpotenzial“ zur Verfügung. Last not least – das seit den Anfängen übernommene Problem der provisorischen Unterbringung des Hochschulinstituts in der Außenstelle Pirna-Copitz wird endlich gelöst und eine langfristig tragfähige Lösung geschaffen, die den Wissenschaftlern durch Mitnutzung der Infrastrukturen und Großgeräte des ZfK optimale Arbeitsbedingungen bietet. Diese Pläne gibt der Beauftragte des MWT, Waldemar Buschinski, im April 1969 auf einer Zusammenkunft der Arbeitsgemeinschaft Kernwissenschaften bekannt. Es besteht somit guter Grund für Optimismus im Hochschulteam – so scheint es wenigstens für einige Monate.

Bald kommt die Ernüchterung: Da freie Baukapazität im laufenden Fünfjahrplan nicht mehr vorhanden ist, bleibt zunächst, so heißt es, alles so wie es ist – die neuen Hochschullehrer und Studenten sind wie bisher alle in der Außenstelle Pirna-Copitz unterzubringen bzw. auszubilden. Der personellen Erweiterung adäquate Investitionsmittel zum Kauf von Geräten und Ausrüstungen werden ebenfalls nicht bewilligt. Immerhin, es besteht vorerst noch die Hoffnung, dass dies nur eine Verzögerung des Neubaus von ein-zwei Jahren bedeutet.

Doch dann kommt alles noch ganz anders: Im Mai 1971 erfolgt bekanntlich der Machtwechsel an der Spitze der SED. Mit dem Fall Ulbrichts werden auch seine Hochschulpolitik und Pläne zum starken quantitativen Ausbau der Wissenschaften korrigiert. Die Propaganda in den Medien spricht davon, eine „Zweite Phase der Hochschulreform" werde nun eingeleitet. Auch diese politische Wende hat Folgen, sowohl für die Physikausbildung, wie auch speziell für die Entwicklung des Bereichs Kernphysik, wie im folgenden Punkt näher beschrieben.

Noch eine weitere Konsequenz ergibt sich aus der beschriebenen Entwicklung: Die kernphysikalische Grundlagenforschung an den Universitäten Leipzig und Jena wird eingestellt. An ihre Stelle tritt die Orientierung beider Einrichtungen auf „Nukleare Festkörperphysik", wozu die vorhandenen Ausrüstungen, insbesondere die 2 MV Van-de-Graaff-Generatoren weiter verwendet werden können. An der TU Dresden bleibt so das letzte Hochschulinstitut in der DDR auf dem Gebiet der Kernphysik bestehen.

1.5 Wissenschaftsbereich Kernphysik (1972 – 1990)

Im Herbst 1971 beginnen Auswirkungen des Machtwechsels an der Spitze der Partei auch an der Basis in den Hochschulen spürbar zu werden. In der Presse betont der Hochschulminister, dass *„der Entwicklung von Wissenschaftsdisziplinen an den Hochschulen wieder größere Bedeutung beizu-*

messen" sei und die *„Grundlagenforschung im Rahmen von abgestimmten Wissenschaftskonzeptionen auszubauen"* ist. Mit dem *„Hineinreden in die Wissenschaftsentwicklung an den Hochschulen von außen"* müsse endlich Schluss sein. Mit dem Beschluss des Ministerrats vom 23.08.1972 „Über die Leitung und Planung der Grundlagenforschung an der ADW der DDR und des Ministeriums für das Hoch- und Fachschulwesen" werden einige der Entartungen vorangegangener Jahre in der Forschungsleitung korrigiert, nicht jedoch die strukturellen Veränderungen im Hochschulwesen und an der Akademie, die im Rahmen der zurückliegenden Reformen („Erste Phase" der III. Hochschulreform und Akademiereform) an den beiden Einrichtungen eingeführt worden waren, so die Sektionsstruktur der Hochschulen.

Die einige Jahre zuvor geplanten enormen quantitativen Steigerungen der Hochschulausbildung werden wieder zurückgefahren: Die Immatrikulationszahlen sinken und das vierjährige Physikstudium wird wieder zugunsten des traditionellen fünfjährigen Studiums abgeschafft, obwohl es an der Physik mit großem Aufwand erst wenige Jahre zuvor eingeführt worden war (ZIM 1989). Die neue Orientierung lautet „Konzentration auf die Qualität der Ausbildung". Hatte der Vertreter des Ministeriums in der Arbeitsgemeinschaft Kernwissenschaften wenige Monate zuvor noch kritisiert, dass der bereits vor zwei Jahren in Aussicht gestellte Kooperationsvertrag zwischen der TU Dresden und dem ZfK Rossendorf, der auch den Bau eines Lehrgebäudes beinhaltete, noch immer nicht abgeschlossen sei, so schwindet nun Schritt für Schritt die Hoffnung, dass es, angesichts rückläufiger Studentenzahlen und eines noch nicht abgeschlossenen Bauprojektes für einen neuen Beschleuniger in Rossendorf, in absehbarer Zeit zum Bau eines Lehrgebäudes und Aufgabe der Außenstelle Pirna-Copitz kommen wird.

Zu den positiven Veränderungen zählt zweifellos, dass ab **01.09.1972** die anonymen Arbeitsgruppen in Wissenschaftsbereiche umgebildet werden. Aus der Arbeitsgruppe Experimentalphysik IV entsteht der **Wissenschaftsbereich Kernphysik**. Damit wird eine langfristig stabile Struktur geschaffen, die in den folgenden 18 Jahren Bestand hat. Es entsteht eine „Dritte Leitungsebene" in der Universitätsstruktur, unterhalb der Universitäts- bzw. Sektionsleitungen. Ein zurück zur Autonomie der früheren Institute bedeutet die Gründung der Wissenschaftsbereiche nicht – die zentralistische Leitung der Hochschulen soll nicht abgeschafft werden. Doch ein eigenständiges wissenschaftliches Profil der Bereiche ist nun wieder unbestritten.

Im September 1972 erfährt der Hochschullehrerbestand eine weitere Stärkung: Der Lehrstuhl Theoretische Kernphysik, den es in der Vergangenheit bereits einmal gegeben hatte (Wilhelm Macke), wird wieder eingerichtet, mit Roland Reif aus dem ZfK Rossendorf besetzt und bleibt zunächst dem experimentellen Wissenschaftsbereich Kernphysik zugeordnet. Ein weiterer Lehrstuhl, für Neutronenphysik, wird mit Dieter Seeliger besetzt, dem damit die Nachfolge in der Verantwortung für die traditionellen kernphysikalischen Experimente mit Neutronen übertragen wird, die unter Heinz Pose begannen. Er wird zugleich mit der Leitung des gesamten Wissenschaftsbereichs Kernphysik beauftragt, die er von 1972 bis 1990 innehat.

Ökonomische Zwänge und die von oben vorgegebenen Prämissen über Entwicklungsschwerpunkte der Wirtschaft lassen nach 1972, dem Jahr der Inbetriebnahme des Tandembeschleunigers im ZfK, keine größeren Investitionen für die Kernphysik in der DDR mehr zu. Ein letzter Anlauf der Sektion Physik zum Neubau des Lehrgebäudes in Rossendorf erfolgt 1974, aber auch der verläuft im Sande. Die Außenstelle Pirna-Copitz bleibt Stammsitz des Wissenschaftsbereichs. Um der permanenten Raumknappheit entgegenzuwirken, arbeiten ständige Forschungsgruppen des Bereichs an den Großgräten des ZfK, in den Labors des VIK Dubna und im Kerngelände der Universität - so hat die Raumknappheit auch positive Nebenwirkungen in Form vertiefter Kooperationsbeziehungen.

Mit der 1974 beschlossenen „Konzeption der langfristigen Entwicklung der naturwissenschaftlichen und mathematischen Grundlagenforschung im Bereich der ADW der DDR und des Ministeriums für das Hoch- und Fachschulwesen" und der 1975 im Rahmen des Programms Physik eingeführten Leitung der Grundlagenforschung in der „Hauptforschungsrichtung Kernphysik und Anwendung kernphysikalischer Methoden in der nuklearen Festkörperforschung" erhält die Forschungstätigkeit wieder einen festen Rahmen für die kommenden Jahre. Der Wissenschaftsbereich ist durch Dieter Seeliger im Rat der Hauptforschungsrichtung (HFR) vertreten und hat somit die Möglichkeit der direkten Einflussnahme auf deren Ausgestaltung. Es bleibt bei den Beschlüssen zur Durchführung von Forschungsarbeiten für die Anwendung auf dem Gebiet Experimentautomatisierung und auch die neutronenphysikalischen Forschungsthemen werden zunehmend anwendungsorientiert in Richtung Grundlagen der Kernenergie (siehe Punkte 3.4 und 3.5). Nur so konnte damals die erforderliche Akzeptanz in der Hauptforschungsrichtung und im Beirat Physik des Hochschulministeriums erreicht werden. Diese war notwendig für die Einordnung der Themen als „Staatsplanthemen“, welche eine ausreichende Finanzierung und Zuweisung von Planstellen und Studenten an der Hochschule sicherte. Eine ähnlich starke „Bedarfsorientierung“ der Kernphysik erfolgte an der Akademie: Der Bereich Kernphysik – einst aufgebaut und geleitet von Josef Schintlmeister – wurde mit einem erheblichen Teil seiner Kapazität auf die Anwendung nuklearer Methoden in der Festkörperforschung ausgerichtet, wofür Tandembeschleuniger und Van-de-Graaff-Generator gute Möglichkeiten boten.

Zur leichteren Übersicht sind in den Tabellen A-1 und A-2 die für die Kernphysik entscheidenden Beschlüsse und inhaltlichen Leitdokumente sowie die Programmverantwortung für dieses Gebiet im Zeitraum von 1956 bis 1990 aufgeführt. Während im ersten Teil dieses Zeitraums die inhaltlich programmatische Gestaltung der Kernphysik weitgehend selbstbestimmt war - das galt bis zur Wissenschaftlichen Konzeption der Atomkernphysik im Jahr 1968 - wurde nach dem Beginn von Hochschul- und Akademiereform, d.h. ab 1969, ein starker äußerer Druck in Richtung auf verstärkte Anwendungsforschung ausgeübt. Die negativen Auswirkungen dieses Drucks wurden zunächst lediglich dadurch etwas abgemildert, dass im Zeitraum von 1963 bis 1974 die Bestätigung der Aufgabenstellungen und

Finanzierung der Forschung über den Etat des Ministeriums für Wissenschaft und Technik erfolgte, ursächlich begründet mit den beträchtlichen Aufwendungen für das VIK Dubna. Dies veränderte jedoch nicht die rückläufige Bilanzierung der Aufwendungen für die kernphysikalische Grundlagenforschung in der staatlichen Planung.

Im Zeitraum ab 1975 erfolgte die Finanzierung der kernphysikalischen Forschung aus dem Staatshaushalt, über die Etats der AdW und des Hochschulwesens. Beim MWT, in den bewährten Händen der Arbeitsgruppe Dubna (Leitung: Waldemar Buschinski) der Abteilung RGW und damit im Zuständigkeitsbereich des Stellvertretenden Ministers Fritz Hilbert, verblieb weiterhin die Finanzierung der Mitarbeit im VIK Dubna. Diese allein war aber nicht ausreichend für die Sicherung stabiler Forschungsstrukturen in der Akademie und an der Hochschule, sondern war eher eine willkommene Unterstützung beim permanenten Kampf um die erforderlichen Fonds, Kapazitäten und Akzeptanz, der sich an den Institutionen abspielte.

Die im Jahr 1972 eingeführte einheitliche Leitungsstruktur im Hochschulwesen hatte darüber hinaus zur Folge, dass neben den in den Tabellen A-1 und A-2 aufgezeigten Verantwortlichkeiten, auch im Hochschulwesen Strukturen entstanden, die Einfluss auf die Ausstattung der Forschung an den Sektionen und Wissenschaftsbereichen nahmen: Das war die Abteilung Naturwissenschaften und Mathematik des Ministeriums mit dem zur Beratung beigeordneten Beirat Physik (Leitung: Joachim Auth), dem wiederum eine Arbeitsgruppe Forschung (Leitung: Christian Weißmantel) zugeordnet war. In letzterem Gremium wurden u.a. Empfehlungen über die jährliche Verteilung der immer knapper werdenden Devisen auf bestimmte Themen und Projekte der Sektionen abgestimmt. Erst in den 80-er Jahren ergab sich die Möglichkeit, Interessen der Kernphysik auch im Beirat und seiner Arbeitsgruppe Forschung durch Mitgliedschaft direkt zu vertreten.

Ungeachtet dieser Einschränkungen und bürokratischen Erschwernisse, sowie der insgesamt wachsenden wirtschaftlichen Probleme der DDR, konnten auch in den folgenden Jahren durchaus beachtliche Ergebnisse in Lehre und Forschung erzielt werden. Die personellen und thematischen Entwicklungen am Wissenschaftsbereich Kernphysik, bis zur Gründung des neuen Instituts für Kern- und Atomphysik am 01.11.1990, sind in den folgenden Kapiteln dieses Berichts beschrieben.

1.6 Weitere kernwissenschaftliche Bereiche und Lehrstühle an der Sektion Physik (1972 - 1990)

Im Punkt 1.2. wurde bereits auf die strukturellen Veränderungen in Folge der Auflösung der Fakultät für Kerntechnik eingegangen. Wie veränderten sich die Strukturen in den darauf folgenden Jahren (ZIM 1989, PET 2003):

Aus dem Institut für Anwendung radioaktiver Isotope (Leitung Liselott Herforth) entstand zu Beginn der III. Hochschulreform die Arbeitsgruppe Experimentalphysik III, unter gleicher Leitung. Im Jahr 1972 wurde aus dieser der langjährig stabile Wissenschaftsbereich Strahlenschutzphysik (Leitung Volkmar Schuricht), mit schwerpunktmäßiger Ausrichtung auf die Gebiete Strahlungsmesstechnik und Dosimetrie ionisierender Strahlung. In der Folgezeit amtierten als Leiter des Wissenschaftsbereichs zunächst Klaus Hübner (1981-1984) und später Birgit Dörschel (ab 1985). Als Hochschullehrer wirkten am Bereich weiterhin Werner Stolz, der später an die Bergakademie Freiberg berufen wurde, Helmut Löffler, Klaus Schillinger, später Leiter des mathematisch-physikalischen Salons der Kunstsammlungen Dresden sowie Dietmar Zappe.

Die Leitung der Arbeitsstelle Isotopentechnik, die ebenfalls in der Außenstelle Pirna-Copitz untergebracht war, übernahm 1970 Siegfried Koch. Diese Gruppe unterstand zunächst weiterhin direkt dem Rektor und wurde dann 1974 in die Sektion Physik eingegliedert. Sie befasste sich anfangs hauptsächlich mit Projekten der Industrieanwendung von radioaktiven Strahlungsquellen. Im Jahr 1977 wurde ihr im Rahmen der Sektion Physik der Status eines **Wissenschaftsbereichs** für das Gebiet **Angewandte Kernphysik** zuerkannt. Im Jahr 1979 übernahm Gerhard Musiol die Leitung dieses Wissenschaftsbereichs. Nach Abschluss der von ihm gemeinsam mit Rolf-Dieter Arlt am Wissenschaftsbereich Kernphysik begonnenen Spaltquerschnittsmesssungen (siehe Pkte. 3.3 und 3.5) verlagerte sich der Schwerpunkt des Wissenschaftsbereichs Angewandte Kernphysik in den Jahren bis 1990 zunehmend auf Probleme der Atomphysik, insbesondere Prozesse in der Atomhülle bei Schwerionen-Wechselwirkungen. Hochschullehrer war in diesem Bereich - neben Rolf-Dieter Arlt – auch Kurt Irmer, der die Projekte zur Isotopenanwendung leitete.

Im Jahr 1973 wurde Alexander Andreeff von der Bergakademie Freiberg auf einen neu eingerichteten Lehrstuhl für Experimentelle Physik/Nukleare Festkörperphysik berufen, der dem Wissenschaftsbereich Metall- und Röntgenphysik (Leitung Karl-Heinz Kleinstück, als Nachfolger von Gustav Schulze, und ab 1988 Josef Tobisch) zugeordnet war. Nach einem Aufenthalt in Dubna (1976-1980) übernahm Alexander Andreeff die Leitung der Arbeitsgruppe Grundlagenausbildung an der Sektion Physik. Die an seinem Lehrstuhl bearbeiteten Themen befassten sich mit Anwendungen nuklearer Methoden, so der Positronen-Annihilation.

Der 1972 eingerichtete Lehrstuhl für Theoretische Kernphysik (Roland Reif) wurde im Jahr 1979 in den Wissenschaftsbereich Theoretische Physik (Leitung Paul Ziesche) eingegliedert. Der Forschungsschwerpunkt dieses Lehrstuhls lag bei der Theorie von Präcompoundreaktionen, der Kernspaltung und später von Schwerionenreaktionen (siehe Punkt 3.3).

Es ist nicht Gegenstand der vorliegenden Dokumentation, die personellen und thematischen Entwicklungen an allen diesen Bereichen der Sektion Physik detailliert zu beschreiben, daher konzentrieren sich die folgenden Kapitel auf den Wissenschaftsbereich Kernphysik, sowie Forschungsarbeiten zur Kerntheorie – also auf die kernphysikalische Grundlagenforschung.

1.7 Zur Entwicklung der Arbeitsrichtung Kernenergie nach 1962

Der bereits zitierte Zeitzeuge Wolfgang Fratzscher kommentiert die Entwicklung nach Auflösung der Fakultät für Kerntechnik wie folgt:

„Mit der Auflösung der Fakultät wurden wir bei Pose angegliedert, konnten aber weitgehend selbständig arbeiten. Die Ausbildungsaufgaben beim Maschinenbau blieben erhalten. Helmut Felke war in die Arbeitsgruppe eingeordnet in Verbindung mit dem Ausscheiden von Macke. Er war für die Kern- und Reaktorphysik verantwortlich und arbeitete an seiner Promotion.

Die Arbeitsgruppe bestand zeitweise aus 4 bis 6 Mitarbeitern und einem Sekretariat. Mit der Abwesenheit von Barwich von Dresden, der bekanntlich in Dubna tätig war, war ich mit der Leitung der Arbeitsgruppe beauftragt. Das änderte sich auch nicht mit der Auflösung der Fakultät, ich bekam nur kein Geld mehr dafür. Die Einordnung der Arbeitsgruppe in die Fakultät Maschinenwesen zog sich infolge Differenzen in dieser Fakultät lange hin. 1969 war dann ... eine Einordnung zum Institut für Wärmetechnik, Prof. Boie, vorgeschlagen worden, als wir aus der Liebigstraße 30 ausziehen mussten.

Die Arbeiten, die in der Arbeitsgruppe verfolgt wurden, ergaben sich aus meinen Verbindungen zu Rheinsberg und Rossendorf und aus Ausbildungsproblemen. In den 10 Jahren, in denen ich die Verantwortung für die Arbeitsgruppe getragen habe, sind etwa 100 Studenten der Vertiefungsrichtung Kernenergetik im Maschinenwesen zum Diplom geführt worden und haben 10 Mitarbeiter ihre Promotion abgeschlossen. Die Promotionsverfahren fanden an der Fakultät für Maschinenwesen der TH Dresden und an der TH Merseburg statt. 1969 endete meine Mitarbeit in Dresden.

Privat infolge einer gesundheitlich bedingten Auszeit von etwa einem halben Jahr und gesellschaftlich bedingt durch die 68er- Hochschulreform. In dieser Zeit übernahm Gerhard Ackermann nebenamtlich die Leitung der Arbeitsgruppe. Er hatte als Externer bei uns promoviert. Ich selbst bin 1964 zunächst als Dozent und dann 1966 als Professor nach Merseburg berufen worden. Das war die Zeit nach der Auflösung der Fakultät, in der sogar über den Abbruch der Aufbauarbeiten von Rheinsberg nachgedacht wurde. Der große Favorit war damals das Erdöl und die Merseburger Hochschule profitierte davon im erheblichen Maße."[24]

In der Tat zog sich die Konsolidierung der Arbeitsrichtung Kernenergie im Rahmen der Fakultät für Maschinenwesen einige Zeit hin, erreichte dann aber doch eine dauerhafte Konsolidierung, nachdem Ernst Adam 1970 als Ordinarius für Reaktortechnik berufen wurde und später die Leitung des Wissenschaftsbereichs Kernenergetik übernahm.

Mit dem Aufbau und Einsatz des Ausbildungsreaktors AKR-I unter seiner Leitung, der auch nach 1990 weiter betrieben wurde, entstand an diesem Bereich ein wesentlicher Baustein für die vertiefende Ausbildung und die Weiterbildung auf dem Gebiet der Kerntechnik, der auch von anderen Fach-

24 Persöniche Mitteilung Wolfgang Fratzschers an den Autor

richtungen und Institutionen – darunter vom Wissenschaftsbereich Kernphysik - intensiv genutzt werden konnte.

So haben sich letztlich alle vier Vertiefungsrichtungen aus der Anfangszielstellung für die Fakultät für Kerntechnik im hier betrachteten Zeitraum bis 1990 im Lehrprofil der TU Dresden halten und behaupten können. Ein sehr großer Teil aller Wissenschaftler und Ingenieure, die in der DDR auf den Gebieten Kernenergie, Strahlenschutz, Messtechnik, Isotopenanwendung, Nuklearmedizin und in anderen Zweigen von Kernforschung und Kerntechnik tätig waren, erhielten ihre Ausbildung an der TU Dresden in den hier genannten Richtungen. Viele von ihnen konnten, basierend auf ihrer soliden Ausbildung an der TU Dresden, nach 1990 erfolgreiche Berufskarrieren an öffentlichen Forschungseinrichtungen oder in der Privatwirtschaft absolvieren.

2. Hochschullehrer- und Personalbestand

2.1 Hochschullehrer

Die Entwicklung des Hochschullehrerbestandes von der Gründung der Fakultät für Kerntechnik im Jahr 1955 bis zur Bildung des Wissenschaftsbereichs Kernphysik im Jahr 1972 wurde bereits in Kapitel 1 behandelt. In Tabelle 2-1 ist dies in übersichtlicher Form dargestellt, wobei auch die nachfolgenden Veränderungen am Wissenschaftsbereich Kernphysik im Zeitraum bis zum 01.11.1990 enthalten sind.

In den Jahren nach 1972 traten folgende Veränderungen ein: Gerd Stiller hatte auf eigenen Wunsch bereits nach einem Jahr die Sektion Physik wieder verlassen und war zur Sektion Informationsverarbeitung gewechselt. Damit ergab sich die Notwendigkeit, die 1970 begonnene Richtung Experimentautomatisierung wieder durch eine Professur zu stärken. So erhielt Wolfgang Meiling im Jahr 1974 einen Lehrstuhl für Experimentelle Physik, dessen inhaltliches Profil in Richtung Informationstechnik orientiert war. Ihm zur Seite stand der Honorardozent Ruprecht Fülle aus dem ZfK Rossendorf, der die Lehrveranstaltungen zur Informationsverarbeitung hielt. Damit war eine für viele Jahre stabiler Hochschullehrerstamm geschaffen, welcher die Anforderungen der Experimentautomatisierung sowie der Ausbildung an der Sektion Physik zu Fragen der Hard- und Software abdecken konnte.

Mitte der siebziger Jahre wurden die Immatrikulationszahlen nochmals gesenkt, so dass aus den Immatrikulationsjahrgängen 1977 und 1978 nur noch 5 bzw. 6 Studenten ein Studium in der Vertiefungsrichtung Kernphysik begannen (vgl. Kap.4, Tabelle 4-1). Die Zahl der Lehrstühle am Wissenschaftsbereich Kernphysik, entstanden in den Jahren des erwarteten großen Anstiegs, war im Vergleich dazu deutlich überdimensioniert. Im benachbarten Bereich Angewandte Kernphysik trat in dieser Zeit dagegen akuter Führungsbedarf ein, so kam es auf Vorschlag der Sektionsleitung 1979 zum Wechsel von Gerhard Musiol und Rolf-Dieter Arlt in diesen Wissenschaftsbereich. Der Lehrstuhl für Theoretische Kernphysik wurde wieder - wie schon im Jahr 1962 - in den Wissenschaftsbereich Theoretische Physik eingegliedert. Im Ausgleich hierfür erhielt im gleichen Jahr Klaus Seidel eine Dozentur für Experimentalphysik/Neutronenphysik, die 1986 in eine außerordentliche Professur umgewandelt wurde.

Eine letzte Veränderung im Berichtszeitraum erfolgte mit der Berufung von Andreas Meister als Hochschuldozent im Jahr 1987. Damit ergab sich im Jahr 1990 auf dem Gebiet der Kernphysik der gleiche Bestand von drei hauptamtlich tätigen Hochschullehrern, wie er ursprünglich nach Ausscheiden von Heinz Pose und den Berufungen des Jahres 1970 vorhanden war.

Positiv zu vermerken ist an dieser Stelle auch das langjährige Wirken von Karl Hohmuth als Honorarprofessor für Experimentelle Kernphysik. Unter seiner Regie lief die Betreuung der Diplomanden, die im ZfK ihre Arbeit anfertigten. Er war aber auch stets ein wohlwollender Vermittler und Förderer der vielfältigen Zusammenarbeit des Wissenschaftsbereichs Kernphysik mit dem Zentralinstitut der Akademie der Wissenschaften.

Tabelle 2-1
Die am Wissenschaftsbereich Kernphysik und seinen Vorgängereinrichtungen von 1955 bis 1990 tätigen Hochschullehrer

Name	Status3*)	Berufungsgebiet**)	Zeitraum
Wilhelm Macke	Ord. Professor	Theoretische Physik Theoretische Kernphysik	1954 - 66 1955 - 62
Josef Schintlmeister	Ord. Professor Nebenamtl. Prof.	Experimentelle Kernphysik Kernspektroskopie	1956 - 58 1958 - 71
Werner Hartmann	Nebenamtl. Prof.	Kernphysikalische Elektronik	1956 - 61
Heinz Barwich	Professor m. LA	Spezialgebiete der Kerntechnik	1956 - 60
Heinz Pose	Professor m. LA Ord. Professor Ord. Professor	Sondergebiete der Kerntechnik Neutronenphysik d. Reaktoren Experimentelle Kernphysik	1957 - 59 1959 - 62 1962 - 70
Paul Kunze	Ord. Professor	Experimentelle Kernphysik	1958 - 62
Klaus Fuchs	Nebenamtl. Prof.	Theoretische Kerntechnik	1961 - 62
Karl Hohmuth	Honorarprof.	Experimentelle Kernphysik	1969 - 82
Gerhard Musiol	Ord. Professor	Experimentelle Physik	1969 - 79
Roland Reif	Honorardozent Ord. Professor	Theoretische Physik Theoretische Kernphysik	1969 - 72 1972 - 79
Dieter Seeliger	Hochschuldoz. Ord. Professor	Experimentalphysik Neutronenphysik	1970 - 72 1972 - ST
Gerd Stiller	Ord. Professor	Experimentalphysik/ Informationsverarbeitung	1970 - 71
Wolfgang Meiling	Hochschuldoz. Ord. Professor	Experimentalphysik Experimentelle Physik	1970 - 74 1974 - ST
Ruprecht Fülle	Honorardozent	Informationsverarbeitung	1974 - ST
Rolf-Dieter Arlt	Hochschuldoz.	Experimentalphysik	1976 - 79
Klaus Seidel	Hochschuldoz. a.o. Professor	Exp.phys./ Neutronenphysik Exp.phys./ Kernphysik	1979 - 86 1986 - ST
Andreas Meister	Hochschuldoz.	Experimentalphysik	1987 - ST*)

*) am Stichtag (ST) 01.11.1990 im Bereich Kernphysik als Hochschullehrer tätig
**) Bezeichnung entspricht Eintrag im Professorenkatalog der TUD (PET 2003)
3*) m. LA – mit Lehrauftrag; a.o. - außerordentlich

2.2 Wissenschaftler

Der Mitarbeiterbestand an diplomierten und promovierten Hochschulabsolventen war mitentscheidend für eine hohe Leistungsfähigkeit des Bereichs in Lehre und Forschung. Er umfasste Wissenschaftliche Oberassistenten, befristete und unbefristete Wissenschaftliche Assistenten sowie Aspiranten. In den 80-er Jahren kamen zunehmend Stipendiaten und Gastwissenschaftler hinzu. Die Mitarbeiterkategorien Lektor und Lehrer im

Tabelle 2-2
Die im Bereich Kernphysik tätigen Wissenschaftler

Name	Status	von bis	Bemerkungen**)
Heinz Oehler	Wiss. Mitarb.	1955 - 70	VIK 1965-73 Prof. TH Magdeburg
Heiner Köhler	Oberassistent	1955 - 68	
Enno Jordan	Wiss. Mitarb.	1956 - 70	Hon.prof. TU Dresden
Franz Timpl	Wiss. Mitarb.	1956 - 62	
Walter Scheifler	Wiss. Mitarb.	1956 - 62	
Gustav Schirmer	Wiss. Mitarb.	1956 - 70	VIK 1966-70 Prof. FSU Jena
Stöckel	Wiss. Mitarb.	1956 - 62	
Heinz Wolf	Wiss. Mitarb.	1957 - 62	
Herbert Hänsgen	Wiss. Mitarb.	1958 - 70	Doz. WBTTP
Otto Fiedler	Wiss. Mitarb.	1958 - 62	
Werner Liebich	Wiss. Mitarb.	1959 - 68	Prof. TH Ilmenau
Mohamed Matlab	Aspirant	196 - 68	
Helmut Helfer	Oberassistent Lektor	1961 - 75 1975- 92	VIK 1958-61
Dieter Seeliger	Assistent Oberassistent	1963 - 68 1968 - 70	Univ. Moskau 1957-62
Gerhard Peter	Wiss. Mitarb.	1963 - 68	VIK 1959-63
Joachim Höhn	Aspirant Assistent Oberassistent	1963 - 65 1965 - 69 1969 - 77	SAAS Berlin / IAEA Wien
Christian Keck	Aspirant	1966 - 68	
Rolf-Dieter Arlt	Assistent	1965 - 76	VIK 1965-73 IAEA Wien
Heinrich Strusny	Aspirant	1965 - 68	
Karl Trützschler	Assistent	1965 - 69	
Klaus Wiesner	Assistent	1965 - 69	
Klaus Seidel	Assistent Oberassistent	1966 - 71 1971 - 79	VIK 1976-79
Dankwart Schmidt	Assistent Oberassistent	1966 -76 1976 - 87	
Winfried Jentsch	Assistent	1967 - 68	
Ulrich Kreißig	Assistent	1969 - 70	
Tran Ung	Aspirant	1968 - 72	
Dietrich Hermsdorf	Aspirant Assistent	1967 - 68 1969 - 86	
Sasson Sassonoff	Aspirant Assistent	1967 - 68 1969 - 79	
Siegfried Unholzer	Assistent	1970 - ST*)	
Peter Eckstein	Assistent Oberassistent	1970 – 81 1982 - ST*)	VIK 1976-81
Thomas Schweitzer	Assistent	1970 - 81	

Dietmar Lehmann	Assistent	1973 - 78	VIK 1975-78
Günter Kloß	Assistent Lehrer i.HD***)	1974 - 77 1977 - 88	
Andreas Meister	Assistent	1974 - 87	VIK 1975-80
Hans-Georg Ortlepp	Assistent	1972 - 83	VIK
Uwe Siebert	Assistent	1972 - 76	VIK
Werner Habenicht	Assistent	1972 - 75	
Lothar Hantzsch	Assistent	1971 - 72	
Peter Müller	Assistent	1971 - 75	
Frieder Weidhase	Assistent	1971 - 84	VIK
Johannes Schöne	Assistent	1971 - 76	
Werner Hirsch	Assistent	1971 - 76	
Ulrike Schmidt	Assistentin	1971 - 76	VIK 1972-76
Wolfgang Pilz	Assistent	1977 - 84	VIK 1979-84
Rüdiger Schmidt	Assistent	1973 - 79	VIK 1975-79
M. Abel-El Harid	Aspirant	1973 - 76	Ägypten
Wolfgang Wagner	Assistent	1974 - 79	
Michael Josch	Assistent	1974 - 79	
Peter Mädler	Assistent	1974 - 79	
M. Ibrahim Yousef	Aspirant	1974 - 78	Ägypten
Günther Zschornack	Assistent	1974 - 79	VIK 1974-83
Thomas Streil	Assistent	1974 - 85	
Richard Teichner	Assistent	1975 - 79	
Begsyn Bassaragtscha	Aspirant	1975 - 79	Mongolei
Bernd Richter	Assistent	1975 - 77	
Werner Grimm	Assistent	1976 - 84	
M. Adel Fawzy Salim	Aspirant	1976 - 80	Ägypten
Hannelore Tschammer	Assistentin	1977 - 82	VIK 1979-82
Ralf Tschammer	Assistent	1977 - 83	VIK 1979-82
Helmut Förtsch	Assistent	1977 - 83	
Thank Le Chic	Aspirant	1978 - 79	Vietnam
Udo Richter	Assistent	1978 - 79	
Guntram Pausch	Assistent	1978 - 79	
Siegfried Mittag	Assistent	1978 - 85	VIK 1980-84
Frank Gleisberg	Assistent	1978 - ST*)	VIK 1987-90
Horst Märten	Assistent Oberassistent	1981 - 85 1985 - ST*)	
Joachim Pöthig	Assistent	1979 - 83	
Ulrich Jahn	Assistent	1980 - 85	
Elief Paffrath	Assistent	1980 - ST*)	
Edmond Randrianariosa	Aspirant	1981- 85	
Harald Kalka	Assistent	1983 - ST*)	Univ. Moskau 1986-87
Ludwig Loska	Stipendiat	1983 84	Polen, über IAEA Wien
Andrzej Tunia	Aspirant	1983 - 86	Polen
Tilo Elfruth	Assistent	1986 - ST*)	
Rainer Schwierz	Assistent	1987 - ST*)	
Uwe Gohs	Assistent	1984 - ST*)	VIK 1989-92
Bach Ly Bay	Stipendiat	1984 - 85	Vietnam, über IAEA
Torsten Hehl	Assistent	1985 - 90	

Hamid Payrovan	Stipendiat	1986 - 87	Iran, über IAEA Wien
Bubaran Barry	Aspirant	1985 - 89	
Haitham Al-Obesi	Aspirant	1986 - ST*)	Syrien
Maha Torjman	Aspirantin	1987 - 90	Syrien
Andreas Ruben	Assistent	1990 - ST*)	
Michael Bittner	Assistent	1987 - ST*)	
Michael Töpfer	Assistent	1989 - ST*)	
Lien Hoang Ngoc	Stipendiat	1988 - 89	Vietnam, über IAEA
Nguyen Van Do	Stipendiat	1988 - 89	Vietnam, über IAEA
Immo Birn	Assistent	1989 - ST*)	
Matthias Adler	Assistent	1990 - ST*)	
Jens Brose	Assistent	1990 - ST*)	

*) ST - das Anstellungsverhältnis bestand bis zum Stichtag 01.11.1990
**) besonders vermerkt sind hier nur anschließende Berufungen von Mitarbeitern an andere Hochschuleinrichtungen, Auslandsaufenthalte ab einem Jahr sowie Herkunftsland der ausländischen Aspiranten und Stipendiaten.
***) Lehrer im Hochschuldienst

Hochschuldienst waren für Mitarbeiter mit vorwiegendem Einsatz in Ausbildungsaufgaben vorgesehen. Ein großer Teil der Wissenschaftler verließ nach Erreichen bestimmter Qualifizierungsstufen den Bereich für Aufenthalte im Ausland, die Tätigkeit an anderen Forschungs- bzw. Hochschuleinrichtungen oder den Einsatz in der Wirtschaft.

In der Tabelle 2-2 sind Wissenschaftler erfasst, die am Bereich Kernphysik im Berichtszeitraum mindestens ein Jahr lang tätig waren. Nicht enthalten sind hier Forschungsstudenten, die formal zur Kategorie der Studierenden zählten, obgleich sie bei Beginn des Forschungsstudiums meist ebenfalls bereits den Diplomabschluss erreicht hatten (siehe Tabelle 4-5).

2.3 Technische Angestellte

Am Institut und späteren Wissenschaftsbereich Kernphysik war von Anfang an ein großer Stamm qualifizierter Facharbeiter und Ingenieure tätig. Bis zur Sektionsgründung gehörten auch einige Werkstattmitarbeiter dazu, die im ehemaligen Gebäude der Fakultät für Kerntechnik in Dresden ihre Arbeitsstätte hatten - so die Elektroniker in der Werkstatt von Meister Mittag und Mechaniker in der Werkstatt von Meister Willy Schumann.

Feinmechaniker, Elektroniker und Schlosser hatten hohen Anteil am Bau und Betrieb von Forschungsgeräten und -anlagen. Hervorgehoben werden sollen in diesem Zusammenhang, als Beispiel für viele andere, Willy Sickenberger, Kurt Rehschuh, Günther Bongard, Dipl.-Ing. Rainer Krause und Frank Kolbe. Laborantinnen und Ingenieure für Datenverarbeitung nahmen aktiv teil an Messungen, der Experimentauswertung und Programmierung - hier sind insbesondere Renate Richter, Ursula Kaiser, Helga Ludwig und Ing. Sigrid Eckstein zu nennen.

Sekretärinnen, Fotografin und Zeichnerin - Bertraud Walter, Annemarie Krauspenhaar, Bärbel Krause bzw. Renate Prengel - wirkten zuverlässig bei der umfangreichen Büro- und Publikationstätigkeit des Bereichs mit.

Tabelle 2-3
Die technischen Mitarbeiter am Bereich Kernphysik

Namen	Tätigkeit / Qualifizierung	Zeitraum von	bis**)
Fritz Wollmann	Feinmechaniker	1956	1968
Kurt Rehschuh	Schlosser, Schweißer	1957	1986
Ingrid Göbel/Mouton	Laborantin	1957	1964
Eva-Maria Stephan	Laborantin	1957	1963
Fritz Mittag	E-Werkstattleiter/Meister	1958	1968
Jupp Schmedding	Feinmechaniker	1958	1962
Willy Sickenberger	Feinmechaniker/Meister	1958	1981
Annemary Reiß	Sachbearbeiterin	1958	1972
Ernst Rohner	Laborant/Ingenieur	1958	1964
Wolfgang Linke	Entwicklungsingenieur	1958	1979
Günther Bongard	Rundfunkmechan./Meister	1958	1981
Frank Kolbe	Mechaniker	1959	1971
Erika Leisering	Laborantin	1959	1963
Rainer Krause	Elektroniker/Dipl.-Ing.	1959	ST*)
Bertraud Walter	Sekretärin	1960	1975
Jörg Weinrich	Elektromechaniker	1960	ST*)
Georg Göbler	Mechaniker	1960	1973
Willy Schumann	Werkstattarbeiter	1960	1968
Peter Gnauck	Laborant/Lehrling	1961	1964
Rosemarie Krause	Laborantin/ Geräteverwalt.	1963	ST*)
Sigrid Eckstein	EDV-Ingenieur	1964	ST*)
Volker Hahnewald	Technischer Laborant	1964	1966
Helga Ludwig	Laborantin	1964	1979
Heidemarie Hauck	Chemie-Facharbeiterin	1965	1970
Roland Becker	Elektronik-Ingenieur	1965	1970
Peter Gerlach	Elektronik-Ingenieur	1966	1977
Renate Prengel	Zeichnerin/Teilkonstrukt.	1966	ST*)
Ursula Lüders	Sachbearbeiterin	1966	1968
Roland Berger	Mechaniker	1968	1969
Christine Gerlach	Mechanikerin	1969	1977
Renate Richter	Laborantin	1970	ST*)
Ursula Kaiser	Laborantin	1971	ST*)
Bärbel Krause	Fotografin	1971	1990
Olga Ludwig	Ingenieurin	1973	1975
Ruth Fritzsche	Technische Mitarbeiterin	1973	1987
Futterschneider Horst	Elektronik-Ingenieur	1974	1987
Annemarie Krauspenhaar	Sekretärin	1975	1985
Christine Polz	Elektromechanikerin	1975	1987
Petra Reichelt	Laborantin	1975	1987
Rosemarie Reinhold	Bibliothekarin	1976	ST*)
Günther Wend	Metallfacharbeiter	1979	1986
Uwe Schreiber	Elektronik-Facharbeiter	1979	1987

Günter Reichelt	Metallfacharbeiter	1981	ST*)
Dieter Schickedanz	Mechaniker	1984	ST*)
Horst Oelschner	Heizer	1984	1986
Horst Hickmann	Heizer	1984	1986
Irmtraud Kühnel	Sekretärin	1985	1989
Gisela Schöler	FA f. Datenverarbeitung	1987	ST*)
Antje Michel	Lehrling/Schreibkraft	1988	ST*)
Enrico Will	Hilfslaborant	1989	ST*)

*) ST: Anstellungsverhältnis bestand noch am Stichtag 01.11.1990
**) das Ausscheiden war in den meisten Fällen verbunden mit dem Renteneintritt

Sachbearbeiterinnen - wie Annemary Reiß und Rosemarie Krause - sicherten die Materialbeschaffung und Verwaltung.

Die in den folgenden Kapiteln beschriebenen Forschungs- und Qualifizierungsarbeiten wären ohne den Stamm der technischen Mitarbeiter nicht zu realisieren gewesen. Mit Hilfe der engagierten Mitarbeiter konnten viele Geräte und Anlagen im Eigenbau erstellt und damit die stets prekäre Situation bei der Gerätebeschaffung zumindest teilweise kompensiert werden.

Es waren sichere, unbefristete und begehrte Arbeitsplätze, die der Wissenschaftsbereich den technischen Mitarbeitern bot. Gefordert waren dafür hohes Engagement, schöpferisches Mitdenken und eigenverantwortliches Handeln. Die geringe Fluktuation bei den technischen Angestellten war sicher kein Zeichen für Unzufriedenheit mit den Arbeitsbedingungen, auch wenn für die an einer Hochschule Beschäftigten in der DDR keine besonderen Versorgungsprivilegien bestanden, wie sie in „volkswirtschaftlichen Schwerpunktbetrieben" geboten werden konnten.

3. Forschungsthemen und -ergebnisse

3.1 Beschleunigerbasis

Neutronengeneratoren: Zur Grundausrüstung von Instituten, die sich mit neutroneninduzierten Kernreaktionen oder Neutronenanwendungen befassen, gehörten schon in den 60-er Jahren Neutronengeneratoren. In ihnen werden schnelle Neutronen durch Beschuss der Wasserstoffisotope Deuterium bzw. Tritium mit beschleunigten Deuteronen nach den Reaktionen $D(d,n)^3He$ oder $T(d,n)^4He$ erzeugt. Beides sind exotherme Reaktionen, die Wärmetönungen liegen bei Q_{DD} = 3,27 MeV bzw. Q_{DT} = 17,6 MeV, so dass bereits bei geringen Einschussenergien der Deuteronen monoenergetische Neutronen ab 2,5 MeV bzw.14,1 MeV erzeugt werden können, wobei sich die DT-Reaktion infolge einer Resonanz im Wirkungsquerschnitt bei E_D = 100 KeV gegenüber der DD-Reaktion durch eine um zwei Größenordnungen höhere Ausbeute bei geringen Einschussenergien auszeichnet. DT-Neutronengeneratoren sind wegen dieser besonderen Vorzüge weit verbreitet in der Grundlagen- und Angewandten Forschung sowie in der Praxis.

Wie im Punkt 1.3 bereits erwähnt, wurde in Pirna-Copitz in der Anfangsphase des Instituts für Experimentelle Kernphysik am Aufbau von zwei Kaskadenbeschleunigern mit 110 KV bzw. 500 KV Beschleunigungsspannung gearbeitet, ausgerüstet mit Hochfrequenz-Ionenquellen aus eigener Entwicklung. Diese Arbeiten waren vor allem von Enno Jordan und Werner Liebich gemeinsam mit den Elektrotechnikern Wolf und Stöckel vorangetrieben worden. Die Anlagenentwicklung am Institut war in den Anfangsjahren ein mühsames Unterfangen: Auf kommerzielle Komponenten konnte kaum zurückgegriffen werden, ebenso wenig, wie auf eigene Erfahrung. Fehlende Komponenten mussten von den Physikern selbst nach Literaturangaben oder eigenen Vorstellungen entworfen, in den Werkstätten gebaut und erprobt werden. Selbst die Materialbeschaffung dafür war oft ein Problem.

Von den beiden Beschleunigern lieferte Anfang 1963 lediglich der "kleine Generator" DD-Neutronen. Diese wurden durch Beschuss eines massiven D_2O-Eis-Targets mit dem Ionengemisch aus der HF-Quelle erzeugt. In ihrer ersten Ausbaustufe diente die Anlage bereits für ein physikalisches Experiment, den Polarisationsmessungen (siehe Punkt 3.3).

Der „kleine Generator“ wurde bis 1965 in mehreren Schritten mit Hilfe der Institutswerkstatt modernisiert: Neue Hochspannungsquelle und Beschleunigungssystem, Ablenkmagnet, Quadrupollinse, Strahlführungssystem, Tritiumtarget. Damit konnte die Produktion von DT-Neutronen mit einem scharf gebündelten und analysierten D^+- Ionenstrahl bis 150 KeV begonnen werden. Als Besonderheit erhielt der analysierte Ionenstrahl ein Klystrongruppierungssytem, kombiniert mit Strahlablenkung, mit dem periodische 5 MHz Nanosekunden-Ionenimpulse mit bis zu 5 mA

Abb. 13 (links): Der „große Generator“ mit 500 kV Cockroft-Walton-Kaskade (rechter im Bild) und senkrechtem Beschleunigerrohr (links im Bild)

Abb. 14 (oben): Quadrupollinse zur Fokussierung des Ionenstrahls - nur ein Beispiel für den Eigenbau von Komponenten in der Institutswerkstatt

Abb. 15 (unten): Strahlführung in den Experimentiersaal, ganz rechts ist der Umlenkmagnet zu sehen, dann folgen nach links Vakuumpumpe, Klystrongruppierung und Linse

Impulsstrom erzeugt wurden. Hierzu waren u.a. detaillierte Berechnungen der optimalen Ionengruppierung durch Hochfrequenzfelder in Mehrspalt-Klystronsystemen erforderlich (SEE 1967a, 1970, HEL 1972). Damit stand am Institut ab 1966 ein in seiner Kategorie vergleichsweise moderner DT-Neutronengenerator für aktuelle Forschungsarbeiten zur Verfügung (POS 1966, SEE 1967b), mit dem noch viele Jahre danach kernphysikalische Messungen durchgeführt werden konnten (siehe Punkte 3.3a und 3.3b).

Der "große Generator", mit einer senkrechten Beschleunigungsstrecke, erhielt erst 1966 einen 90^0 – Umlenkmagneten, der den Anbau einer Übertragungsstrecke in den Experimentiersaal und die Installation eines Deuteriumtargets erlaubte (POS 1966). Zunächst wurden hier von Herbert Hänsgen und Manfred Nitsche bis 1968 die vorher am „kleinen Generator" begonnenen Polarisationsmessungen der DD-Reaktion fortgesetzt (HÄN 1971). Nachdem auch diese Anlage durch Karl Trützschler und Klaus Wiesner mit einem Nanosekunden-Strahlpulsungssystem nach dem gleichen Prinzip ausgerüstet worden war (TRÜ 1969), konnte auch sie für spektrometrische Messungen eingesetzt werden – siehe Abb. 15 und Punkt 3.3a.

Damit standen dem Bereich gepulste, monoenergetische Neutronenquellen variabler Energie in den beiden eng begrenzten Energiebereichen 14,1-14,8 MeV bzw. 2,4-3,2 MeV zur Verfügung, wobei erstere mit Ausbeuten von 10^9 bis 10^{10} n/s wesentlich intensiver war, als die DD-Quelle. In der Übersicht von Schmidt-Rohr finden einige Arbeiten der Anfangsjahre in Dresden Erwähnung (SCR 2005, Seiten 146-149).

Tandemgenerator: **Ein** Wesentlicher Nachteil der eigenen Beschleunigerbasis war deren prinzipielle Begrenzung auf die beiden relativ schmalen Energiefenster der DD- bzw. DT-Reaktionen. Es bestand daher großes Interesse daran, Zugang zu elektrostatischen Beschleunigern variabler Teilchenenergie – Protonen und Deuteronen – mit hoher Energieschärfe und gepulstem Strahl zu erhalten. Diese würden es gestatten, über verschiedene Reaktionen – $D(d,n)^3He$, $T(p,n)^3He$ oder $^7Li(p,n)^7Be$ – monoenergetische Neutronen variabler Energie, insbesondere in dem bis dahin weniger erforschten Energiebereich zwischen 3 MeV und 14 MeV, durchzuführen.

Bereits in der zweiten Hälfte der 60-er Jahre begannen die Planungen zum Bau eines Tandembeschleunigers im ZfK Rossendorf, der diese Möglichkeiten eröffnen sollte. Im Vorfeld der Fertigstellung dieser Maschine wurden 1968 vom Hochschulinstitut Kontakte zum Physikalisch-Energetischen Institut in Obninsk aufgenommen, wo eine baugleiche Anlage damals bereits existierte, allerdings ohne gepulsten Ionenstrahl. Für diese Anlage wurde ein Nanosekunden-Pulsungssystem – mit Klystron-Gruppierung und Strahlablenkung vor Eintritt in die Beschleunigungsstrecke – entwickelt und installiert (HEL 1974). Im Austausch erhielt eine Forschungsgruppe des Bereichs um Dankwart Schmidt frühzeitig die Möglichkeit, Experimente am Tandem in Obninsk durchzuführen.

Als 1972 der Tandembeschleuniger im ZfK Rossendorf mit einer maximalen Protonenenergie von 10 MeV (Terminalspannung maximal 5 MV) in Betrieb ging, erhielt der Bereich einen von zehn Strahlzweigen für die

Abb. 16 (oben): Beim Justieren eines Streuexperiments am Tandem 1977; v.r.n.l. - T. Streil, A. Fawzy, D. Seeliger

Abb. 17 (unten): Multidetektor-Neutronen-Flugzeitspektrometer am Tandem; zu sehen sind die auf das Beschleunigertarget gerichteten Kollimatoren

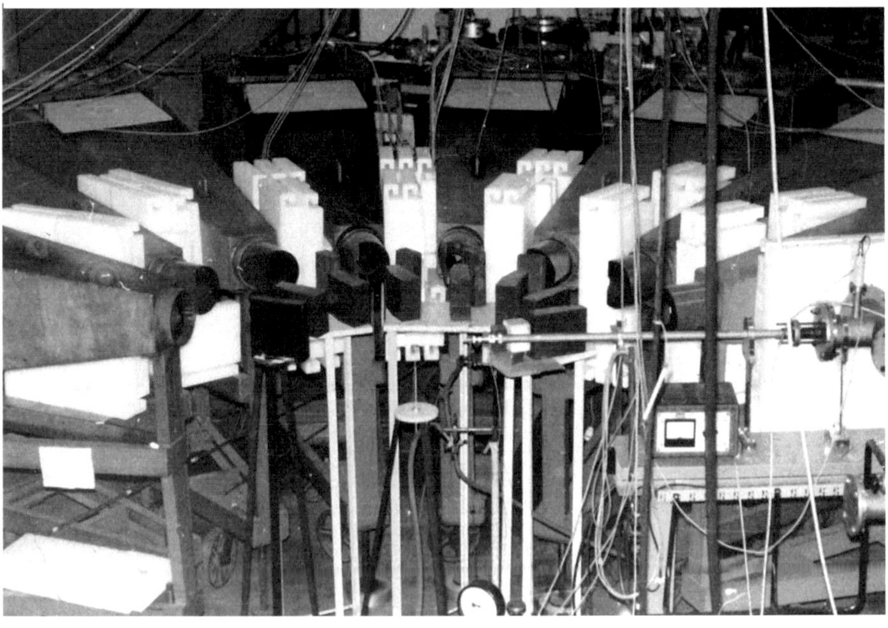

Flugzeitexperimente zugewiesen. Aufgrund der in Obninsk gesammelten Erfahrungen konnte auch für diesen Beschleuniger relativ schnell ein Pulsungssystem entwickelt und in Betrieb genommen werden (ECK 1977).

Die günstigen Untergrundverhältnisse in der großen Experimentierhalle boten gute Bedingungen für Arbeiten am Protonenstrahl und - nach der Inbetriebnahme eines Gastargets - für die Produktion monoenergetischer Neutronen variabler Energie, die dem Vergleich mit den Neutronenlabors in anderen Ländern durchaus standhielten (siehe Abb. 16 u. 17 sowie Punkte 3.3a und 3.3b).

Synchronzyklotron: Seit der Gründung des VIK Dubna stand den Mitgliedsländern das bereits 1947 in Betrieb gegangene Synchronzyklotron für Forschungsarbeiten zur Verfügung. Die Anlage lieferte Protonen mit einer Energie bis 680 MeV und war daher sowohl für nukleoneninduzierte Reaktionen wie auch zur Erzeugung von Pionen geeignet. Heinz Pose hatte an dieser Anlage mit einer Forschungsgruppe Parameter der Nukleon-Nukleon-Streuung untersucht, die der Erforschung von Kernkräften dienten (NIK 1962). In der Gruppe liefen auch Entwicklungen von Gasspurdetektoren, die später durch Gerhard Peter bis zu seiner Promotion am Institut in Dresden fortgesetzt wurden (GOV 1961).

In einer anderen Abteilung hatte sich Gerhard Musiol mit der Kernspektroskopie von neutronenreichen Nukliden befasst, die bei Spallationsprozessen mit schweren Kernen gebildet werden (MUS 1977). Diese Arbeiten zu kernspektroskopischen Themen liefen auch noch nach seiner Berufung an der TU Dresden in einer gemeinsamen Arbeitsgruppe aus Mitarbeitern des Bereichs – unter maßgeblicher Mitwirkung von Rolf Arlt und Heinrich Strusny - und Kollegen des VIK in Dubna weiter (s. hierzu Punkt 3.3h).

Impulsreaktor IBR-30 bzw. IBR-2: Noch eine zweite Anlage des VIK Dubna wurde für den Bereich zu einem wesentlichen Forschungsinstrument – der 1961 in Betrieb gegangene Impulsreaktor IBR mit seinen bis 1000 m langen Flugstrecken für langsame Neutronen. Bereits im ersten Jahr nach der Inbetriebnahme des Reaktors hatte Dieter Seeliger in der Abteilung von Lew Pikelner Messungen von Resonanzparametern der Bromisotope am Reaktor durchgeführt (SEE 1963). Später arbeitete eine Gruppe von Mitarbeitern des Lehrstuhls Neutronenphysik – unter maßgeblicher Mitwirkung von Klaus Seidel, Andreas Meister und Wolfgang Pilz - mehrere Jahre in der gleichen Abteilung unter Leitung von L. Pikelner an der Erforschung von Effekten der Hyperfeinwechselwirkung mittels Resonanzneutronen sowie des Einflusses von Kristallgitterschwingungen auf Resonanzparameter (weiteres hierzu in Punkt 3.3g).

Schwerionenbeschleuniger und weitere geplante Vorhaben: Am VIK Dubna liefen über mehrere Jahre unter Leitung von Dr. Sarantsev zunächst vielversprechend erscheinende Entwicklungen an einem neuen Beschleunigerprinzip, dem so genannten Kollektivbeschleuniger, der für Schwerionen ausgelegt werden sollte. Es gab Vorabsprachen darüber, nach Fertigstellung eine Anlage dieses Typs am Wissenschaftsbereich zu installieren. Zur Unterstützung der Entwicklung wurde eine Gruppe um Günther Zschornack zur Ausarbeitung der Strahldiagnostik in Dubna installiert, erste Publikationen erschienen ab 1976 (SIE 1976, ZSC 1979a, ZSC 1979b u.v.a.). Wegen technischer und finanzieller Probleme musste die Entwicklung des Kollektivbeschleunigers leider eingestellt werden. Aus den Arbeiten zur Strahldiagnostik ging später eine Arbeitsrichtung des Bereichs Angewandte Kernphysik hervor: Untersuchungen der atomaren Wechselwirkungen in der Elektronenhülle bei Schwerionenreaktionen.

Ab Mitte der 70-er Jahre unternahmen die Kernphysiker unter Führung Rossendorfer Kollegen mehrere Versuche, einen neuen Beschleuniger für die Kernforschung im Raum Dresden zu installieren. In der Diskussion waren mehrere Varianten: Isochronzyklotron höherer Energie im Dreiländereck Polen-CSSR-DDR, gemeinsam mit den Instituten in Krakau und Rez (bei Prag), der bereits erwähnte Kollektivbeschleuniger schwerer Ionen und Spallationsneutronenquelle mit einem 1 GeV-Protonenbeschleuniger für die Mittelenergiephysik. Am detailliertesten waren die konzeptionellen Überlegungen und Vorbereitungen für ein Isochronzyklotron betrieben worden.[25] Leider fand keines dieser Projekte die notwendige Unterstützung und Berücksichtigung seitens der staatlichen Planung.

Wertet man aus heutiger Sicht die damals für die Forschungsarbeiten am Bereich verfügbare Beschleuigerbasis, so muss festgestellt werden, dass wegen Ausbleiben einer Investition nach Inbetriebnahme des Tandems im Jahr 1972, es in den achtziger Jahren schwerer wurde, aktuelle Probleme der kernphysikalischen Grundlagenforschung aufzugreifen. Experimentelle Aufgabenstellungen mussten zwangsläufig auf die verfügbare Basis zugeschnitten werden. Allerdings war der Hochschulbereich mit seinem auf Neutronenprozesse ausgerichteten Forschungsprofil, damit in einer vergleichsweise besseren Lage, als die kernphysikalischen Forschungsgruppen im ZfK, denen der Tandembeschleuniger nur wenige aktuelle Forschungsvorhaben mit geladenen Teilchen ermöglichte[26]. Hinsichtlich der Großgeräteausstattung bestanden für die Kernforschung in der DDR die größten Diskrepanzen im Vergleich zur Bundesrepublik.

Hochflussneutronengenerator: Angesichts der Tatsache, dass es über zehn Jahre nicht mehr gelungen war, einen neuen Beschleuniger im Raum Dresden für die Kernphysik zu installieren, erfolgte in den 1980-er Jahren erneut eine Eigenentwicklung - der Aufbau eines DT-Hochflussgenerators mit einer geplanten Quellstärke von 10^{12} n/s.

---

25 B. Kühn „Entwicklungstendenzen der Kernphysik und Tendenzen für die Beschleunigerentwicklung der DDR“; Studie der Forschungsrichtung Atomkernphysik, 1976, unveröffentlicht
„Projektstudie über die Installation eines Isochronzyklotrons U-250 im ZfK als Ersatzinvestition für das Zyklotron U-120“, Rossendorf, 19.11.1982, unveröffentlicht

26 Das betrifft jedoch nicht die Arbeiten zur nulearen Festkörperphysik!

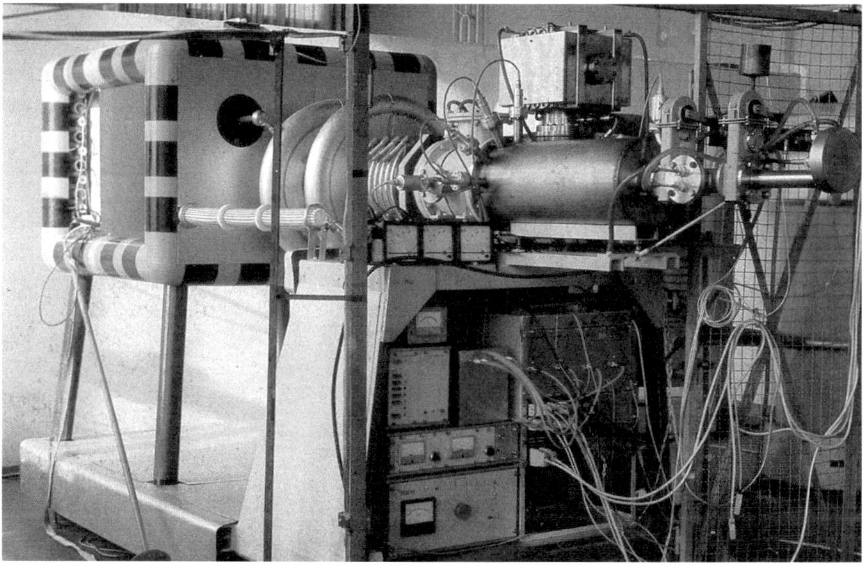

Abb. 18 (oben): Hochflussgenerator für DT-Neutronen; zu sehen sind Hochspannungsbox für Duoplasmatron Ionenquelle, Beschleunigungsrohr, Vakuumpumpe, elektrostatische Quadrupollinse, Drehtarget, Steuerelektronik

Abb. 19 (unten): Entwicklerteam des DT-Generators (v.r.n.l.) - P. Eckstein, E. Paffrath, H. Futterschneider, D. Seeliger, D. Schmidt, H. Helfer, F. Gleisberg, J. Weinrich, R. Schwierz (halb verdeckt), G. Reichelt, R. Krause und U. Schreiber

Die Entwicklung verfolgte die Zielstellung, Neutronentransportprobleme und seltene Kernprozesse zu untersuchen, die für die Neutronik in Blanket und Abschirmung künftiger DT-Fusionsreaktoren von Bedeutung sind (ECK 1986, 1987). Diese Entwicklungsarbeiten liefen in Kooperation mit dem Physikalisch-Energetischen Institut Obninsk, wo das Hochstrom-Beschleunigungsrohr entwickelt wurde, sowie dem Zentralinstitut für Molekularbiologie und Medizin der AdW in Berlin-Buch, an dem eine baugleiche Maschine für Neutronen-Krebstherapie zum Einsatz kommen sollte. Auch Manfred von Ardenne sprach sich persönlich für das Vorhaben aus.

Es entstand ein komplett rechnergesteuerter, kompakter Beschleuniger mit Duoplasmatron-Ionenquelle, in dem ein 200 KeV Deuteronenstrahl von 10 mA Stromstärke auf ein rotierendes Hochleistungstarget geschossen wurde (JAH 1987, BIT 1988), siehe auch Abb. 18 und 19. Eine besondere Herausforderung stellte die Entwicklung des Tritium-Sicherheitssystems hierfür dar (GOH 1989).

Wegen fehlender Baukapazität konnte jedoch die Anlage als DT-Neutronenquelle in der Außenstelle nicht in Betrieb genommen werden. Die bereits vereinbarte Aufstellung des Neutronengenerators in einem vorhandenen, massiven Strahlenbunker des Kombinats Messelektronik im Stadtgebiet Dresden kam bis 1990 nicht mehr zum Tragen.

3.2 Mess- und Auswertetechnik

a) Detektoren und Spektrometer

So wichtig die genannten Forschungsmöglichkeiten an Großanlagen des VIK für die Arbeit des Bereichs auch waren, konnten sie doch die ständige Weiterentwicklung der apparativen Basis an der eigenen Einrichtung nicht ersetzen - schon wegen der Ausbildung und Qualifizierung der Studenten und Nachwuchswissenschaftler, die im Lehrbetrieb an der TU Dresden erfolgte. Während die in Dresden zur Verfügung stehende Beschleunigerbasis zwangsläufig über mehr als ein Jahrzehnt unverändert blieb, wurden Detektoren, Messtechnik und Spektrometer ständig weiterentwickelt, um so die Voraussetzungen für immer neue Experimente zu schaffen. Auch hierfür sollen einige ausgewählte Beispiele genannt werden.

Impulsionisationskammern: Spektroskopische Messungen mit Neutronen, die aus Photoneutronenquellen stammten, erforderten nicht nur akzeptable Energieauflösung sondern auch eine ausreichend geringe Empfindlichkeit gegenüber den von Gammaquanten ausgelösten Comptonelektronen, sowie ladungsempfindliche Vorverstärker. Dies wurde mit den hierfür speziell von Heinz Oehler und Heiner Köhler entwickelten Kugel-Ionisationskammern, gefüllt mit einem Wasserstoff-Argon-Gasgemisch und ausgerüstet mit konzentrischem Abschirmgitter, erreicht (OEH 1964).

Flugzeitspektrometer: In den Folgejahren entwickelte sich die Flugzeitspektrometrie für schnelle Neutronen zur dominierenden Messmethodik für Experimente am Wissenschaftsbereich. Die Entwicklung begann am DT-

Generator. Hierzu war nicht nur dessen Pulsung erforderlich, sondern weitere Geräte und Verfahren mussten entwickelt werden. Besonders komplexe Anforderungen standen für Szintillationsdetektoren, die in der Flugzeitspektrometrie schneller Neutronen bei möglichst langen Laufstrecken zum Einsatz kamen: Hohe Effektivität des Neutronennachweises, ausreichende Lichtausbeute der Szintillatoren bei geringen Abklingzeiten des Lichtsignals, hohe Verstärkungskoeffizienten im Sekundärelektronenvervielfacher sowie die Fähigkeit zur elektronischen Neutron-Gamma-Diskriminierung. Nur durch Entwicklung der entsprechenden Detektoren mit organischen Szintillatoren sowie Eigenentwicklung der Nanosekunden-Zeitmesselektronik konnten Experimente mittels Flugzeitspektrometrie an der gepulsten 14 MeV - Quelle ab 1967 effektiv betrieben werden (SEE 1967a, b, c,). Später waren großflächige Photovervielfacher mit hoher Verstärkung verfügbar, die längere Flugstrecken im Experiment zuließen. Hinzu kamen verfeinerte Schaltungen der analogen Signalverarbeitung, die neben der Neutron-Gamma-Diskriminierung auch noch eine elektronische Unterdrückung von Signalen kosmischer Müonen zuließen (SEE 1972, SEE 1987). Die Abb. 23 und 24 zeigen Spektrometer und Bearbeiterteam am DT-Generator.

Nach dem Vorbild des "kleinen" DT- Generators wurde anschließend auch der "große" DD-Generator durch Karl Trützschler und Klaus Wiesner mit Strahlpulsung und Flugzeitspektrometer ausgerüstet, so dass Experimente mit Neutronen um 3 MeV beginnen konnten (TRÜ 1969).

Sobald der Tandembeschleuniger im ZfK für Experimente verfügbar war, wurde er nicht nur mit einer Strahlpulsung nachgerüstet, sondern auch ein Flugzeitspektrometer mit zehn großvolumigen Szintillationsdetektoren in schweren Abschirm-Kollimatoren in Eigenleistung (ECK 1977, ECK 1980) aufgebaut, das für viele Jahre hervorragende Experimentiermöglichkeiten mit schnellen Neutronen bot (Abb. 16 und 17). Nachteilig für den Wissenschaftsbereich war lediglich, dass der Tandembeschleuniger auch für vielfältige andere Aufgaben, insbesondere festkörperphysikalische Anwendungsforschung, eingesetzt wurde und daher nur mit begrenztem Zeitfonds für die kernphysikalischen Arbeiten mit schnellen Neutronen zur Verfügung stand.

Methode assoziierter Teilchen: Die Methode assoziierter Teilchen gestattete die exakte Flussbestimmung und Flugzeitmessung durch Zählung der Alphateilchen aus der DT-Quellreaktion bzw. deren Koinzidenz mit Neutronen (siehe Abb. 21) (HAU 1970). Sie wurde fester Bestandteil der Methodik aller Experimente mit DT-Neutronen. Später nutzte Rolf Arlt die zeitlich korrelierte Methode, um durch Koinzidenzmessung zwischen assoziiertem Teilchen und Spaltereignis absolute Spaltraten zu bestimmen. Dies erfolgte in einer weiteren Linie methodischer Entwicklungen mit dem Ziel, Spaltquerschnitte bei 14 MeV mit höchster Präzision zu messen. Hierzu wurden auch spezielle Spaltkammern mit Materialschichten höchster Homogenität und präziser Geometrie entwickelt (ARL 1979a, b). Später wurde die TCAP-Methode (time-correlated associated particle) auch für weitere Quellreaktionen eingesetzt (ARL 1982, 1985).

Spaltdetektoren: Die exakte Bestimmung des Spaltneutronenspektrums von ^{252}Cf im Team um Horst Märten erforderte Miniaturspaltkammern mit spezieller Konstruktion (MÄR 1987). Richtungsabhängige Avalanche Spaltfragmentdetektoren (PPAC) wurden in Kooperation mit dem ZfK entwickelt, um Korrelationen zwischen definierten Spaltfragmenten und zugehörigen Spaltneutronen zu bestimmen (MÄR 1988), siehe auch Abb. 25 und 28.
Die Aufzählung ließe sich fortsetzen.

b) Rechentechnik und Datenverarbeitung

Rechner: Im Zeitraum, über den hier berichtet wird, fand bekanntlich weltweit eine enorme Entwicklung der Rechentechnik statt. Ebenso ist bekannt, dass in den Ländern Osteuropas, ein chronischer Rückstand gegenüber den führenden Ländern - insbesondere USA und Japan - auf diesem Gebiet zu verzeichnen war. Andererseits stellten die kernphysikalischen Experimente und kerntheoretischen Modelle besonders hohe Anforderungen an den Einsatz von Rechentechnik - der Kernphysik kam quasi in dieser Hinsicht eine Pilotfunktion zu, zumindest in den 1970-er Jahren in der DDR. Leistungsfähige PC-Technik gab es zunächst noch nicht. Die anspruchsvollen Rechenprogramme zur Anwendung des optischen Modells und der DWBA-Analysen direkter Reaktionen liefen anfangs auf dem Großrechner ELLIOT, später kamen die Rechner BESM-6 und R-1055 am Rechenzentrum der TU Dresden hinzu. Ein Teil der Modellrechnungen und Experimentauswertung erfolgte an den Großrechnern des VIK Dubna.

In den 80-er Jahren kamen zunehmend Kleinrechner und PC aus DDR-Produktion an die Universität, die im Wissenschaftsbereich zügig zur Experimentsteuerung und -auswertung genutzt wurden (siehe Punkt 3.4).

Auswerteprogramme: Die immer größer werdenden Datenmengen, z.B. aus Vielparameter-Flugzeitexperimenten, erforderten einen zunehmenden Aufwand für die Datenauswertung, der bereits Anfang der siebziger Jahre nur noch mit Rechnern zu bewältigen war. So musste ein zunehmender Personaleinsatz im Bereich für die Schaffung von Rechenprogrammen und die maschinelle Datenauswertung verwandt werden.

Nur einige der hierfür geschaffenen Computercodes bzw. datenintensive Anwendungen sollen hier exemplarisch genannt werden: Programm zur Auswertung kontinuierlicher Neutronenspektren (HER 1970); Programm zur Effektivitätsberechnung von Neutronendetektoren (HER 1973c); Monte-Carlo-Programm zur Berechnung des Neutronentransports; Pflege und Nutzung der Bibliothek eingeschätzter Neutronenkerndaten (ECS 1983). Sehr viele weitere waren ebenso aufwendig und wichtig, wie die hier genannten! International etablierte Codes theoretischer Modelle - Hauser-Feshbach-Theorie, Modelle Direkter Reaktionen, Optisches Modell etc. - wurden ab Anfang der siebziger Jahre über internationale Kontakte für die Experimentauswertung in Dresden verfügbar. Damit konnte die Experimentauswertung auf vergleichsweise modernem Niveau erfolgen.

3.3 Kernphysikalische Forschungsthemen[27]

a) Messprogramme mit schnellen Neutronen

Beginnen wir mit einen Überblick über Messprogramme zur Bestimmung von Wirkungsquerschnitten und anderen Reaktionsdaten, die am Institut mit den vorhandenen Neutronenquellen durchgeführt wurden:

Nichtelastische Wechselwirkung: Von Anbeginn bestand eine Zielstellung der experimentellen Untersuchungen am Institut darin, kernphysikalische Daten von praxisrelevanten Kernreaktionen zu ermitteln. Mit Inbetriebnahme des Forschungsreaktors im ZfK Rossendorf war die Möglichkeit gegeben, durch Aktivierung von ^{23}Na im Reaktor radioaktive Natrium-Beryllium-Neutronenquellen zu produzieren. Diese Quellen lieferten etwa 10^5 bis 10^6 Neutronen pro Sekunde mit einer relativ breiten Spektralverteilung um 1 MeV, jedoch bei sehr starkem Gammauntergrund. Mit den eigens hierfür entwickelten Impulsionisationskammern konnten Heinz Oehler und Heiner Köhler, auf diese Weise auch ohne Beschleuniger, bereits integrale Wirkungsquerschnitte der nichtelastischen Wechselwirkung bei etwa 1 MeV Neutronenenergie messen - für einige mittelschwere Kerne, typische Konstruktionselemente in Kernreaktoren (OEH 1966).

Neutronenpolarisation: In der anfänglichen Ausbaustufe diente der "kleine Generator" bereits für ein erstes physikalisches Experiment - Polarisationsmessungen mit DD-Neutronen bei Einschussenergien bis 120 keV von Gustav Schirmer und Herbert Hänsgen. Durch zeitaufwendige Messungen der Rechts-Links-Asymmetrie bei der elastischen Streuung an Kohlenstoff oder Beryllium konnte das Produkt aus dem Polarisationsgrad der DD-Neutronen und dem Polarisationsvermögen der Streukerne bei der entsprechenden Energie ermittelt werden. Mit weiteren Annahmen war es möglich, Schlussfolgerungen über eine der beiden Größen zu ziehen (HÄN 1965, SRR 1966).

Diese Arbeitsrichtung wurde von Herbert Hänsgen und Manfred Nitsche bis1968 am "großen Generator" bis 500 keV Einschussenergie mit Kohlenstoffstreuer fortgesetzt und dabei ein resonanzartiger Verlauf des Polarisationsvermögens von Kohlenstoff identifiziert (HÄN 1971).

Elastische und unelastische Streuquerschnitte: Mit der sukzessiven Inbetriebnahme der Flugzeitspektrometer an drei Beschleunigern wurden Messungen von partiellen Wirkungsquerschnitten, den differentiellen Quer schnitten der elastischen und der unelastischen Streuung möglich, letztere mit Anregung einzelner, isolierter Kernzustände.

27 Wegen ihrer engen inhaltlichen Verzahnung mit den kernphysikalischen Experimenten werden in diesem Punkt auch kerntheoretische Arbeiten vorgestellt, die in den 1980-er Jahren strukturell dem Wissenschaftsbereich Theoretische Physik zugeordnet waren.

Abb. 20: Anordnung zur Messung nichtelastischer Querschnitte für Chrom mit einer Photoneutronenquelle; im Vordergrund - die geöffnete Halbkugel aus Chrom, im Zentrum befindet sich die Quelle; im Hintergrund - die Kugelionisationskammer mit Vorverstärker und die Hochspannungsversorgung

Abb. 21 (unten): Tritiumtarget mit angeflanschtem Halbleiterdetektor für die assoziierten Alphateilchen der DT-Reaktion, links davon der Alminium-Streukörper und Blick in die Kollimatoröffnung

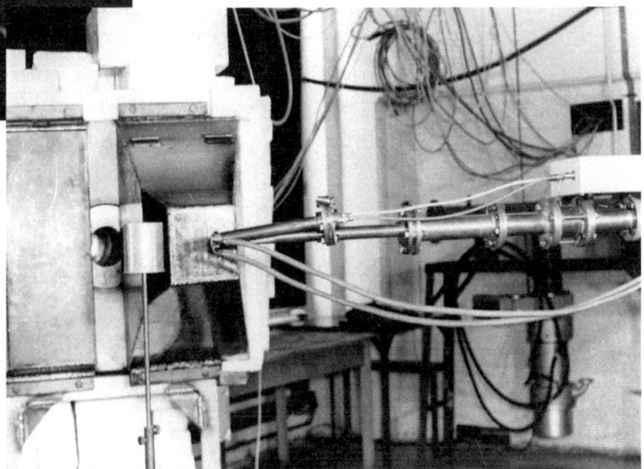

Abb. 22 (unten): Experiment zur Messung der rechts-links-Asymmetrie bei der Streuung von DD-Neutronen an Kohlenstoff

Diese und spätere Messungen wurden in der Regel nicht nur zum Zweck der Bestimmung experimenteller Querschnitte durchgeführt. Sie standen im Zusammenhang mit der Untersuchung kernphysikalischer Fragestellungen – wie in den folgenden Punkten näher erläutert.

Es begann mit differentiellen Streumessungen bei 14 MeV an Kohlenstoff und Silizium (HÖH 1969). Später folgten am "großen Generator" Messungen differentieller Streuquerschnitte um 3 MeV an Konstruktionsmaterialien (TRÜ 1969, SCW 1976a, SCW 1977b). Schließlich konnten am Tandembeschleuniger ebenfalls Messungen differentieller elastischer und unelastischer Streuquerschnitte mit variabler Inzidenzenergie, im Bereich von 6 MeV bis 12 MeV, erfolgen (FAW 1979, 1985). Streumessungen an den Isotopen ^{6}Li und ^{7}Li waren von praktischem Interesse für die Bestimmung von Tritium-Brutraten im Blanket von Fusionsreaktoren (SCM 1987).

Doppelt-differentielle Neutronenemissionsquerschnitte: Die Streuexperimente am DT-Neutronengenerator zeigten, dass die Parameter des Spektrometers – Energieauflösung, Intensität und Untergrund – eine simultane Messung des hochenergetischen, diskreten und des niederenergetschen, kontinuierlichen Spektrenteils zulassen, einschließlich des bis dahin kaum bekannten Übergangsgebietes zwischen ihnen. Daraufhin begannen systematische Messungen von doppelt-differentiellen Neutronenemissionsquerschnitten an mittelschweren Kernen, die später in mehreren aufeinander folgenden Messzyklen den gesamten Massenzahlbereich erfassten (HAU 1970, HER 1974a, b, 1975, 1976c) – gemessen wurden alle Elemente, die in ausreichender Menge für Streuerproben beschaffbar waren. Diese Daten schlossen eine bis dahin vorhandene Lücke und fanden schnell Aufnahme in internationale Bibliotheken eingeschätzter Neutronenkerndaten. Sie sorgten für zunehmende Bekanntheit der Gruppe, die im Computerindex CINDA der IAEA (CIN 1975) unter „TUD" häufig zitiert wurde (Abb. 23 und 24).

Später konnten am Tandembeschleuniger auch für Einschussenergien unterhalb von 14 MeV doppelt-differentielle Neutronenemissionsquerschnitte gemessen werden, so für ^{93}Nb (MIT 1988).

Im Zusammenhang mit der Thematik Fusionsneutronik (siehe Punkt 3.5) wurden gegen Ende der 80-er Jahre erneut Messungen doppelt-differentieller Neutronenemissionsquerschnitte bei 14 MeV mit verbesserter Methodik für ausgewählte Kerne durchgeführt (ELF 1989, ALO 1992).

Spaltquerschnitte: Mit der Methode zeitlich korrelierter assoziierter Teilchen wurden für DT- und DD-Neutronen in einem mehrjährigen Messprogramm in Kooperation mit dem Radiuminstitut Leningrad absolute Spaltquerschnitte für ^{235}U bei mehreren Einschussenergien mit hoher Präzision gemessen. Es folgten Messungen von Spaltquerschnitten für ^{238}U, ^{237}Np und ^{239}Pu mit der gleichen Methode.

Die im Jahr 1976 begonnenen Arbeiten wurden später am Wissenschaftsbereich Angewandte Kernphysik zum Abschluss geführt (ARL 1979a, b, 1981, 1982, 1984, 1985).

Abb. 23 (oben): Team „doppelt-differentielle Emissionsquerschnitte bei 14 MeV Einschussenergie“ 1972; v.r.n.l. stehend – D. Hermsdorf, R. Krause, D. Seeliger, G. Bongard, S. Sassonoff, K. Seidel; sitzend – U. Kaiser, R. Prengel, R. Richter

Abb. 24 (unten): Flugzeitspektrometer am gepulsten DT-Generator; v.r.n.l. - Ablenkmagnet, Quadrupollinse, Pulsungssystem, Vakuumpumpe, Target und Neutronenkollimator

Spaltneutronenspektren: In den 80-er Jahren lief an den Messeinrichtungen am Tandembeschleuniger ein mehrjähriges Programm zur Bestimmung von Neutronenspektren aus der Kernspaltung, sowohl für die Spontanspaltung des ^{252}Cf (MÄR 1982, 1983a, 1985d), wie auch für die induzierte Spaltung von ^{232}Th (MÄR 1989c), ^{235}U (LOV 1992) und ^{237}Np (TRU 1991). Unter optimierten Streu- und Untergrundbedingungen – Einsatz miniaturisierter Spalt-Ionisationskammern, Flugstrecken bis zu 6 m, großvolumige NE-213 Szintillationsdetektoren mit elektronischer Diskriminierung von Gammaquanten und kosmischen Müonen - konnten Spaltspektren bis zu sehr hohen Energien gemessen werden, teilweise weit über die vorher bekannten Energiebereiche hinaus. In weiterführenden Experimenten wurden auch Spalt-Fragment-Korrelationen mit Hilfe von PPAC-Detektoren (Parallel Plate Avalanche Counter) in Koinzidenz mit den Neutronendetektoren gemessen (MÄR 1986c,1987c, 1988a). Alle diese Messungen dienten den Untersuchungen zu Mechanismen der Abregung von Spaltfragmenten über Spaltneutronenemission und liefen parallel zu den entsprechenden Modellentwicklungen (siehe Punkt 3.3 e und Abbildungen 25 bis 28).

b) Mechanismus nukleoneninduzierter Reaktionen

Kommen wir nun zu Untersuchungen des Mechanismus nukleoneninduzierter Kernreaktionen auf der Grundlage der durchgeführten Experimente:

Direkte unelastische Streuung: Bereits gegen Ende der sechziger Jahre wurde am Institut eine damals aktuelle Thematik in der Kernphysik aufgegriffen – die Untersuchung des Anteils formelastischer und compoundelastischer Prozesse an der elastischen sowie direkter und statistischer Komponenten an der unelastischen Streuung schneller Neutronen, letztere insbesondere bei der Anregung tief liegender kollektiver Kernzustände des Endkerns. Von Interesse waren dabei die Abhängigkeit von der Anregungs- und der Einschussenergie sowie von Struktureigenschaften der Kerne.

Erstes experimentelles Untersuchungsobjekt war die Reaktion ^{28}Si(n,n`) bei 14 MeV (HÖH 1969). Die theoretischen Analysen der partiellen Querschnitte für tief liegende Kernzustände im Rahmen der DWBA-Methode (Distorted Wave Born Approximation) lieferten neben Wirkungsquerschnitten Informationen über die Parameter der Quadrupol- sowie Oktupoldeformation von ^{28}Si und zeigten die erwartete Dominanz direkter Prozesse bei kollektiven Zuständen mit geringer Anregungsenergie des Restkerns.

Es folgten Untersuchungen der elastischen und unelastischen Streuung an insgesamt 10 Kernen der 2s1d- und der 2p1f-Schalen bei 3,4 MeV (TRÜ 1969, SCW 1976a, 1977b, ELH 1980). Bekannt war, dass bei geringsten Einschussenergien die Anregung über den Compoundkern-Mechanismus überwiegt, während bei hohen Energien direkte Prozesse dominieren. So lag es nahe, den Übergang zwischen beiden Mechanismen und deren Mischung als Funktion der Einschussenergie zu untersuchen.

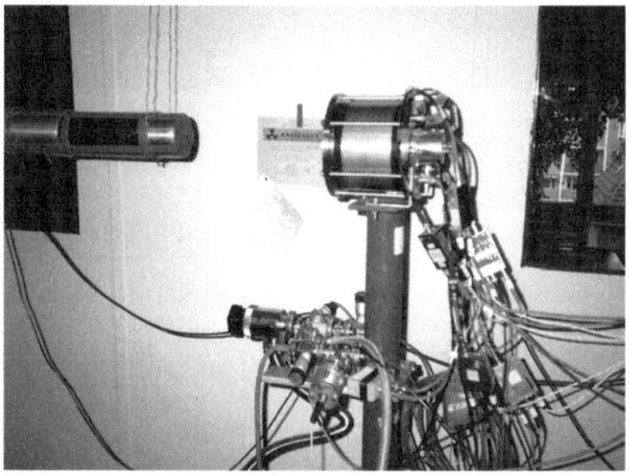

Abb. 25 (oben): Erste Apparatur zur Messung des Neutronenspektrums der Spontanspaltung von 252-Cf

Abb. 26 (rechts oben): H. Märten bei der Experimentoptimierung am Rechner 1987

Abb. 27 (rechts): Team Spaltspektren 1988, v.r.n.l. H. Märten, Stipendiatin Lien Hoang Ngo, Diplomand Rotter, S. Eckstein, K. Töpfer

Abb. 28 (unten): Experimentaufbau zur Messung von Fragment-Neutronen-Korrelationen mit PPAC-Detektor und zwei Neutronendetektoren

Die Analysen im Rahmen des Optischen Modells, der Hauser-Feshbach-Theorie sowie der DWA- und CC-Modelle (Coupled Channels) direkter Reaktionen zeigten eine gute Beschreibung der Messergebnisse durch inkohärente Überlagerung von statistischen und direkten Reaktionsanteilen, wobei bereits bei 3,4 MeV Inzidenzenergie direkte Anregungen einen beträchtlichen Anteil am partiellen unelastischen Querschnitt für die Anregung der unteren Kernzustände – (zwischen 15 und 50% !) - ausmachen.

Mit variabler Einschussenergie von 7 bis 14 MeV konnten die Zusammenhänge später für eine Reihe von leichten Kernen am Tandembeschleuniger systematisch weiter verfolgt werden (PIL 1980a, 1980b, FAW 1985, SEE 1986). Theoretische Analysen erfolgten nun vorwiegend im Rahmen der exakten CC-Methode. Im gleichen Energiebereich wurde auch die Anregung von Zuständen im Kontinuum der Endzustände untersucht und aus Analysen im statistischen Modell Niveaudichteparameter bestimmt, so für ^{93}Nb (MIT 1988).

In einer Übersichtsarbeit (BYC 1983) wurden die gewonnenen Erkenntnisse dieser Untersuchungsrichtung, die parallel in Dresden und Obninsk betrieben wurde, zusammenfassend dargelegt. Einige Schlussfolgerungen lauteten: Bei Anwendung des verallgemeinerten Optischen Modells mit gekoppelten Kanälen kann eine wesentlich konsistentere Beschreibung der gemessenen elastischen Querschnitte erzielt werden, als in Born`scher Näherung. Die Untersuchung der Anregung tief liegender kollektiver Qadrupolzustände gestattet Aussagen über strukturelle Unterschiede zwischen isoskalaren und isovektoriellen Anregungen. Insbesondere in Schwellnähe unelastischer Streukanäle werden strukturelle Unterschiede in der Neutronenstärkefunktion verschiedener Nuklide sichtbar. Der Anteil direkter Prozesse dominiert bei der Anregung tief liegender kollektiver Zustände in einem weiten Bereich der Einschussenergie.

Vorgleichgewichtsprozesse: Während die beschriebenen Untersuchungen zum direkten Mechanismus bei der Anregung tief liegender Kernzustände am DD-Generator und am Tandem noch liefen, wandten sich die Untersuchungen am DT-Generator bereits einem neuen Phänomen zu.

Wie bereits erwähnt, war es möglich, in den Messungen der doppelt-differentiellen Neutronenemissionsquerschnitte bei 14 MeV Einschussenergie einen breiten Energiebereich der Kernanregung zu überstreichen – von den direkt gestreuten Neutronen bis hinab zu den "Verdampfungsneutronen" (um 1MeV). Die Experimente ergaben, dass mit einer einfachen Summe von Anteilen aus den beiden bekannten Mechanismen die beobachteten Spektren nicht zu erklären sind – es treten systematische Überschüsse auf, die nur mit einem neuen Mechanismus zu verstehen sind.

Zur Erklärung wurde das kurz vorher von J. Griffin vorgeschlagene phänomenologische Excitonenmodell (GRI 1966) aufgegriffen und für die Erklärung der gemessenen Neutronenspektren herangezogen. Das Modell geht von einem Relaxationsprozess aus, bei dem durch sukzessive Zweiteilchenstöße sich der statistische Gleichgewichtszustand – der Compoundkern – herausbildet, während dem aber auch bereits Teilchenemission – die

Vorgleichgewichtsemission – eintreten kann. Kollektive Anregungen werden somit nicht erfasst.

Das entsprechende im Team dafür entwickelte Rechenprogramm NONEQUI (SEE 1971, GIE 1972) beschrieb die gemessenen kontinuierlichen Spektren als bestehend aus einem statistischen Gleichgewichts- sowie einem Vorgleichgewichtsanteil überraschend gut, so dass die Untersuchung von Präcompoundprozessen in den 70-er Jahren zu einer zentralen experimentellen Aufgabenstellung im Bereich wurde (HER 1973a, 1976a, d). Neben Aussagen über den Reaktionsmechanismus ließen sich aus den Analysen der Experimente auch Strukturinformationen über die untersuchten Kerne ableiten – Niveaudichteparameter und Spinabschneidefaktoren, die durch das Trägheitsmoment des Compoundkerns bestimmt werden.

Ladungsaustauschreaktionen: Die Ladungsaustauschreaktion (p,n) wurde mit verschiedenen Zielstellungen am Tandem untersucht: Messungen an ^{11}B dienten im Vergleich mit Rechnungen des Kontinuum-Schalenmodells für die Analyse des Reaktionsmechanismus (BRZ 1977, HÖH 1981).

Aus Messungen der kontinuierlichen Neutronenspektren konnten Niveaudichten für ^{109}Cd (LOV 1978) und weitere Kerne bestimmt werden. Von speziellem Interesse war der Neutronenzerfall von Isobar-Analog-Resonanzen in den Kernen ^{110}Cd bzw. ^{116}Sn, die mit dem Flugzeitspektrometer am Tandem experimentell untersucht werden konnten (PIL 1981).

c) Kernreaktionsmodelle

Optisches Modell, Direkte Reaktionen und Kontinuumschalenmodell: Wie im vorangegangenen Punkt beschrieben, basierten die Interpretationen von Experimenten anfänglich vor allem auf dem Optischen Modell und den Modellen direkter Kernreaktionen, die am ZfK bzw. in Kooperation mit Rossendorf oder in Zusammenarbeit mit dem PEI Obninsk entwickelt oder zum Einsatz gebracht wurden (z.B. HÖH 1969, SCW 1977, BRZ 1977, PIL 1980, HÖH 1981, BYC 1983).

Auch nach Integration des Lehrstuhls Kerntheorie im Bereich wurde diese Thematik eine zeit lang aktiv weiter verfolgt (REI 1974, 1975a), insgesamt war ihr Umfang jedoch rückläufig und beschränkte sich vor allem auf den Einsatz zur Kerndateneinschätzung (REI 1977), über den später noch berichtet wird.

Excitonenmodell: Die Entwicklung theoretischer Modelle zur Beschreibung von Kernreaktionen wurde auch am Lehrstuhl für Theoretische Kernphysik betrieben. Besonders intensiv erfolgte dies in den Jahren bis 1979, in denen der Lehrstuhl im experimentell ausgerichteten Wissenschaftsbereich integriert war. Danach lief ein bedeutender Teil der Modellentwicklungen am Wissenschaftsbereich Theoretische Physik. Auf die Arbeiten am Lehrstuhl Theoretische Kernphysik wird näher in den Punkten 3.3d, 3.3f und 3.3g eingegangen.

Es gab jedoch im gesamten Zeitraum auch viele Aktivitäten in den experimentellen Forschungsgruppen, die meist ihren Ursprung in dem Bestreben der Experimentatoren hatten, die erhaltenen Messergebnisse adäquat zu beschreiben, wenn gängige Modelle nicht zu befriedigenden Ergebnissen führten. Auf Modellentwicklungen dieser Art wurde bereits im Zusammenhang mit den beschriebenen Experimenten hingewiesen – so auf die Vorgleichgewichtsmodelle, die zunächst als geeignete, physikalisch begründete Parametrisierung der Spektren gesehen wurden (SEE 1971, GIE 1972).

Das Excitonenmodell erwies sich als überaus erfolgreich, auch für die Ableitung von (n,2n)-Querschnitten aus den doppelt-differentiellen Emissionsspektren (HER 1973b) und die systematische Beschreibung von Mehrteilchenreaktionen der Typen (n,2n) und (n,pn) (SEE 1976, SEI 1976a). Es entwickelte sich zunehmend zu einer weit verbreiteten und akzeptierten Theorie für die Beschreibung unterschiedlicher Kernreaktionen, die auf vielen internationalen Konferenzen thematisiert wurde (SEI 1976b, c, d, SEE 1980a, b, c). Es fand Akzeptanz als eine theoretische Grundlage bei der Berechnung von Kerndaten für Anwendungen sowie in der Dateneinschätzung (HER 1976c, SEE 1979, 1980b, 1988b). In zwei Übersichtsarbeiten wurden die Ergebnisse auf diesem Gebiet dargestellt (SEI 1976b, SEE 1980a).

Ungeachtet der Erfolge des Excitonenmodells bei seiner Anwendung, blieben einige gravierende Nachteile: Es fehlte seine theoretisch strenge Fundierung, Vorgleichgewichts- und Gleichgewichtsanteile mussten weiterhin mit unterschiedlichen Theorien berechnet und danach addiert werden und nicht zuletzt war das Excitonenmodell prinzipiell nicht in der Lage, die starken kollektiven Effekte bei der Anregung der unteren Kernzustände zu beschreiben. In bestimmten Fällen mussten auf diese Weise, neben dem Optischen Modell, noch drei weitere Theorien für eine komplette Beschreibung der Experimente herangezogen werden - das Excitonenmodell für die Vorgleichgewichtsprozesse, die Hauser-Feshbach-Theorie für Compoudkernreaktionen und ein Modell direkter Reaktionen. Selbstverständlich war das äußerst unbefriedigend, zumal auch noch verschiedene Parametersätze für diese Modelle benötigt wurden.

Statistical Multistep Modelle: Ein starker Impuls für erneute theoretische Entwicklungen ging in den 1980-er Jahren von der Mitarbeit an internationalen Kerndatenprojekten aus, in denen die Aufgabe stand, für zahlreiche bisher nicht gemessene oder nicht messbare Reaktionsdaten sinnvolle Aussagen über Wirkungsquerschnitte und Anregungsfunktionen zu machen. Als ein hierfür aussichtsreicher Ansatz wurde am Bereich der an der Moskauer Universität zuvor unter Leitung von F.A. Zhivopistsev formulierte Ansatz statistischer Multistep-Reaktionen erkannt.

Es ist vor allem dem Engagement und Talent des damals jungen Physikers Harald Kalka zu verdanken, dass aus diesem zunächst abstrakten Formalismus ein breit anwendbares SMD-SMC-Modell (Statistical Multistep Direct bzw. Statistical Multistep Compound) wurde, welches ohne freie Parameter auskam (KAL 1988a, b). Mit dem entwickelten Computercode EXIFON konnte in kurzer Zeit die Anwendbarkeit des Programms für a priori Berechnungen von Kerndaten an vielen Beispielen gezeigt werden (KAL 1988c, d, SEE 1988b, KAL 1989, 1990a).

Durch Einführung von Vibrationsanregungen auf Basis von experimentellen Deformationsparametern in das SMD-Modell, neben den Teilchen-Loch-Anregungen, wurde auch die direkte, kollektive Verstärkung bestimmter Reaktionskanäle erfasst und adäquat beschrieben (KAL 1991, SEE 1993).

In dieser Multistep -Theorie sind grundlegende Ideen von Griffin über die Klassifizierung der intermediären Zustände nach wachsender Komplexität, von Feshbach, Kerman und Koonin hinsichtlich ihrer Unterscheidung in gebundene und ungebundene Zustände und von Agassi und Weidenmüller im Hinblick auf die Behandlung des Hamilton Operators in Form von Zufallsmatrizen zu einem Modell vereinigt, welches elastische und nichtelastische Streu- und Reaktionsprozesse in einem einheitlichen Formalismus erfasst (KAL 1992, 1993).

Zusammen mit den neuen Modellen für die Berechnung von Spaltspektren bildete das SMD-SMC-Programm EXIFON eine praktikable Berechnungsgrundlage für Kerndaten, die den Anforderungen an Kerndateneinschätzungen sowohl für spaltbare und nicht spaltende Nuklide gerecht wurde (ARN 1989, KAL 1990b, MÄR 1992, SEE 1993).

d) Beiträge zur Theorie von Präcompoundreaktionen

In den Jahren 1972/74 kam es an dem neu eingerichteten Lehrstuhl Theoretische Kernphysik zunächst darauf an, eine arbeitsfähige Gruppe von Mitarbeitern und Studenten zusammenzuführen, die ihren Platz im Gefüge des experimentellen WB Kernphysik finden musste. Diese Positionsbestimmung konnte nur über die anstehende Profilierung der Forschungsarbeiten gelingen.

Als Arbeitsgebiet wurde die Theorie der Kernreaktionen mit leichten Inzidenzteilchen gewählt, weil diese das angestrebte optimale Zusammenwirken mit anderen Teilen des Wissenschaftsbereiches ermöglichte. Diese Entscheidung bedeutete, bei der Ausgestaltung des Forschungsprofils die wissenschaftlichen Interessen der Theoretiker auf Gebiete zu lenken, die auch von den Experimentatoren des Bereichs vertreten wurden und andere vertraute Gebiete weitgehend aufzugeben. Der eingeleitete thematische Wechsel verlief reibungslos, weil sich mit nukleoneninduzierten Präcompoundreaktionen bis Ende der siebziger Jahre ein Gebiet anbot, das aus internationaler Sicht von hoher Aktualität war und über die Interpretation von experimentellen Daten innerhalb praktikabler Modelle hinaus auch allgemeines theoretisches Interesse beanspruchte. Ein besonderer Reiz lag darin, dass eine Erklärung der Winkelverteilung der Reaktionsprodukte noch ausstand. Außerdem gab es am Lehrstuhl Neutronenphysik - wie oben beschrieben - bereits Erfahrungen mit Modellen für Präcompoundreaktionen bei der Interpretation eigener Experimente. Insgesamt war damit eine längerfristig tragfähige Thematik gefunden.

In den Folgejahren ergaben sich für die Kerntheoretiker am WB Kernphysik drei Ansatzpunkte. Zunächst erschien es angebracht, die Fragestellung, wie sich bei einer Kernreaktion ein nukleares System aus einem Anfangszustand, der weitab vom Gleichgewicht liegt, zu einem quasi stationären Compoundkern entwickelt, grundsätzlich anzugehen. Dazu bot sich an, auf gut ausgearbeitete Verfahren der Nichtgleichgewichtsstatistik zurückzugreifen. Eine Möglichkeit, neben der Energie auch andere physikalische Größen wie den Impuls in die Beschreibung des nuklearen Relaxationsprozesses einzubeziehen, liefert im Dichtematrixformalismus die Methode des statistischen Operators von Zubarev. Der Einstieg in dieses Gebiet gelang relativ schnell (MÄD 1976) mit der Unterstützung von G. Röpke (WB TP). Die grundlegende Vorstellung war, dass zu Beginn der Reaktion im Fermigasmodell für den Kern die angeregten Nukleonen und der Restkern zwei Untersysteme bilden, die jedes für sich in einem lokalen Gleichgewicht sind. Durch den Austausch von Teilchen, Energie und Impuls gleichen sich diese Untersysteme im Zeitverlauf aus bis sich im Gleichgewicht (Compoundkern) ein System mit gemeinsamer Fermiverteilung ausbildet.

Die Lösung der gekoppelten Transportgleichungen zeigte, dass der Relaxationsprozeß in eine langsame und eine schnelle Phase zerfällt mit etwa gleichen Relaxationszeiten für die betrachteten dynamischen Variablen. Der Präcompoundzerfall des Systems führt auf Winkelverteilungen der emittierten Teilchen, in denen die Vorwärtsrichtung bevorzugt ist. Die Resultate stimmten mit Voraussagen anderer Modelle und den experimentellen Daten grundsätzlich überein. Ein Vorteil des Konzepts bestand auch darin, dass eine einheitliche Beschreibung von Spektrum und Winkelverteilung der Nukleonenemission aus Vorgleichgewichts- und Gleichgewichtszuständen gegeben war (MÄD 1982).

Der zweite Ansatzpunkt lief darauf hinaus, das etablierte Excitonenmodell, das von den Experimentatoren zur Interpretation ihrer Experimente und in der Kerndateneinschätzung sehr erfolgreich angewandt und weiterentwickelt wurde, zu erweitern. In einem ersten Schritt wurde ein doppelt differentieller Wirkungsquerschnitt für die Vorgleichgewichtsemission von Nukleonen eingeführt, der neben den vom Excitonenmodell her bekannten Größen auch einen winkelabhängigen Faktor enthielt. Dieser Faktor drückt die Wahrscheinlichkeit aus, in dem angeregten, emittierenden System ein Teilchen zu finden, das sich in eine bestimmte Richtung bewegt. Nach geeigneten Vereinfachungen lag eine Parametrisierung der Winkelverteilung der Reaktionsprodukte durch die mittlere Geschwindigkeit der Teilchen in Zuständen mit verschiedenen Excitonenzahlen vor (MÄD 1980b). Ein Weg, diese Betrachtungen zu verbessern, eröffnete sich mit dem Ansatz, in die Phasenraumbetrachtungen für das Excitonengas von Beginn an neben der Excitonenzahl und der Energie auch den linearen Impuls einzubeziehen. Dieses Herangehen führte dazu, dass in den Ausdrücken für die Emissionswahrscheinlichkeiten impulsabhängige Zustandsdichten auftreten. Damit war ein Weg gefunden, wie man bei Präcompoundprozessen die Winkelverteilung der Reaktionsprodukte berechnen kann, ohne das physikalische Bild und die Formelstruktur, wie sie dem Excitonenmodell zugrunde liegen, zu verlassen (MÄD 1980a).

Ein dritter Zugang zur theoretischen Beschreibung von Präcompoundreaktionen ergab sich aus der Einsicht, dass bei der unelastischen Nukleonenstreuung besonders im hochenergetischen Teil des Spektrums ein beträchtlicher Anteil der im Vorgleichgewicht emittierten Teilchen von bekannten und in DWBA-Näherung theoretisch gut zu beschreibenden direkten Reaktionen stammen sollten. In einem solchen direkten Mechanismus sind in erster Ordnung nur Elementaranregungen vom 1Teilchen1Loch-Typ zugänglich, in denen nur ein einzelnes Teilchen seinen Zustand ändern kann, wobei ein bestimmter Drehimpuls übertragen wird. Diese einfachen Komponenten sind auch in den Wellenfunktionen von höher liegenden Kernzuständen enthalten, deren Anregung den niederenergetischen Anteil im Spektrum der emittierten Teilchen ausmachen. Um die Beiträge direkter Reaktionen abzuschätzen, können gut begründbare statistische Annahmen zur Fragmentierung der Elementaranregungen über die höher liegenden Kernzustände und deren Dichte gemacht werden. Aus den DWBA-Wirkungsquerschnitten für die Elementaranregungen lässt sich dann durch inkohärente Superposition, Energiemittelung und Aufsummation über den übertragenen Drehimpuls eine differentielle Übergangsstärke berechnen, die im Excitonenmodell der Emission aus dem 3Excitonenzustand entspricht und die Winkelverteilung mit liefert (REI 1975b, 1977).

Schließlich seien Bemühungen genannt, die Beiträge direkter Prozesse zu Präcompoundreaktionen in höherer Ordnung, mit besseren Näherungsmethoden und mit realistischeren Kernwellenfunktionen zu behandeln. Den Arbeiten lag das von V.G. Soloviev (VIK Dubna) vorgeschlagene Quasiteilchen-Phonon-Modell zur mikroskopischen Beschreibung der Struktur hochangeregter Kernzustände und die Näherung gekoppelter Kanäle zur Berechnung der Reaktionsquerschnitte zugrunde. Die aufwendigen Rechnungen für ungerade Kerne lieferten eine Fülle von Einsichten in die Effekte der Kopplung von Streu- und Transferkanälen und das Zusammenspiel von kollektiven und Einquasiteilchenanregungen (REI 1982). Am Lehrstuhl Theoretische Kernphysik liefen darüber hinaus auch Untersuchungen, die nicht unmittelbar auf die Anwendung bei Experimenten des Bereichs zielten, so die in den Arbeiten (REI 1974, 1975a, BRZ 1977) beschriebenen und andere.

e) Dynamik der Kernspaltung

Mechanismus der Spaltneutronenemission: In den 1980-er Jahren verlagerte sich ein Schwerpunkt der experimentellen und theoretischen Untersuchungen am Lehrstuhl für Neutronenphysik auf den Prozess der Kernspaltung. Das Gebiet erlebte damals international eine gewisse Renaissance, einerseits im Zusammenhang mit den Arbeiten zum Mechanismus von Schwerionenreaktionen, für deren Verständnis die detaillierte Kenntnis der

Vorgänge bei der Kernspaltung eine Grundvoraussetzung bildet, und andererseits geschuldet der Tatsache, dass bis dahin – für die Befriedigung der Anforderungen seitens der Reaktorphysik – vor allem integrale Wirkungsquerschnitte der Spaltung, mittlere Neutronenmultiplizitäten und gemittelte Spaltneutronenspektren[28] gemessen worden waren.

Ein vertieftes Verständnis des Spaltprozesses verlangte dagegen die detaillierte Kenntnis der Energie- und Winkelverteilungen für bestimmte Spaltfragmentkonfigurationen. Außerdem erlangte die Frage nach dem Anteil unterschiedlicher Neutronenemissionsmechanismen hohe Aktualität - neben der Geichgewichtsemission von Spaltneutronen aus den voll beschleunigten Fragmenten, waren auch beim Zerreißen emittierte sogenannte Scission-Neutronen, die Vorgleichgewichtsemission vor der Spaltung, die Emission während der Fragmentbeschleunigung nach der Spaltung und schließlich die Emission im Ergebnis ternärer Spaltung, beispielsweise aus dem instabilen ^{5}He, in der Diskussion.

Messungen des Spektrums der Spontanspaltung von $^{252}Cf(sf)$ (MÄR 1982, 1983a, 1987a) dienten als geeignete experimentelle Grundlage für den Einstieg in Untersuchungen der Fragestellung nach dem Emissionsmechanismus von Spaltneutronen. Eine wesentlich vollständigere experimentelle Information als Grundlage für theoretische Analysen konnte gewonnen werden, als in Vielparametermessungen die Energie- und Winkel-Korrelationen zwischen den Spaltfragmenten und -neutronen gemessen wurden (MÄR 1985d, 1986c, 1987c, 1988a, 1989b).

Welcher Anteil der Neutronenspektren tatsächlich als statistische Gleichgewichtsemission aus den angeregten, vollständig beschleunigten Spaltfragmenten erklärt werden kann, oder auch Beimischungen andere Mechanismen zu erkennen sind, war aus den seinerzeit gängigen Beschreibungen der Spektren mittels Exponentialfunktion und effektiver "Kerntemperatur" nicht ablesbar. So wurde ein sehr komplexes statistisches Modell auf Basis des Hauser-Feshbach-Formalismus für Spaltneutronenspektren entwickelt und für die Analysen herangezogen, welches die detaillierte Spaltfragmentverteilung, deren Anregung und Niveaudichten, sowie die Zerfallskinematik berücksichtigt, Complex Evaporation Model (CEM) genannt (MÄR 1983b, 1984, 1985c, e). Eine vereinfachte Variante, das Generalized Madland-Nix Model (GMNM), entstand nachfolgend und wurde ebenfalls zur Analyse verwendet (MÄR 1986a, b, 1987b, 1988b, c).

In einem weiteren Theorieansatz wurde auch die Statistical Multistep Compound (SMC) Theorie (siehe KAL 1988 bis 1992) im Rahmen des CEM eingesetzt (ARN 1989). Das Two Spheroid Model (TSM) beschreibt detailliert den Prozess der Energiedissipation in den beiden Spaltfragmenten und liefert Informationen über kinetische Energie der Fragmente und deren innere Anregungsenergie, welche letztlich die Neutronenmultiplizitäten bei der Spaltung bestimmt (RUB 1991, MÄR 1991c).

28 Die Mittelungen beziehen sich auf die jeweils bei einer Spaltung auftretende Vielfalt von Spaltfragmentpaaren sowie die Emissionswinkel

Mit diesem "theoretischen Rüstzeug" waren durch Vergleich mit experimentellen Ergebnissen für die spontane und induzierte Kernspaltung in der Region von Thorium bis Californium fundierte Aussagen zum Mechanismus möglich (MÄR 1989a, c, d, e, RUB 1990, 1991, MÄR 1991a, b, d, 1992). Im Ergebnis konnte die Dominanz der Gleichgewichtsemission bei der Spaltung gezeigt (MÄR 1984, 1986, 1988) und die Obergrenze für den Beitrag von Scission-Neutronen präzisiert werden (ARN 1989). Auch der vermutete Mechanismus der Emission während der Fragmentbeschleunigung wurde näher untersucht (MÄR 1988b).

Diese Arbeiten verfolgten auch ein praktisches Ziel, die Energiedissipation und Neutronenemission in den hoch radioaktiven Fragmenten genauer vorherzusagen, als dies durch experimentelle Datenmessung möglich ist. Dies war von praktischem Interesse, beispielsweise für die erhöhte Sicherheit fortgeschrittener Reaktortypen, die Transmutation von Aktiniden oder die Vorhersage der Radioaktivität von Kernbrennstoff-Abfall.

Untersuchungen zur Kernspaltung am Lehrstuhl Kerntheorie: Die mit Beginn der achtziger Jahre einsetzende Neuprofilierung der Forschungsarbeiten am Lehrstuhl Kerntheorie ging von den Ergebnissen aus, die seit Mitte der 1970-er Jahre in Kooperation mit dem LTF des VIK Dubna zu tiefunelastischen Kern-Kern-Stößen insbesondere durch R. Schmidt erreicht wurden, und bezog Probleme der Dynamik der Kernspaltung ein, die sich aus Experimente am WB Kernphysik zur Spaltneutronenemission ergaben.

Mit der schwerpunktmäßigen Ausrichtung der Forschungsarbeiten auf die Theorie schwerioneninduzierter Kernreaktionen und die Dynamik der Kernspaltung vollzog sich wiederum der Übergang auf ein international sehr aktuelles Gebiet der kernphysikalischen Grundlagenforschung, das reich an komplexen Phänomenen und anspruchsvollen Aufgabenstellungen war. Dabei konnte eine Verknüpfung mit den experimentellen Arbeiten am Bereich Kernphysik aufrecht erhalten werden. Außerdem boten die sich gegenseitig überlappenden Arbeitsgebiete neue Wege, eine engere Zusammenarbeit mit dem ZfK Rossendorf sowohl bei der Weiterentwicklung theoretischer Modelle als auch bei der Planung und Auswertung von Experimenten (DEMAS, PHOBOS) aufzubauen. Die internationalen Verbindungen und Kooperationen erweiterten sich beträchtlich (u.a. MPI Heidelberg, GSI Darmstadt, CEA Saclay, KFKI Budapest, Universität Osaka, HMI Berlin, Universität Bielefeld, Universität Frankfurt a.M.).

Die Experimente von H. Märten et al. am Lehrstuhl für Neutronenphysik lenkten die Aufmerksamkeit der Theoretiker auf die Dynamik der Kernspaltung, ein Prozess, der als kollektive Kernbewegung mit großer Amplitude viele Berührungspunkte zu Schwerionenreaktionen hat. Besonders interessant war die Fragestellung, ob nicht-adiabatische Vorgänge in der Beschleunigungsphase bei der Trennung der Fragmente oder bei der Relaxation der Kerndeformation während des Abreißens zur Nukleonenemission aus Nichtgleichgewichtszuständen führen können. Das Interesse an diesen

Problemen begründete am Lehrstuhl Theoretische Kernphysik eine Arbeitsrichtung, die bis Anfang der 1990er Jahre besonders von B. Milek mit Nachdruck verfolgt wurde.

Bei niederenergetischen Schwerionenstößen oder der Kernspaltung erfolgen Relativbewegung der Reaktionspartner oder Änderung der Kernform mit Geschwindigkeiten, die geringer sind als die charakteristische Einteilchengeschwindigkeit für die innere Nukleonenbewegung, so dass die Unterscheidung von kollektiven und inneren Freiheitsgraden sinnvoll ist. Der Einteilchenaspekt der Dynamik solcher Prozesse werden durch Elementarprozesse wie Einteilchenanregung, Teilchentransfer und Teilchenemission bestimmt.

Eigene Arbeiten zu diesem Sachverhalt beruhten auf einem semiklassischen Modell (MIL 1986). Der Reaktionsablauf ließ sich schematisch simulieren, indem man das System auf ein Teilchen in einem Zweizentrenpotential reduziert und die Besetzung der adiabatischen molekularen Zustände verfolgt, während sich die beiden Potentialtöpfe endlicher Tiefe auf einer klassischen Trajektorie gegeneinander bewegen. In diesem Bild vollziehen sich Übergänge des Teilchen zwischen den adiabatischen Niveaus, da diese Zustände über den Radialteil der Relativbewegung gekoppelt sind. Eine Emission setzt ein, wenn durch diese dynamische Kopplung das Teilchen quasistationäre Gamow-Zustände im Kontinuum erreicht. Die Teilchenemission wird durch die Lage und Breite der Gamow-Zustände reguliert, die über den Abstand der Zentren eine Zeitabhängigkeit aufweist, so dass der Reaktionsverlauf im Spektrum der emittierten Teilchen abgebildet wird. Numerische Rechnungen für leichte Systeme liefern ein sehr anschauliches Bild, wie sich das Emissionsspektrum in den verschiedenen Phasen der Reaktion ausbildet. Hinweise auf eine besondere Komponente schneller Teilchen gab es nicht.

Die in der Literatur allgemein vertretene Annahme, dass der adiabatische Verlauf des Prozesses hauptsächlich dort unterbrochen wird, wo das System im Niveauschema eine Region mit verhinderter Nivaukreuzung passiert und die damit verbundene Wahrscheinlichkeit für eine Einteilchenanregung nach der Landau-Zener-Formel abgeschätzt werden kann, bestätigten sich in diesen Rechnungen nicht.

In Zusammenarbeit mit J. Revai (KFKI Budapest) wurde das gleiche semiklassische Modell so formuliert, das von Anfang an seine Dreikörperaspekte betont wurden. Als Zugang zu einer einheitlichen Betrachtung der verschiedenen Elementarprozesse diente die Behandlung des Dreikörperproblems nach Faddeev.

In Anwendung des Formalismus auf die Kernspaltung wurde jeder Partner des Kern-Kern-Systems durch ein separables Potential ersetzt. Die Trennung der Fragmente vollzieht sich mit vorgegebener Anfangsgeschwindigkeit längs einer Trajektorie, die aus einer klassischen Bewegungsgleichung mit einer konservativen und einer (phänomenologischen) Reibungskraft bestimmt wird. Die messbaren Größen ergeben sich aus der asymptotischen Lösung der zeitabhängigen Schrödingergleichung. Numerische Rechnungen für Spektrum und Winkelverteilung der emittierten Teilchen zeigen, dass die Wahrscheinlichkeit für eine nichtstatistische Teilchenemission aus dem Bereich des Abreißpunktes nur ein sehr schwacher, von der Bindungsenergie des Teilchens und der Anfangsgeschwindigkeit der Kerne abhängiger Effekt ist. Die Nichtadiabatizität des Spaltprozesses bleibt offensichtlich gering. Allerdings wird die Emission energiereicher Teilchen in Bewegungsrichtung der Spaltfragmente für starke Massenasymmetrie und hohe Anfangsgeschwindigkeiten begünstigt (MIL 1988, 1991).

Das Zusammenspiel von Spaltung und Teilchenemission beim Zerfall eines hochangeregten Compoundsystems wurde in Zusammenarbeit mit H.J. Krappe und P. Fröbrich (HMI Berlin) in numerisch äußerst aufwendigen Rechnungen in einem weitaus realistischeren Modell untersucht, das die Spaltdynamik auf der Grundlage von mehrdimensionalen, gekoppelten Langevin-Gleichungen und die Teilchenemission in einem Verdampfungsmodell behandelt (TIL 1992). Beide Prozesse werden simultan verfolgt, indem die durch Teilchenemission bewirkte Änderung der mittleren Kerneigenschaften (Neutronen- und Protonenzahl, Kernspin, Anregungsenergie) in einer Neuberechnung der Transportkoeffizienten für die Langevin-Gleichungen berücksichtigt wird. Neben Trägheits- und Reibungstensor enthält die Langevin-Gleichung eine konservative Kraft, die als Gradient der potentiellen Energie eines rotierenden, deformierten Kerns mit bestimmter Temperatur wie sie das Tröpfchenmodell liefert berechnet werden kann. Der Stärketensor der stochastischen Kraft ist durch den Diffusionstensor gegeben, der nach der Einstein-Relation über die Kerntemperatur mit der Viskosität verknüpft ist. Der Festlegung der deformationsabhängigen Trägheits- und Reibungsparameter und ihrer Abhängigkeit von den kollektiven Koordinaten lagen hydrodynamische Modelle zugrunde. Um den numerischen Aufwand zu reduzieren, wurde die Berechnung der Zahl der längs einer Trajektorie emittierten Teilchen vereinfacht.

Die numerischen Rechnungen, die sehr sorgfältig von G.R. Tillack ausgeführt wurden, erfolgten an der IBM 3090 VF des Rechenzentrums der TU Dresden, wobei die Unterstützung durch H.G. Reusch (IBM Scientific Center Heidelberg) bei der Optimierung des Monte-Carlo-Programms sehr hilfreich war. Das Modell erlaubt detaillierte Aussagen über den Ablauf des Spaltprozesses. In die Betrachtung können zahlreiche Größen und ihre Verteilungen einbezogen werden, die den Vorgang charakterisieren und zum Teil mit experimentellen Daten verglichen werden können: Zeitintervalle für unterschiedliche Reaktionsphasen, Deformation am Abreißpunkt, totale kinetische Energie der Spaltfragmente, Teilchenmultiplizitäten und Spektren, relative Beiträge verschiedener Teilchensorten.

Eine Emission schneller Teilchen kann in der Kernspaltung auch durch nichtadiabatische Effekte bei der Relaxation der Deformation in der Trennung der Fragmente hervorgerufen werden, denn dieser Umbau des mittleren Feldes kann auf sehr kurzer Zeitskala ablaufen. Die dabei auftretenden zeitlichen Änderung des Dichte- und Geschwindigkeitsfeldes wurde in einem TDHF-motivierten Modell untersucht (MÄD 1985). Die Rechnungen ließen erkennen, dass Nukleonen durch Reflexion an den schnell bewegten inneren Wänden der Fragmente ins Kontinuum gelangen können (Katapultmechanismus). Die schnellen Teilchen verlassen das System bevorzugt in Richtung der Spaltachse. Allerdings überschätzt der Mechanismus die beobachteten Multiplizitäten erheblich.

Formisomerie: Eine weitere Richtung der Spaltphysik ist hier noch zu nennen - es handelt sich um Untersuchungen zur Formisomerie der Spaltung von Müonenkernen (GAV 1976, ARL 1977), die gemeinsam mit S.M. Polikanov am Synchronzyklotron des VIK Dubna liefen, wobei der Beschleuniger als Müonenquelle diente.

f) Theorie von Schwerionenreaktionen

Mit Beginn der 1970er Jahre wurde deutlich, dass sich neben der hochenergetischen Kernphysik, die den Anschluss an die Teilchenphysik suchte, auch die Schwerionenphysik zu einem dominierenden Zweig der kernphysikalischen Grundlagenforschung herausbilden würde. International erfolgte der Ausbau der Beschleunigerbasis sehr zügig, so dass in absehbarer Zeit Experimente im gesamten Energiebereich von einigen MeV/Nukleon bis zu einigen GeV/Nukleon möglich schienen.

Es war zu erwarten, dass aufgrund des Bestandes von zwei Schwerionenzyklotrons und deren geplanter Erweiterung die Bedeutung der Schwerionenforschung im VIK Dubna international wachsen würde. Das Konzept für die Mitarbeit in Dubna orientierte deshalb auf eine verstärkte Beteiligung an dieser Thematik, da in der DDR keine eigene Beschleunigerbasis für Schwerionenreaktionen vorhanden war. Bis Ende der siebziger Jahre blieben die Aktivitäten des Lehrstuhls zur Theorie von Schwerionenreaktionen deshalb überwiegend auf die Mitarbeit im LTF des VIK Dubna beschränkt, nach Eingliederung des Lehrstuhls in den WB Theoretische Physik, hatten sie keinen direkten Bezug zu den Experimenten WB Kernphysik.

Erste Arbeiten zur theoretischen Interpretation von tiefunelastischen Schwerionenreaktionen bei spezifischen Einschussenergien um 10 MeV/Nukleon begann R. Schmidt nach seiner Delegierung an das VIK Dubna im Jahre 1975 beeinflusst durch die Experimente von V.V. Volkov im LJAR und in Kooperation mit V.D. Toneev (TON 1978). Der theoretische Ausgangspunkt war die Beschreibung der Relativbewegung der beiden Stoßpartner durch eine klassische Newtonsche Bewegungsgleichung mit reellem Kern-Kern-Potential. Die im Experiment beobachtete starke Dissipation von Energie und Drehimpuls ließ sich global erfassen, indem ein phänomenologischer, geeignet parametrisierter Reibungsterm mit radialer und tangentialer Komponente eingeführt wurde.

Der internationalen Entwicklung folgend wurden diese Betrachtungen schrittweise ausgebaut. Um zu Aussagen über statistische Fluktuationen um die klassischen Mittelwerte zu kommen, bedurfte es einer entsprechenden zeitabhängigen Verteilungsfunktion für die einbezogenen kollektiven Variablen und die zugehörigen Momente, die einer Fokker-Planck-Gleichung im Phasenraum genügen. Reibungs- und Diffusionstensor sind über die Einstein-Relation (Temperatur des Zwei-Kern-Systems) gekoppelt. Das Modell lässt sich ergänzen, indem man einen weiteren kollektiven Freiheitsgrad einführt, der sich auf den Transport von Masse und Ladung zwischen den beiden Kernen in der Wechselwirkungsphase bezieht (SCT 1981).

Relativbewegung und Massendiffusion konnten damit in ihrer dynamischen Kopplung simultan beschrieben werden. Um die Arbeiten in dieser Richtung hat sich besonders J. Teichert verdient gemacht (JOL 1984). Das Modell erlaubt auch zu verfolgen, wie Bahndrehimpuls der Relativbewegung in inneren Drehimpuls der Reaktionsprodukte übergeht und sich dabei Spinorientierungseffekte ausbilden (SCT 1981, REI 1983). Selbst Fragestellungen, die den Zusammenhang von Massendiffusion und Fusionsprozessen und das Auftreten von Schaleneffekten in der Massendiffusion betreffen, konnten auf dieser Grundlage angegangen werden (TON 1978, GIP 1986). Bei Schwerionenstößen mit leichteren Projektilen gibt es Hinweise auf unvollständige tiefunelastische Reaktionen, die in zwei Stufen ablaufen: dem Projektilaufbruch als direkter Prozess in der Anfangsphase folgt eine reibungsbedingte tiefunelastische Wechselwirkung zwischen dem schweren Projektilfragment und dem Target (OHM 1982).

Abb. 29 (oben links): R. Reif und R. Schmidt im Jahr 1973

Abb. 30 (oben rechts): R. Reif 1977

Abb. 31 (links):
J. Höhn im Gespräch mit Dr. Bunakov aus dem Institut in Gatshino bei Leningrad, 1973

Abb. 32 (unten):
Junge Physiker in der Diskussion 1973; v.r.n.l. - G. Kießig, Dr. Michailov aus Dubna, W. Pilz, R. Schmidt

Das so zusammengefügte klassische dynamische Modell mit Kern-Kern-Reibung, statistischen Fluktuationen und Berücksichtigung des Massentransfers zur theoretischen Beschreibung des Reaktionsmechansimus von tiefunelastischen Schwerionenstößen lag Anfang der 1980er Jahre in seinen Grundzügen und als nutzerfreundlich aufbereitetes Computerprogramm vor (SCT 1982, 1985). Es spannte einen physikalischen Rahmen auf, in dem es auf praktikable Weise gelang, die wesentlichen Merkmale des Prozesses in seiner Komplexität phänomenologisch zu erfassen und experimentelle Daten zur Ablenkfunktion, Energiedissipation, Winkel- und Elementverteilung sowie Fragmentpolarisation zufriedenstellend zu interpretieren.

In der ersten Hälfte der 1980er Jahre gingen die Bestrebungen zunächst vor allem dahin, über das klassische, phänomenologische Modell für den Ablauf tiefunelastischer Prozesse hinaus eine mikroskopische, auf der Einführung von Nukleonenfreiheitsgraden beruhende Beschreibung auszuarbeiten - Beschreibung der Reaktion durch wechselwirkende RPA-Moden (JAN 1984), Energiedissipation als Anregung unkorrelierter Vielteilchen-Vielloch-zuständ (JOL 1985), Einfluss von Fluktuationen in den kollektiven Freiheitsgraden auf die Evolution der Einteilchendichtematrix für die inneren Koordinaten (PFI 1988). Später verschob sich das Interesse mehr zu Schwerionenreaktionen bei höheren Einschussenergien. In einem Übergangsgebiet von etwa 100 MeV/Nukleon liegt ein Reaktionsmechanismus vor, der von den Merkmalen niederenergetischer Stöße zu den Charakteristika einer Reaktion bei relativistischen Einschussenergien führt. Die theoretische Beschreibung derartiger Reaktionen erfordert die Erweiterung der Theorie des zeitabhängigen mittleren Feldes (TDHF) durch Berücksichtigung kurzreichweitiger Korrelationen (Stoßterm). In dieser Richtung wurden Studien im Rahmen eines stark vereinfachenden, effektiv eindimensionalen Modells vorgelegt (MÄD 1983). Für Fragmentationsprozesse wurden Massen- und Isotopenverteilung in einem Perkolationsmodell interpretiert (KNO 1986). Die Beiträge zur Theorie von Schwerionenreaktionen im relativistischen Bereich der Einschussenergie von einigen GeV/Nukleon hatten das Ziel, den Reaktionsverlauf in einem relativistischen Molekulardynamikmodell zu simulieren (SCT 1989).

In wachsendem Maße wurden Arbeiten zu aktuellen Fragestellungen aufgenommen, deren Thematik über die theoretische Kernphysik hinausgehen. Das betraf vor allem Studien zu atomaren Clustern, die während einer adiabatischen Entspannung eines Gases entstehen (Clusterverteilung nach einem Perkolationsmodell (KNO 1986), Berechnung von Cluster-Cluster-Potentialen, Clusterstruktur, Clusterwachstum) und die Suche nach Hinweisen auf chaotisches Verhalten in Quantensytemen: Niveaustatistik im stationären Zwei-Zentren-Schalenmodell, zeitabhängige Quantensysteme mit äußeren Parametern (MIL 1989a, b).

g) Kernreaktionen bei geringen Energien

Atomhüllen- und Kristallgittereffekte bei Resonanzreaktionen: Der hohe Neutronenfluss im Impulsreaktor des VIK Dubna ermöglichte die sehr präzise Vermessung von Form und Lage tiefliegender Neutronenresonanzen. Daraus ergaben sich bestimmte unikale Möglichkeiten zur Untersuchung der Wechselwirkung zwischen der Elektronenhülle und den Kernprozessen, der sog. Hyperfeinwechselwirkung. Hierzu wurden Neutronenresonanzen für ^{235}U, ^{234}U und ^{238}U in verschiedenen chemischen Uranverbindungen – U_{met}, UO_2, U_3O_8, UO_3 – relativ zueinander auf chemisch bedingte Verschiebungen infolge der Hyperfeinwechselwirkung untersucht und aus den tatsächlich beobachteten geringen Verschiebungen auf die Veränderung des mittleren Radiusquadrats im Resonanzzustand im Vergleich zum stark deformierten Grundzustand der Urannuklide geschlossen (MST 1981, MIT 1985). Für Resonanzen in den gg-Kernen ^{238}U sowie ^{234}U konnte eine Verkleinerung der mittleren Radiusquadrats in der Resonanz, d.h. im Compoundkernzustand, definitiv festgestellt und quantitativ bestimmt werden (MIT 1985), während für den gu-Kern ^{235}U der beobachtete Effekt wesentlich geringer ist.

Es folgten weitere Experimente zur Suche bestimmter theoretisch vorhergesagter, jedoch schwer messbarer Effekte. So konnten die Abweichungen der Resonanzparameter infolge der Doppler-Verbreiterung in Festkörpern und molekularen Gasen im Vergleich zu freien Gasatomen bestimmt werden (MST 1983, 1985). Weitere Arbeiten dienten der Suche dem theoretisch vorhergesagten Effekt der Temperaturverschiebung von Neutronenresonanzen (IGN 1973) sowie nach einem Phononen-Analogon der Cerenkov-Strahlung beim Durchflug von Neutronen durch den Festkörper (IGN 1982). Zum ersten Gegenstand konnte anhand von Resonanzmessungen an Rhodium, Silber und Dysprosium gezeigt werden, dass sich der Resonanzschwerpunkt, bedingt durch die Hyperfeinwechselwirkung, mit wachsender Temperatur annähernd linear zu geringeren Werten verschiebt und dabei praktisch unabhängig von den Kristallgittereigenschaften ist (IGN 1986). Für das Auftreten des Phononen-Analogons des Cerenkov-Effektes konnte anhand der Experimente eine Obergrenze angegeben werden, wodurch bestimmte theoretische Varianten ausgeschlossen wurden (IGN1982).

In einer Übersichtsarbeit wurden die Ergebnisse aus dieser Richtung, welche durch Wissenschaftler des Bereichs sowohl in Dubna wie auch in Pirna-Copitz bearbeitet wurde, zusammenfassend vorgestellt (SFI 1988).

Abb. 33 (oben): TU-Team Resonanzverschiebung durch Hyperfeinwechselwirkung; v.r.n.l. – A. Meister, D. Seeliger, K. Seidel, U. Gohs, W. Pilz

Abb. 34 (unten): Wiedersehen des Autors mit dem ehemaligen Diplombetreuer und Kollegen L. B. Pikelner im VIK Dubna, 2008

Kernreaktionen in Metallhydriden: Nicht unerwähnt bleiben soll eine Arbeitsrichtung, die gegen Ende des Berichtszeitraums einige Monate mit hoher Intensität verfolgt wurde: Suchexperimente zur Emission von DD-Neutronen bei der Beladung oder Entladung von Palladium mit bzw. von Deuteronen. Ausgangspunkt waren Pressemitteilungen aus den USA über gefundene Wärme- und Strahlungseffekte, die als Folge einer DD-Fusion interpretiert wurden und weltweit entsprechende Suchexperimente auslösten.

In Anbetracht der vorhandenen, leistungsfähigen Neutronenspektrometer mit Untergrundunterdrückung konzentrierte sich die eigene Suche, in Kooperation mit einem Team von Elektrochemikern unter Klaus Wiesener, zunächst nur auf den Neutronenkanal. Bereits das erste Experiment ergab Hinweis auf einen äußerst geringen, zeitlich befristeten Neutronenüberschuss (SEE 1989). Es folgten mehrere Messzyklen, in denen mit einer speziellen Messmethodik gleichzeitig jeweils mehrere Elektrolyse- und Untergrundproben relativ zueinander über lange Zeiträume, in der Regel mehrere Hundert Stunden, beobachtet wurden, um den gesuchten Neutronen-effekt sicher vom Untergrund separieren zu können (BIT 1990). Im Vergleich zu anderen Forschergruppen kamen extrem massive platten- oder zylinderförmige Palladiumproben zum Eisatz - bis zu 518 Gramm Gewicht!

Wiederholt konnten in bestimmten Phasen der Beladung systematisch seltene Ereignisse registriert werden, deren Signalamplitude der von DD-Neutronen entsprach (SEE 1989, BIT 1991a, c, d). Auch bei der schnellen Ausgasung massiver Metallproben traten solche Neutronenimpulse auf (BIT 1991b). Der zeitlich gemittelte Verlauf, die Gross-Struktur, der beobachteten Neutronenereignisse, ließ sich mit einem einfachen Modell als proportional zum Produkt von Deuteronendichte mal zeitlicher Ableitung der Deuteronendichte annähernd beschreiben. Die von den Messeffekten abgeleiteten dd-Reaktionsraten hätten nur durch Annahme beträchtlicher dynamischer Effekte und/oder Fluktuationen verstanden werden können, deren mögliche physikalische Ursache seinerzeit unklar blieb (SEE 1990, 1991).

Die Analyse von Tritium, welches sich im Laufe der Experimente in den Proben und im Elektrolyten gebildet hatte, ergab einen deutlichen Aktivitätsanstieg, um mehrere Größenordnungen höher, als er nach den seltenen Neutronenereignissen zu erwarten gewesen wäre. Die Experimente mussten unvollendet im Jahr 1991 eingestellt werden.

Vom Auftreten ähnlicher, stets seltener Neutronenereignisse und erhöhter Tritiumwerte berichteten in den folgenden Jahren weltweit zahlreiche weitere Gruppen. Später wurde auch die Bildung von Helium beobachtet. Mit dem herkömmlichen Verständnis der DD-Reaktionen zwischen freien Deuteronen standen diese Ergebnisse jedoch im Widerspruch und sie ließen auch keinen Schluss auf eine makroskopisch messbare Freisetzung von Wärme zu, die den beobachteten Wärmeeffekten adäquat waren.

Obwohl es in den folgenden Jahren immer wieder in der Literatur Berichte über den Nachweis von Neutronen, Tritium, Alphateilchen und Wärme gab, blieben alle Versuche einer konsistenten theoretischen Beschreibung der beobachteten Phänomene als ein Ergebnis von dd-Verschmelzungsprozessen ohne Erfolg.

Neuerdings publizierte theoretische Ansätze[29] sowie experimentelle Ergebnisse unter der Bezeichnung Low Energy Nuclear Reactions (LENR) könnten diesen Phänomenen eventuell erneute Aktualität verleihen.

h) Kernspektroskopie am Protonenstrahl

In einer Forschungsgruppe des Laboratoriums für Kernprobleme am VIK hatte sich Gerhard Musiol viele Jahre mit der Kernspektroskopie von neutronenreichen Nukliden befasst, die bei Spallationsprozessen mit schweren Kernen gebildet werden (ARL 1974, GRO 1975, MUS 1977). Diese Arbeiten liefen noch einige Jahre nach seiner Berufung an der TU Dresden in einer Arbeitsgruppe von Mitarbeitern des Bereichs - unter Leitung von Rolf-Dieter Arlt und Heinrich Strusny - gemeinsam mit Kollegen des VIK vor Ort in Dubna weiter und erbrachten zahlreiche Ergebnisse, u.a. den erstmaligen Nachweis einiger kurzlebiger Isotope (ARL 1972). In zwei Übersichtsarbeiten wurden Ergebnisse der Untersuchungen für nichtdeformierte und deformierte Kerne zusammengefasst (ARL 1974) bzw. (GRO 1975).

---

29 Ab dem Jahr 2006 publizierten die schwedischen Forscher A. Windom und L. Larsen in einer Serie von Publikationen eine Theorie auf der Grundlage der Annahme, dass es im Festkörper unter bestimmten Bedingungen zum Betazerfall von Protonen kommen kann, wodurch es in nachfolgenden Neutroneneinfang-Prozessen zur Freisetzung von Wärme kommt (Siehe hierzu den Artikel: A. Windom, L. Larsen: „Ultra low momentum neutron catalyzed nuclear reactions on metallic hydride surfaces“; Eur. Phys. J. C (2006) oder der „Special Report: Cold Fusion is Neither“ von S. B. Krivit in der Zeitschrift New Energy Times, Ausgabe July 2010).

3.4 Elektronische Forschungs- und Entwicklungsprojekte

Experimentautomatsierung: Eine andere Arbeitsrichtung des Wissenschaftsbereichs Kernphysik war mit dem unmittelbaren Einsatz von Rechnern zur Kontrolle und Steuerung von Experimenten verbunden. Diese Richtung erhielt insbesondere Auftrieb durch die Berufung von Wolfgang Meiling, an dessen Lehrstuhl die entsprechenden Entwicklungen liefen.

Naheliegend war zunächst eine Orientierung auf die DDR-Produktion von Geräten und Systemen mit Rechneransteuerung. Allerdings erwiesen sich diese Systemkomponenten, die für die Betriebs-, Mess- und Regeltechnik entwickelt worden waren, hinsichtlich ihrer Parameter wie Zählung statistisch verteilter Strahlungsdetektorimpulse bei hohen Zählraten, präzise Analog-Digital- Wandlung, schnelle Zwischenspeicherung usw. als völlig ungeeignet. Dieses Problem bestand auch in anderen Ländern. So dass in westeuroäischen Laboratorien Vorstellungen über einen Gerätestandard für die Instrumentierung von Experimenten der Kern- und Elementarteilchenphysik entstanden – insbesondere auch mit der Möglichkeit der Steuerung und Kontrolle sowie der Datenerfassung in einem unmittelbar angeschlossenen Rechner. Mit einem solchen Standard sollte weiterhin erreicht werden, dass entsprechende Moduln aus der Entwicklung verschiedener Laboratorien zu umfangreicheren Messanordnungen einfach zusammengesetzt werden können.

CAMAC – Standard: Diese Überlegungen führten 1969 zur Definition des modularen Instrumentierungssystems CAMAC (Computer Aided Measurement and Control). Das System CAMAC fand schnell auch Eingang in die Elektronikentwicklung am VIK Dubna, dem wichtigsten internationalen Kooperationspartner und quasi „Überlebensgaranten“ für die Kernphysik in der DDR.

Für die Arbeiten am Wissenschaftsbereich Kernphysik blieb schon wegen der Bedeutung des VIK keine Alternative zu einer Orientierung auf CAMAC, obwohl sich daraus auch zahlreiche Probleme ergaben:

- Das „westliche System“ CAMAC verwendete Modulabmessungen, die mit dem in der DDR verbindlichen „Einheitlichen Gefäßsystem“ nicht kompatibel waren, was dazu führte, dass sich das Dresdner Kombinat Messelektronik stets strikt gegen gegen CAMAC und Nachfolgesysteme im Zollstandard wehrte.
- Industrielle Anwendungen von typischen CAMAC Moduln, in denen Mitarbeiter des Lehrstuhls hätten Einsatzerfahrungen mit den Eigenentwicklungen erarbeiten können, gab es in der DDR nicht. Folglich gab es auch weder industrielle Entwicklung noch Produktion von Geräten dieses Standards.
- Darüber hinaus verfolgten das Kombinat Carl Zeiss Jena und der Wissenschaftliche Gerätebau der AdW in Rossendorf und Adlershof auch noch jeweils eigene Geräteentwicklungen, die weder untereinander kompatibel waren, noch mit den CAMAC Moduln des VIK zusammen passten.

- Die DDR-Rechentechnik fertigte den Kleinrechner KRS 4200, der sich von den seit Mitte der 1960-er Jahre international eingesetzten PDP-Rechnern vor allem durch geringere Leistung „auszeichnete“ und auch keinen Anschluss für CAMAC Geräte aufwies.

Trotz dieser Nachteile orientierte sich der Lehrstuhl auf das CAMAC System und wehrte Kritiken ab, ach denen die Ausbildung nicht auf einem westlichen System basieren sollte. Gegenargumente dafür waren, dass in diesem Fall weder die Kooperation mit dem VIK noch die Nutzung von internationalen Erfahrungen mit rechnergeführten Messanordnungen möglich wären. So konnten diese Angriffe, auch mit Unterstützung durch Fritz Hilbert vom MWT, abgewehrt werden.

Ohne auf die zahlreichen praktischen Probleme beim Entwurf und der Realisierung von CAMAC Moduln einzugehen, kann festgestellt werden, dass der Einsatz von Diplomanden, Assistenten und Forschungsstudenten erfolgreich verlief. Es gelang auch, das Kombinat Robotron von der Notwendigkeit einer CAMAC-Anschluss-Steuerung für den KRS 4200 zu überzeugen, die im Rahmen der Promotionsarbeit von Werner Hirsch entstand und auf einer Geräteausstellung im VIK präsentiert wurde. Leider konnte sich der KRS 4200 gegenüber der Konkurrenz des ungarischen Kleinrechners TPAi später im VIK nicht durchsetzen. Mit dem Einsatz des Kleinrechners KRS 4200 für Aufgaben der Experimentsteuerung erfüllte der Bereich praktisch eine Pilotfunktion an der Universität für Anwendungen auf weiteren Gebieten (MEI 1980, 1982, 1984a, b).

Es entstanden in eigener Entwicklung, mit technischer Unterstützung des ZfK bei der Leiterkartenherstellung, eine Reihe von CAMAC Moduln, mit denen die sogenannten CAMAC Crates für die Realisierung vielfältiger Mess- und Steueraufgaben bestückt werden konnten (Abb. 31a), wobei diese problemlos mit CAMAC-Produkten anderer Hersteller zusammenspielten (MEI 1978). Beispiele für CAMAC-Einsatz in Experimenten am Wissenschaftsbereich sind: Anordnung zur Messung von Spaltquerschnitten (ARL 1980) ; Flugzeitexperiment (GLE 1982); Kontrolle und Steuerung des Hochflussgenerators INGE-1 (ECK 1987, BIT 1988).

Es folgte die Anwendung des Kleinrechners 1510 von ROBOTRON sowie spätere Anwendung von Mikrorechnern, integriert in die experimentnahe Steuer- und Messelektronik (MEI 1984a). Hervorzuheben ist auch die Entwicklung eines Impulshöhenanalysators (Promotion Mathias Köhler, 1986) auf Basis eines Ein-Chip-Mikrorechners aus DDR-Produktion, der später in den unten beschriebenen industriellen Anwendungen zum Einsatz kam.

Diesen Entwicklungen ist es mit zu verdanken, dass trotz der permanenten Restriktionen bei der Beschaffung von Devisen für den Kauf von Material und Geräten, die Experimentausrüstung im gesamten Berichtszeitraum auf international vergleichbarem Stand gehalten werden konnte. Dieser Weg erforderte einerseits höheren Personalaufwand als in vergleichbaren Forschungsgruppen führender westlicher Länder, er bot andererseits allerdings auch den für eine Bildungseinrichtung wesentlichen Vorteil der sehr praxisnahen Ausbildung von Praktikanten und Diplomanden der kernphysikalischen Vertiefungsrichtung. Die Absolventen waren gut vorbereitet für künftige Einsätze in der Wirtschaft und daher leicht in entsprechende Stellen zu vermitteln (MEI 1988).

Ende der 80-er Jahre zeigte sich, dass infolge der international zu beobachtenden rasant wachsenden Nutzung von Personalcomputern mit immer höherer Leistungsfähigkeit auch die Messelektronik in kernphysikalischen Experimenten eine neue Qualität erforderte. Das scheiterte aber schon an der Verfügbarkeit moderner PCs und an technologischen Voraussetzungen – hier waren weder das Kombinat Robotron noch die zentralen Einrichtungen der TU Dresden hilfreich. So stieß letztlich auch diese Arbeitsrichtung des Bereichs Kernphysik an die durch Realitäten in der DDR gesetzten Grenzen.

Bewertet man aus heutiger Sicht die damaligen Anfänge, so lässt sich feststellen, dass die Realisierung von Messanordnungen an Großbeschleunigern der Kern- und Teilchenphysik durch die Kooperation von vielen Forschungslaboratorien geprägt ist, daher geht der Aufbau von Detektoranordnungen sowie von Überwachungs- und Steuereinrichtungen ohne klare Abstimmung der Anschlussparameter aller Systemkomponenten überhaupt nicht mehr. In dieser Beziehung haben CAMAC und weiterentwickelte Systeme seinerzeit gute Grundlagen gelegt.

So wundert es nicht, dass sich die elektronischen Arbeiten im Nachfolgeinstitut ab 1990 zunehmen auf die Mitarbeit an den Gerätesystemen für Hochenergie-Experimente bezogen.

Messelektronik für die Industrie: Im Jahr 1986 entstand die Applikationsgruppe Kern- und Röntgenphysikalische Messelektronik unter Leitung von Peter Eckstein, mit Mitarbeitern aus mehreren Wissenschaftsbereichen der Sektion und aus Betrieben der Kombinate KKW Greifswald und CZ Jena. Aus dem Wissenschaftsbereich Kernphysik waren, neben Peter Eckstein auch Horst Futterschneider, Christine Polz, Ruth Fritzsche und Uwe Schreiber beteiligt. Ihre Aufgabe bestand in der Entwicklung und Einsatzvorbereitung von physikalischen Messkomplexen für praktische Anwendungen. Mehrere Projekte konnten in den folgenden Jahren zum Abschluss gebracht werden, so das Kontrollsystem KRM 30 – I für die Überwachung von Ausstoß des radioaktiven Jod zum Einbau in die Abluftsysteme von KKW Nord Bruno Leuschner sowie der Gerätekomplex "Nachweiselektronik für Röntgenspektrometer und Diffraktionsspektrometer" für den Betrieb VEB Freiberger Präzisionsmechanik (Abb. 40 und 41).

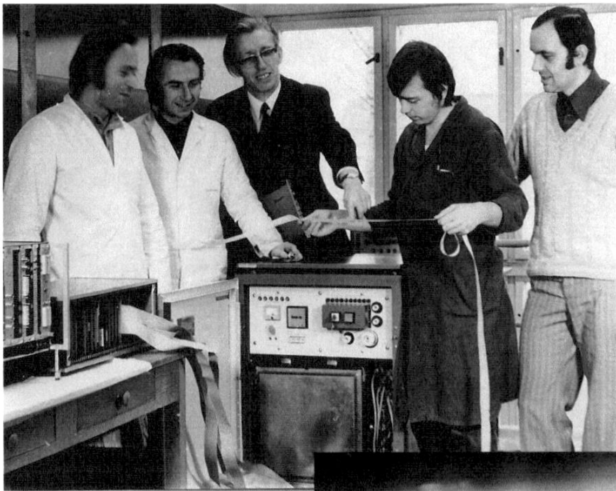

Abb. 35 (links): Entwickler der CAMAC Anschluss-Steuerung für den Rechner KRS 4200; v.r.n.l.: R. Krause, W. Hirsch, W. Meiling, H. Futterschneider, F. Weidhase

Abb. 36 (unten): CAMAC Crate bestückt mit Moduln aus eigener Entwicklung

Abb. 37 (unten): Platine eines CAMAC Moduls aus eigener Entwickung

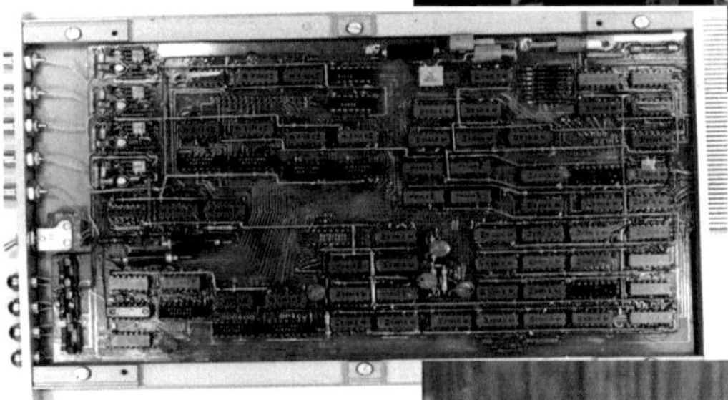

Abb. 38 (rechts): Ein CAMAC-Crate mit Moduln vom Lehrstuhl Meiling gekoppelt an einen Mikrorechner wird auf der Elektronikausstellung im VIK Dubna 1975 präsentiert

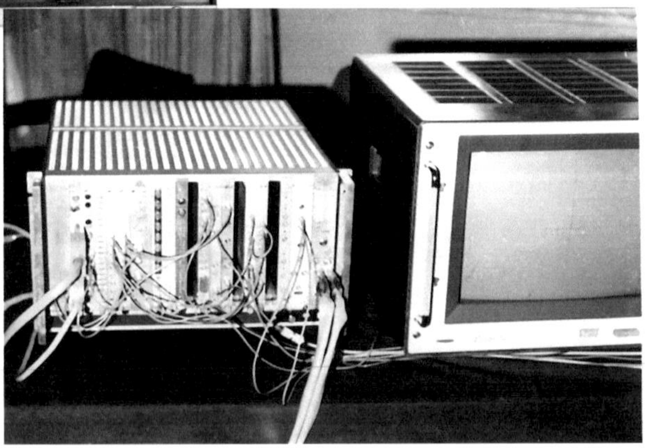

3.5 Neutronenkerndaten und -transportprobleme

Die Grundlagenforschung in der DDR sah sich zunehmend mit der Notwendigkeit konfrontiert, einen Nachweis der wirtschaftlichen Nutzung ihrer Ergebnisse zu erbringen. Am Wissenschaftsbereich Kernphysik wurde dieser Forderung mit der Schaffung von Beispiellösungen der Experimentautomatisierung und messtechnische Lösungen für die Industrie am Lehrstuhl von Wolfgang Meiling und in der Applikationsgruppe Messelektronik von Peter Eckstein Rechnung getragen, über die oben bereits berichtet wurde.

Eine zweite Richtung entwickelte sich am Lehrstuhl Neutronenphysik ebenfalls in den 70-er Jahren. Sie ist ebenso Beispiel für die wechselseitige Befruchtung von nationalen und internationalen Außenbeziehungen des Hochschulbereichs: Aus den Kiewer Neutronenkonferenzen[30] und der Kooperation mit Obninsk kamen ab 1971 Informationen über die praktische Bedeutung von Neutronenkerndaten und bestehende internationale Netzwerke zu ihrer Sammlung, Evaluierung und Verteilung an die Nutzer in Kernenergie und Kerntechnik. Bis dahin erfolgten die experimentellen Untersuchungen am Bereich ausschließlich unter dem Aspekt, interessierende Phänomene des Reaktionsmechanismus oder der Kernstruktur zu erforschen. Nun zeigte sich, dass hier ein Feld für praktische Anwendungen liegt, welches mit den vorhandenen apparativen Möglichkeiten des Bereichs, in enger Verbindung mit Fragen der kernphysikalischen Grundlagenforschung zu bearbeiten ist. Sie beruhte auf der engen inhaltlichen Verbindung zwischen Neutronendaten und den Berechnungsgrundlagen für sämtliche Verfahren der Kernenergie – und letztere wurde in der DDR bekanntlich zu den volkswirtschaftlichen Schwerpunkten gerechnet.

Einschätzung von Neutronendaten: Ein entscheidender Schritt auf der Brücke von gemessenen mikroskopischen Querschnitten zur Anwendung ist die Einschätzung (Evaluation) von Kerndaten für bestimmte Nuklide. Erst die von Experten entsprechend international vereinbarten Regeln evaluierten Datensätze finden Aufnahme in empfohlene Datenbibliotheken, die ihrerseits bei Neutronentransportrechnungen von Nuklearanlagen zugrunde gelegt werden. Für die praktische Anwendung sind nur solche empfohlenen Datensätze und -bibliotheken zugelassen. Folglich wurde mit dem Kerndatenzentrum in Obninsk die Mitarbeit an der Evaluierung vereinbart, um im Gegenzug Zugang zu kompletten Bibliotheken zu erhalten.

30 Proceedings der ersten Kiewer Neutronenkonferenz: „Neijtronnaja Fizika“ Bd. I und II, Verlag Naukowa Dumka, Kiew, 1972

Abb. 39: Elekronikaufbau zur Flugzeitmessung am DT-Generator im Jahr 1976

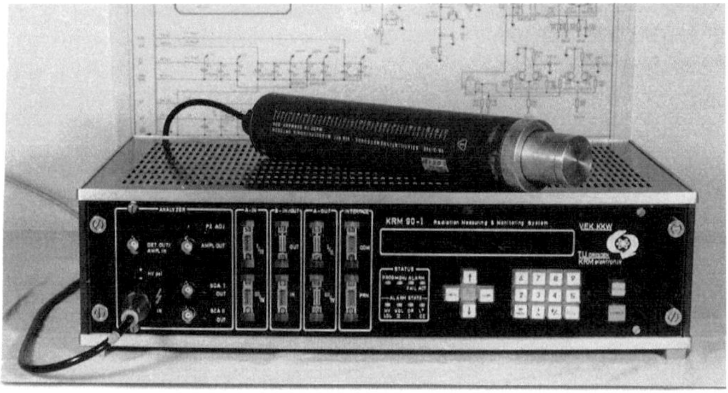

Abb.40: Sensor mit Steuerelektronik des Alarmsystems für den Nachweis von radioaktivem Jod in der Abluft von KKW, eine Entwicklung der Applikationsgruppe Messlektronik aus dem Jahr 1988

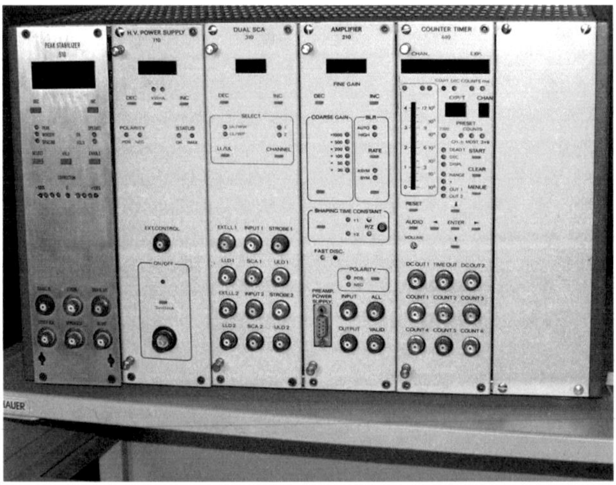

Abb. 41 : Kompakte Nachweis- und Steuerelektronik mit integriertem Rechner für Röntgenspektrometer und Diffraktometer, ebenfalls, entwickelt in der Applikationsgruppe, 1989

Um glaubhafte Einschätzungen vornehmen zu können, mussten verschiedene Voraussetzungen erfüllt sein: Rechentechnische Kapazitäten zur Bearbeitung großer Datenmengen, eigene Erfahrungen mit entsprechenden Datenmessungen und deren Fehlerbewertung sowie Fähigkeiten zur Anwendung von validierten kerntheoretischen Modellen zur Berechnung fehlender oder diskrepanter Messwerte. Ausgehend von den eigenen, zu dieser Zeit bereits angesammelten Erfahrungen und Ergebnissen mit der Messung und Berechnung von Neutronenreaktionen, die oben schon beschrieben wurden (siehe Punkte 3.3a und b), wandte sich die Gruppe um Dietrich Hermsdorf der Erarbeitung kompletter Einschätzungen aller Reaktionskanäle für bestimmte Nuklide zu (Abb. 42). Erste Bearbeitungsobjekte wurden die Nuklide ^{93}Nb, ^{28}Si und ^{56}Fe zunächst für die im PEI Obninsk aufgebauten und periodisch aktualisierten Bibliotheken SOKRATOR und BROND[31] (HER 1977, 1983). Grundlage hierfür bildete eine Kooperationsvereinbarung zwischen dem Bereich und dem Kerndatenzentrum in Obninsk, auf welches im nächsten Punkt noch ausführlicher eingegangen wird.

Die meisten theoretischen Modellentwicklungen am Bereich verfolgten letztendlich das praktische Ziel, nicht nur für die Interpretation eigener Messergebnisse und einzelne physikalische Phänomene einsetzbar zu sein, sondern internationale Akzeptanz, z.B. im Rahmen der mit Nuclear Data Evaluation befassten Gremien bei der IAEA, für den Einsatz bei der Kerndateneinschätzung zu erlangen. Das forderte physikalisch gut fundierte Modelle, ohne frei wählbare Parameter, die möglichst universell einsetzbar und damit in der Lage sind, auch nicht oder schwer messbare Wirkungsquerschnitte (z.B. für radioaktive, kurzlebige Nuklide) zuverlässig und mit akzeptabler Genauigkeit zu beschreiben. Zahlreiche Publikationen verfolgten eben dieses Ziel (SEE 1976, HER 1976a, b, SEI 1976c, SEE 1979, KAL 1988b, c, MÄR 1988c, SEE 1988b, 1993).

Aufbau und Pflege einer Kerndatenbibliothek: Im Austausch für die Einschätzungen erhielt der Wissenschaftsbereich die vollständige Bibliothek BROND zur Nutzung. Um die angestrebte „Brücke zur kernenergetischen Nutzung“ schlagen zu können, sollten diese Datenbestände einem breiten Nutzerkreis in der DDR zugänglich gemacht werden. Hierfür wurde eine umfangreiche Datenbank mit Service für Nutzer und Datenpflege am Rechner BESM-6 des Rechenzentrums der TU Dresden eingerichtet (Abb. 43) und über viele Jahre betrieben. Dieser Service existierte ab 1978 bis zum Ende des Berichtszeitraumes (1990).

31 BROND - russische Abkürzung für „Bibliothek eingeschätzter Neutronendaten“; damals in der SU autorisierte Bibliothek für Reaktorberechnungen in Einrichtungen der Kernenergie

Abb. 42 (oben): Team Kerndateneinschätung 1974, v.l.n.r. - D. Hermsdorf, S. Eckstein, G. Kießig

Abb. 43 (rechts):
D. Hermsdorf leitet eine Gruppe von Studenten bei der Programmierung der Datenbank am Rechner BESM-6

Abb. 44 (unten):
Treffen der Kerndatengruppe der RGW-Länder in Moskau, 1978

Nach dem Beginn der Mitarbeit am Kerndatenprogramm der IAEA ab 1976/77 standen der Datenbank an der TU Dresden und damit auch landesweit den Nutzern zahlreiche international eingeführte Bibliotheken zur Verfügung, so auch die US-amerikanische Bibliothek ENDF/B-IV. Damit konnte der Bedarf seitens diverser Nutzer auf den Gebieten Kernenergie, Strahlenschutz, Nuklearmedizin, Strahlentherapie, Isotopenanwendung, Spaltmaterialkontrolle u.a. besser als vorher abgedeckt werden. Zur Pflege der Kontakte zwischen den verschiedenen Nutzern und Informationsaustausch wurde eine Arbeitsgemeinschaft Kerndaten gebildet mit regelmäßigen Arbeitstreffen. Näheres hierzu wird im Zusammenhang mit den internationalen Beziehungen in einem folgenden Punkt beschrieben.

Standard- und Referenzdaten: Von besonderer Bedeutung im internationalen Kerndatenvergleich sind die Standard- und Referenzdaten. Bestimmte Kernprozesse wurden als Standards vereinbart, über die in regelmäßigen Abständen vom INDC berichtet wird (z.B. NDS 1983). Konstanten, die als Standards dienen sollen, müssen mit höchster Genauigkeit und auf absoluter Basis, d.h. unabhängig von anderen Nukleardaten ermittelt worden sein. Damit sind sie ihrerseits geeignet als Referenz- oder Vergleichsgröße für andere Prozesse. Zu den Standards gehören der Spaltquerschnitt für ^{235}U und das Neutronenspektrum der Spontanspaltung von ^{252}Cf. Mit der Methode zeitlich korrelierter assoziierter Teilchen wurden für DT- und DD-Neutronen in einem mehrjährigen Messprogramm in Kooperation mit dem Radiuminstitut Leningrad absolute Spaltquerschnitte von ^{235}U bei mehreren Einschussenergien mit hoher Präzision gemessen. Die im Jahr 1976 begonnenen Arbeiten wurden später am Wissenschaftsbereich Angewandte Kernphysik zum Abschluss geführt (ARL 1979a, b, 1981, 1982, 1984, 1985).

In Messungen des Californiumspektrums unter optimierten Streu- und Untergrundbedingungen – Einsatz einer miniaturisierten Ionisationskammer mit Californiumquelle, Flugzeitstrecken von 3,7 bzw. 5,9 m, großvolumige NE 213 Szintillationsdetektoren mit elektronischer Diskriminierung von Gammaquanten und kosmischen Müonen - konnte das Standardspektrum bis 20 MeV erweitert werden, weit über den bis dahin bekannten Energiebereich hinaus (MÄR 1982, 1983a,1985b, 1987a, 1990). Diese Messungen erfolgten zum Teil in Kooperation mit der Physikalisch-Technischen Bundesanstalt in Braunschweig, sie dienten darüber hinaus für die oben bereits erwähnten Untersuchungen zu Mechanismen der Abregung von Spaltfragmenten über Spaltneutronenemission und liefen parallel zu den genannten Modellentwicklungen.

Einfluss von Kristallgittereffekten auf Kernbrennstoffdaten: Die genaue Kenntnis der Resonanzquerschnitte im Kernbrennstoff ist für die Berechnung von thermischen Leistungsreaktoren erforderlich. Insbesondere wird die Temperaturabhängigkeit der Reaktivität, die das Betriebsverhalten der Reaktoren bestimmt, vor allem durch die Temperaturabhängigkeit der Resonanzquerschnitte hervorgerufen. Die bei den Untersuchungen zur chemisch bedingten Verschiebung von Neutronenresonanzen und zur Doppler-verbreiterung der Resonanzen im Kristallgitter und molekularen Gasen (Punkt 3.3g) entwickelten Methoden erwiesen sich als geeignet, um Unterschiede zu der meist üblichen Beschreibung der Temperaturabhängigkeit in der Näherung eines idealen Gases, zu quantifizieren. Es erwies sich, dass – angesichts der hohen Genauigkeitsanforderungen für Reaktivitätsberechungen - die auftretenden Effekte durchaus praktisch relevant und zu berücksichtigen sind (MST 1985, SEI 1988).

Fusionsneutronik: Wie im Punkt Auslandskooperationen beschrieben, ergab sich ab Mitte der 70-er Jahre die Möglichkeit der Mitwirkung an den konzeptionellen Arbeiten für den geplanten Versuchs-Fusionsreaktor OTR auf der Grundlage der Forschungsvereinbarung mit dem Kurtschatov-Institut Moskau. Hierzu dienten Experimente am DT-Generator mit makroskopischen Anordnungen (Kugelschalen, ebene Schichten) aus ausgewählten Materialien bzw. Materialkombinationen. Sie dienten der Präzisierung von Datensätzen und Berechnungsgrundlagen für die Auslegung bestimmter Komponenten (Blanket, Abschirmung) von Fusions- sowie Spalt-Fusions-Hybrid-Reaktoren (MAR 1988).

Zum Einsatz kamen in diesen Untersuchungen, neben Flugzeitspektrometrie, auch Spaltkammern, Rückstoßionisationskammern und Aktivierungstechniken, so dass viel-seitige experimentelle Informationen über die Neutronik der gewählten Materialien gewonnen und mit Neutronentransportrechnungen unter Verwendung verschiedener Datenbibliotheken verglichen werden konnten. Erste Ergebnisse wurden an einer 25 cm Bleikugel erhalten (ELF 1987), danach folgten Untersuchungen an einer 32 cm Kugelschale aus ^{238}U (ELF 1990), die insbesondere für den geplanten Fusions-Spalt-Hybridreaktor von Interesse waren. Es schlossen sich Untersuchungen an Schichtanordnungen an, welche die prinzipielle Materialfolge in Hybrid-Reaktoren mit Magnethalterung (Erste Wand – Spaltmultiplikator – T-Brutzone - Abschirmung) simulierten (BRO 1992). Die Weiterführung war später am dafür entwickelten Hochflussneutronengenerator geplant (BIT 1988).

Die Thematik Fusionsneutronik wurde an der Nachfolgeeinrichtung auch nach 1990 im Zusammenhang mit dem ITER-Projekt noch viele Jahre weiter verfolgt, dafür stand später die im FZ Rossendorf errichtete ELBE-Quelle zur Verfügung. Auch dies kann als Zeichen dafür gelten, dass die seinerzeit begonnenen Untersuchungen durchaus aktuell waren.

Rauschdiagnostik: Der Lehrstuhl Kerntheorie war ab 1978 für einige Jahre an Untersuchungen zu stochastischen Neutronenflußschankungen in Druckwasserreaktoren an der Ingenieurhochschule Zittau beteiligt. Die Arbeiten verfolgten das Ziel herauszufinden, wie sich durch technische Störungen bedingte Abweichungen vom Normalverhalten der Anlage im Neutronenfluss abbilden, um über Rauschdiagnostik den Betriebszustand eines Leistungsreaktors überwachen zu können. Der Dresdner Beitrag bestand darin, numerische Verfahren zu entwickeln und zu testen, um über analytische Näherungen hinauszukommen, und so den Ort von Störungen lokalisieren zu können (REI 1981, BED 1983).

3.6 Kooperationsbeziehungen

a) VIK Dubna, Sowjetunion und Osteuropa

Die Kontakte in die Sowjetunion und die volksdemokratischen Länder Osteuropas waren über lange Zeit – bis in die zweite Hälfte der siebziger Jahre - praktisch die einzigen Auslandsbeziehungen des Wissenschaftsbereichs und sie nahmen auch danach noch einen vorrangigen Platz ein. Das ist einerseits darauf zurückzuführen, dass lange Zeit die Hallstein-Doktrin die Politik des Westens bestimmte und erst mit der staatlichen Anerkennung der DDR und den Fortschritten der Entspannungspolitik ab 1973 der Boden für den Abschluss von staatlichen Kooperationsabkommen mit westlichen Ländern erschlossen wurde. Für Einzelbeziehungen von Wissenschaftlern ließ dagegen die bis in die achtziger Jahre besonders streng an den Hochschulen verfolgte Politik der Abgrenzung – insbesondere gegenüber der BRD – kaum Spielraum. Hinzu kam, dass infolge der im Kapitel 1 geschilderten Aktivitäten der Geheimdienste gegen Ende der 50-er Jahre, von der damaligen Institutsleitung den Mitarbeitern keine wissenschaftlichen Kontakte in westliche Richtung vermittelt werden konnten. Sie mussten später völlig neu aufgebaut werden.

Vereinigtes Institut für Kernforschung Dubna: Eine herausragende Rolle unter den östlichen Kooperationspartnern spielte das **Vereinigte Institut für Kernforschung** in **Dubna**. Mit Dubna eng zusammen zu arbeiten, war nicht nur eine hervorragende Chance, es war quasi auch Pflicht: Schließlich trug die DDR einen großen Teil der Kosten des VIK und es gab nur noch wenige Einrichtungen auf dem Gebiet der Kernforschung im Lande, die eine Zusammenarbeit mit Dubna thematisch gestalten konnten. Um diese Zusammenhänge besser zu verstehen, sollen zunächst einige Zahlenangaben gemacht werden – dies geschieht in den Tabellen 3-1, 3-2 und 3-3[32].

Bereits ein Blick auf die Tabelle 3-1 zeigt, dass eine andauernde Diskrepanz bestand zwischen dem hohen Beitragsanteil der DDR und der Anzahl von Delegierten – hier am Beispiel des Zeitraums von 1956-66. Das geht auf die bereits ausführlich beschriebene Schrumpfung der Kernphysik in der DDR nach 1962 zurück.

Auch wenn in den Folgejahren versucht wurde, Ingenieure und Techniker aus Institutionen und Betrieben außerhalb der Kernforschung für eine Delegierung zu gewinnen (vor allem auf solchen Gebieten, wie Elektronik, Rechentechnik und Datenverarbeitung), konnte in dieser Beziehung nie annähernder Gleichstand mit den anderen Mitgliedsländern erreicht werden. Die Asymmetrie in der Zusammensetzung von Gesamtpersonal- und der Wissenschaftlerstellen wird besonders deutlich, wenn man die Zahl von Delegierungen mit der enormen Entwicklung der Personalstärke des VIK Dubna vergleicht (Tabelle 3-2).

32 Die Zahlenangaben in den Tabellen sind dem bereits zitierten Bericht von K.H. Kaun entnommen - siehe Fußnote Nr. 6

Tabelle 3-1
Finanzierungsanteil und Wissenschaftler aus den Mitgliedsländern

Land	Finanzierung 1956-65 /%/	Finanzierung 1966-68 /%/	Finanzierung 1969-90 /%/	Wissenschaftler 1956-66
UdSSR	47,25	63,72	74,00	> 1000 4*)
China*)	20,00	-	-	144
Polen	6,75	9,11	6,20	146
DDR	6,74	9,09	9,30	68
Rumänien	5,74	0***)	2,45	60
CSSR	5,74	7,74	4,12	149
Ungarn	3,99	5,38	2,65	91
Bulgarien	3,59	4,84	1,13	92
Albanien*)	0,05	-	-	2
Vietnam	0,05	0	0,05	11
Nordkorea	0,05	0,06	0,05	54
Mongolei	0,05	0,06	0,05	17
Kuba**)	-	-	0,05	-

*) Ende der Mitgliedschaft: China 1965, Albanien 1960;
**) Beginn der Mitgliedschaft: Kuba 1977;
***) Beitrag nicht gezahlt;
4*) Geschätzte Zahl anhand des Personalbestandes gemäß Tabelle 3-2 und einer mittleren Aufenthaltsdauer ausländischer Wissenschaftler von 2-3 Jahren

Diese Tabelle verdeutlicht die zahlenmäßige Dominanz der sowjetischen Wissenschaftler und sonstigen Mitarbeiter, mit ausnahmslos unbefristeten Stellen, gegenüber den Wissenschaftlern aus anderen Teilnehmerländern. Nicht nur im Führungsstil, sondern auch in der personellen Zusammensetzung des Instituts blieb Dubna damit de-facto stets ein sowjetisches Institut mit ausländischer Beteiligung.

Tabelle 3-2
Entwicklung der Personalstärke am VIK Dubna

Jahr	1956	1960	1965	1970	1985	1990
Gesamtstärke	1213	2360	2700	3100	5230	5100
Wissenschaftler	113	530	1300	1700	2150	2060

In der folgenden Tabelle 3-3 wird der absolute finanzielle Beitrag der DDR zur Finanzierung des VIK Dubna verdeutlicht, angegeben in der damals in der Außenwirtschaft gebräuchlichen „Clearing-Rubel“, der einem Binnenwert von 4,67 Mark der DDR entsprach.

Für die Finanzierung der Grundlagenforschung in der AdW und im Hochschulwesen der DDR stellte der finanzielle Beitrag für Dubna, der im letzten 5-Jahrplanzeitraum annähernd 150 Millionen Mark der DDR entsprach, eine immense Belastung dar. Daher resultierten einerseits die permanenten Anstrengungen des MWT, diese Aufwendungen durch aktive Mitarbeit besser zu nutzen und andererseits der anhaltende Druck seitens anderer Richtungen der Physik, die über den Dubna-Beitrag hinausgehenden finanziellen Aufwendungen für Kernphysik im Lande zurückzufahren.

Da die Mittel nicht projektbezogen nach Dubna vergeben wurden, sondern in den Gesamthaushalt des VIK einflossen, hatten die hohen Dubna-Kosten für die kernphysikalischen Einrichtungen der DDR zwar Bedeutung als ein genereller „Rettungsanker", der ihren Fortbestand sicherstellte, andererseits standen ihnen diese Mittel nicht tatsächlich für eigene Forschungsprojekte in Dubna zur Verfügung, sondern wurden hauptsächlich für die Infrastruktur des Instituts verwendet.

Tabelle 3-3
Gesamtaufwand für das VIK Dubna und absoluter DDR-Anteil /in Mio. Rubel/

5-Jahrplan	1956-60	1961-65	1966-70	1971-75	1976-80	1981-85	1986-90
Gesamt	70	85	108	180	220	330	360
Anteil DDR	4,60	5,53	9,40	16,8	20,5	30,7	33,5

Beleuchten wir vor diesem Hintergrund die Aktivitäten des Hochschulinstituts. Seine Verbindungen nach Dubna waren vielfältig: Viele Hochschullehrer und Mitarbeiter absolvierten mehrjährige Arbeitsaufenthalte, mit Familie. Die ganz auf Wissenschaft orientierte Atmosphäre in der kleinen Stadt an der Wolga, inmitten einer reizvollen Landschaft, erwies sich als sehr attraktiv und familienfreundlich noch dazu - häufig wurden geplante mehrjährige Aufenthalte verlängert. Kurzfristige Arbeitsaufenthalte für die Zusammenarbeit zu bestimmten Themen waren vergleichsweise einfach uber das MWT zu planen und wurden ebenso in großem Umfang wahrgenommen. Üblich war auch der Dubna-Aufenthalt nach der Promotion mit anschließender Berufung an eine andere Hochschule, dort allerdings nicht auf dem Gebiet der Kernphysik.

Zweimal pro Jahr tagten die wissenschaftlichen Beratungsgremien des Vereinigten Instituts, mit Vertretern der Laboratorien und aller Mitgliedsländer. Wissenschaftler des Hochschulinstituts nahmen über viele Jahre Anteil an der Arbeit dieser Gremien, insbesondere am zentralen Wissenschaftlerrat des VIK - Heinz Pose später Gerhard Musiol, am Wissenschaftlichen Rat für Kernphysik - Dieter Seeliger, am Neutronenkomitee und am Kernkomitee. Auch Arbeitsbesuche von Wissenschaftlern des VIK am Hochschulinstitut sowie zur Teilnahme an den jährlich stattfindenden Kernphysik-Symposien der TU erfolgten regelmäßig. In der Literaturliste wird in zahlreichen Zitaten auf Arbeiten hingewiesen, die im VIK oder in Kooperation mit dem Dubnaer Institut entstanden (NIK 1962, SEE 1963, ARL 1972, SEI 1976b, MUS 1977, ARL 1977, SEI 1980 u.a.).

So wurde im Laufe der Jahre insgesamt eine vielseitige Kooperation auf verschiedenen Gebieten der Kernphysik praktiziert, deren Hauptthemen – die sich jeweils über mehrere Jahre erstreckten - wie folgt zugeordnet erden können:

Laboratorium	*Forschungsthematik*	*Träger der Thematik*
Kernprobleme	*Nukleon-Nukleon-Wechselw.*	*H. Pose / A.F. Pisarew*
	Kernspektroskopie	*G. Musiol, R. Arlt / K.Ya. Gromow*
	Kernelektronik	*W. Meiling, P. Eckstein / A. Sinajew, Y.K. Akimov*
Neutronenphysik	*Neutronenresonanzen*	*D. Seeliger, K. Seidel, A. Meister / L.B. Pikelner*
Theoret. Physik	*Kernreaktionen*	*R. Reif, D. Seeliger / V.G. Soloviev, V. Toneev*

Für eine umfassende Zusammenarbeit mit dem VIK waren jedoch Grenzen gesetzt: Zum einen reichte das Budget nicht dafür, alle Forschungsrichtungen des rasch wachsenden Instituts gleichzeitig immer wieder modern auszurüsten. Beschleunigerprojekte wurden häufig verschoben, nur wenige experimentelle Richtungen konnten mit der technischen Entwicklung an der Weltspitze mithalten (Das betraf jedoch nicht das stets hohe physikalisch-theoretische Niveau). Für das Hochschulinstitut kam das spezifische Problem hinzu, dass die in Dresden verfügbare Gerätebasis, die auch für die Studentenausbildung eingesetzt wurde, nicht kompatibel war mit der Geräteausrüstung und thematischen Ausrichtung des VIK. Nur in wenigen Fällen konnten Themen der laufenden Forschungsarbeit in Kooperation mit Dubna vertieft werden, oft mussten Themen in Dubna und Dresden separat voneinander bearbeitet werden.

Noch einige generelle Bemerkungen zum VIK Dubna: Das Institut hatte ein Statut, das einem internationalen Zentrum entsprach, auch existierten die entsprechenden demokratischen Beratungsgremien, die wissenschaftlichen Räte und Komitees. Praktisch wurde es aber während der gesamten Zeit von 1956 bis 1990 wie eine sowjetische Einrichtung in der Regie des Atomkomitees der UdSSR geführt. Abgesichert war dies, indem durchgängig der Institutsdirektor, alle Laboratoriumsdirektoren und die entscheidenden Positionen in der Verwaltung mit sowjetischen Wissenschaftlern bzw. Mitarbeitern besetzt waren. Es blieb in seinem Charakter stets eine sowjetische Einrichtung mit internationaler Beteiligung. Folglich wirkten sich auch die Nachteile des bürokratisch verkrusteten sowjetischen Systems negativ auf die Erneuerungsfähigkeit des VIK Dbna aus. Diese Feststellungen sollen aber nicht die hohen wisenschaftlichen Leistungen, die unter den gegebenen Umständen erbracht wurden, und den Wert der Zusammenarbeit mit Dubna für das Hochschulinstitut generell in Abrede stellen.

Abb. 45 (oben links): Minister F. Hilbert inormiert sich beim Rundgang in der TU-Außenstelle bei K. Seidel über den Aufbau eines Experiments,1973

Abb. 46 (oben rechts): Nikolai Bogoljubow, Direktor des VIK Dubna, beim Rundgang durch das Institut, 1973

Abb. 47 und 48;
G. Fleurov besucht 1976 den Wissenschaftsbereich, informert sich über laufende Projekte (rechts) und diskutiert mit Mitarbeitern über künftige Arbeiten (unten) v.l.n.r. - G. Fleurov, R. Reif, P. Mädler, W. Meiling und D. Seeliger

Physikalisch-Energetisches Institut (PEI) in **Obninsk:** Dies war ein großes, rein sowjetisches Forschungszentrum der Reaktorentwicklung. Obninsk galt speziell als das führende Zentrum der Sowjetunion für die Entwicklung Schneller Brutreaktoren. Hier hatte Heinz Pose von 1947 bis 1954 am Aufbau des "Laboratoriums W" führend mitgewirkt – einer Einrichtung mit ähnlicher Zielstellung, wie sie bei Gründung des Instituts für Allgemeine Kerntechnik an der TH Dresden im Jahr 1955 zugrunde gelegt wurde. Es ging um die Erforschung der physikalischen Prozesse, die für die Nutzung der Kernspaltung zur Energiegewinnung benötigt werden. In Obninsk gab es sowohl Neutronengeneratoren, als auch elektrostatische Beschleuniger unterschiedlicher Größe für die Erzeugung monoenergetischer Neutronen variabler Energie. Daneben existierten leistungsfähige Theoriegruppen, die sich mit allen einschlägigen Nuklearprozessen befassten und auch das zentrale Kerndatenzentrum für die gesamte Sowjetunion war hier angesiedelt. Das Profil der PEI passte somit ideal zu Profil und Ausrüstung des Dresdner Hochschulinstituts.

Die Forschungskooperation des Hochschulinstituts mit dem PEI begann im Jahr 1968 mit einem Arbeitsbesuch von Dieter Seeliger in Obninsk, den noch Heinz Pose vor seinem Ausscheiden vermittelt hatte. Den formalen Rahmen dafür bot eine Ministervereinbarung zwischen dem Ministerium für Kohle und Energie (MKE), dem die Kernenergie in der DDR unterstand und dem Ministerium für Atomenergie der Sowjetunion, zur Kooperation bei der Entwicklung des Schnellen Brutreaktors.

Erstes gemeinsames Projekt war die Entwicklung und Erprobung eines Nanosekunden-Pulsungssystems für den Tandembeschleuniger EGP-10 des PEI, der baugleich in Rossendorf errichtet werden sollte. Es schlossen sich in den darauf folgenden Jahren zahlreiche gemeinsame Projekte zur Neutronenspektroskopie, der Untersuchung direkter Kernreaktionen und auf dem Gebiet der Kerndaten an, über die im Punkt 3.3 bereits berichtet wurde. Besonders aktiv haben an dieser Zusammenarbeit mitgewirkt Helmut Helfer, Peter Eckstein, Dankwart Schmidt, Dietrich Hermsdorf, Dietmar Lehmann, Rainer Krause und auf der russischen Seite Lew Usatschow, Galina Lovchikova, Anatoly Ignatyuk, Valentin Romanow und Alexander Glotow (s. Abb. 49, 50, 51, 52).

Abb. 49 und 50: Arbeitsbesuch 1969 zu Beginn der Zusammenarbeit mit dem PEI Obninsk; oben: Beratung im Beschleunigerlabor über Nanosekunden-Pulsung des Tandems EGP-10; auf dem Foto unten v.l.n.r.- B.D. Kusminov, A. Glotov, N.N., V.A. Romanov, V. Manochin, D. Seeliger, R. Krause, H. Helfer;

Abb. 51 (rechts): Wiedersehen mit Kollegen 2008 in Moskau; v.l.n.r. A. Ignatjuk, B.D. Kusminov, Elke Seeliger, G. Lovchikova, V. Romanov, D. Seeliger, A. Glotov

Übergreifende Bedeutung erhielt die Zusammenarbeit mit dem PEI auf dem Gebiet Kerndaten, da Obninsk die Funktion einer Leitinstitution der Sowjetunion auf diesem Gebiet einnahm und auch auf internationaler Ebene als führendes Zentrum der östlichen Seite und Partner der anderen drei großen Datenzentren der Welt – in Brookhaven (USA), Saclay (Westeuropa, Japan) und Wien (IAEA) – anerkannt war. Eine Kooperation mit dem PEI auf diesem Gebiet – insbesondere die Mitwirkung bei der Aktualisierung der Bibliothek eingeschätzter Daten BROND - sollte für das Dresdner Institut also auch die Verbindung zum internationalen Geschehen herstellen und die Beschaffung aktueller Bibliotheken für den Bedarf in der DDR sichern.

Mit den gleichen Motiven beteiligte sich der Wissenschaftsbereich auch aktiv an der Arbeit der **Koordinierungsgruppe Kerndaten des RGW**, die im Jahr 1974 entstand und an der neben Obninsk und Dresden auch Einrichtungen aus Bulgarien, Tschechien und Polen teilnahmen (s. Abb. 44).

Theoretisch war damit der Bogen von der Messung und Berechnung der Wirkungsquerschnitte bis zur Bereitstellung kompletter, aktueller Bibliotheken für die Reaktorberechnung und andere Neutronenanwendungen geschlossen und der Wissenschaftsbereich konnte somit für sich zurecht in Anspruch nehmen, auf diesem Gebiet eine volkswirtschaftlich bedeutsame Aufgabe zu erfüllen. Praktisch allerdings verlief dieser indirekte Weg zum Weltfundus über den Partner in Obninsk, trotz großer Bemühungen der beteiligten Fachleute auf beiden Seiten - bedingt durch bürokratische Hemmnisse verschiedener Art und unzureichende Technikausstattung - relativ schleppend. Erst einige Jahre später - nach Öffnung des eigenen Zugangs zu den internationalen Zentren auf westlicher Seite - konnte diese Aufgabe effektiv und auf modernem Niveau wahrgenommen werden.

Kurtschatov-Institut in Moskau (IAE): Eine größere Bedeutung erlangte darüber hinaus auch die Zusammenarbeit mit dem Institut für Atomenergie Kurtschatov in Moskau im Rahmen einer weiteren Ministervereinbarung des MKE mit dem Komitee für Atomenergie über die Zusammenarbeit auf dem Gebiet der gesteuerten Kernfusion, die ab 1978 wirksam wurde und mit regelmäßigen Arbeitstreffen begann. Koordiniert wurde diese Linie der Zusammenarbeit vom Zentralinstitut für Elektronenphysik der AdW (Direktor Karl-Friedrich Alexander) in Berlin, welches auf dem Gebiet der Plasmaphysik tätig war. Es ging in jener Zeit um die Entwicklung von Reaktorkonzepten, so dass erstmals neben den bis dahin im Zentrum der Erforschung stehenden Plasmaprozessen auch die Fragen des Neutronenhaushalts und –transports in Blankett und Abschirmung von Fusionsreaktoren mit Magnethalterung ins Blickfeld traten. Das galt in besonderem Maße für den in der Sowjetunion zeitweilig favorisierten Spalt-Fusions-Hybridreaktor, in dessen Blanket sich neben den Brutzonen für die Reproduktion von Tritium auch Spaltzonen für Energiegewinnung und Plutoniumbrüten befinden sollten. Ein solcher Hybridreaktor hätte es erlaubt, bereits bei geringeren Plasmaleistungen, als für einen „reinen“ Fusionsreaktor erforderlich, den energetischen Breakeven zu erreichen - so war das Kalkül. Der ökologische Hauptvorteil von Fusionsreaktoren - die Vermeidung der Entstehung von Spaltprodukten - wäre bei diesem Reaktortyp allerdings verloren gegangen.

Die im Dresdner Institut vorhandene Technik und Erfahrungen waren gut geeignet für ein solches Betätigungsfeld. Bereits in der ersten Zusammenkunft im IAE Moskau mit dem zuständigen Mitglied der Akademie der Wissenschaftler, Yurij Welichov und seinen Mitarbeitern, konnte ein langfristiges Programm für die Mitarbeit an diesem Problem konzipiert werden. Einzelne Vorhaben wurden bereits im Punkt 3.5 genannt. Mitwirkende an diesem Programm waren u.a. Klaus Seidel, Tilo Elfruth sowie auf russischer Seite E. Shatalov, D. Markovskij u.a. Durch Zusammenarbeit mit Reaktorphysikern des ZfK - hier sind u.a. Dietmar Albert, W. Hansen und W. Vogel zu nennen - entstand eine langfristig tragfähige Forschungs- und Kooperationsverbindung zwischen den drei Partnern IAE Moskau, TU Dresden und ZfK Rossendorf, die noch lange Zeit über den Berichtszeitraum hinaus Bestand hatte.

Das Kurtschatov-Institut organisierte regelmäßige Spezialistentreffen auf dem Gebiet der gesteuerten Kernfusion, an dem sich neben dem Dresdner Hochschlinstitut und dem Zentralinstitut für Elektronenphysik der AdW auch Vertreter weiterer mitwirkender Institute osteuropäischer Länder beteiligten (s. Abb. 53).

Zu Einrichtungen in anderen osteurpäischen Ländern gab es ebenfalls gute, langjährig stabile Verbindungen auf Grundlage unterschiedlicher Rahmenverträge. So zu dem **Institut für Physik** der **Slowakischen Akademie der Wissenschaften** und der **Comenius Universität in Bratislava,** dem **Institut für Physik** der **Etvös Universität** in **Debrecen,** dem **Institut für Kernphysik** der **Bulgarischen Akademie der Wissenschaften** in **Sofia** und den **Kernforschungszentrum Swierk bei Warschau.** Gegenstand dieser Kooperationen waren experimentelle und theoretische Untersuchungen zu neutroneninduzierten Kernreaktionen, Kerndatenbibliotheken sowie Fusionsneutronik.

Abb. 52 (oben): Meeting zu elektrostatischen Beschleunigern im PEI Obinsk, mit Teilnahme von Spezialisten der TU Dresden und des ZfK, 1974

Abb. 53 (unten): Erstes Treffen zur Kooperation auf dem Gebiet der Kernfusion in Suchumi 1982 unter Leitung des Kurtschatov-Instituts Moskau; untere Reihe stehend, 1. und 3. v.l. - die langjährigen Kooperationspartner der TUD zur Fusionsneutronik, D. Markovskij bzw. E. Shatalov

b) IAEA Wien und Bundesrepublik Deutschland

Infolge der viele Jahre andauernden politischen Isolierung, aber auch der seitens der DDR besonders an den Hochschulen verfolgten Politik der Abgrenzung, gab es bis Mitte der siebziger Jahre praktisch keine wissenschaftlichen Kontakte zu Institutionen in westlichen Ländern. Mit der Entspannungspolitik, dem Grundlagenvertrag mit der Bundesrepublik und ab 1973 zunehmenden staatlichen Anerkennung der DDR begann eine zaghafte Öffnung, die allerdings bis in die zweite Hälfte der achtziger Jahre immer noch von starken internen Restriktionen und Hindernissen begleitet war. So kam es in der ersten Hälfte der 70-er Jahre nur zu wenigen Besuchen von Wissenschaftlern aus westeuropäischen Ländern am Bereich.

Internationale Atomenergiebehörde (IAEA): Von Ausschlaggebender Bedeutung für die Dresdner Gruppe sollte die Mitgliedschaft der DDR in der Spezialorganisation IAEA der UNO werden. Die internationale Kooperation im Rahmen dieser Organisation hat zu jenem Zeitpunkt bereits eine lange Vorgeschichte – wie im Kapitel 1 kurz ausgeführt: Auf der bereits erwähnten Ersten Genfer Konferenz der UNO im Jahr 1955 zeigen die erstmals präsentierten wissenschaftlichen Ergebnisse zu den relevanten Kernprozessen, dass in Ost und West, isoliert voneinander, weitgehend gleiche Ergebnisse erzielt worden waren. Aber auch Diskrepanzen und große Lücken in den Daten wurden sichtbar. Für ihre Tätigkeitsgebiete – Kernenergetik, Isotopenanwendung, Nuklearmedizin, Strahlenschutz, Dosimetrie aber auch die Kernmaterialkontrolle - benötigte die IAEA verlässliche, von den Mitgliedsländern akzeptierte und auf dem neuesten Wissensfundus beruhende Datensammlungen, die ständig zu ergänzen, aktualisieren und für eine breite Nutzung in den eigenen Abteilungen der Organisation, vor allem aber auch in den Mitgliedsländern, zur Verfügung zu stellen sind.

So wurde ein gesondertes internationales Kerndatenprogramm initiiert und über die folgenden Jahrzehnte vorangetrieben. Diese weit verzweigte internationale Zusammenarbeit läuft bereits über zehn Jahre, als in der zweiten Hälfte der siebziger Jahre auch Einrichtungen der DDR, unter Koordinierungsverantwortung des Staatlichen Amtes für Atomsicherheit und Strahlenschutz (SAAS) in Berlin, aktiv daran mitwirken können.

Vielseitig sind die Aktivitäten der IAEA auf diesem Gebiet, an denen ab 1976 auch das Dresdner Hochschulteam mitwirken kann, nachdem Dieter Seeliger vom SAAS für die Wahrnehmung der Position des Verbindungsbeauftragten für dieses Gebiet benannt wird: Koordinierte Forschungsprogramme zu spezifischen Problemen, Teilnahme an und Ausrichtung von Spezialisten- und Beratertreffen, Symposien oder Konferenzen, Ausbildung von Stipendiaten aus Entwicklungsländern sowie Durchführung von Trainingskursen u.a. Von besonderer Bedeutung für das Team ist der direkte Zugang zu den umfangreichen internationalen Datenbeständen über die IAEA. Auf dieser Basis kann der gesamte Bedarf an entsprechenden Daten

Abb. 54 (oben):
XVI.Tagung des Internationalen Kerndatenkomitees,Peking 1987; sitzend, 2. v. l.: J.J. Schmidt

Abb. 55 (rechts):
Wiederbegegnung des Autors mit J.J. Schmidt, dem einstigen Chef der IAEA Nuclear Data Section, 2010

Abb. 56 (unten):
Teilnehmer der Internationalen Kerndatenkonferenz, Mito, 1988

seitens der Anwender in der DDR effektiv gedeckt werden. Im Gegenzug werden nun auch alle eigenen Ergebnisse auf diesem Gebiet in den internationalen Austausch auf kürzestem Wege eingespeist - ein Stück Normalität zog ein, wenn auch sehr spät.

Der erste Besuch des IAEA-Vertreters Koichi Okamoto erfolgt 1976. In den folgenden beiden Jahren ergaben sich Arbeitskontakte auf immer mehr Gebieten. Ab 1979 wird die aktive Mitarbeit des Teams an den Programmen mit einer Vollmitgliedschaft im Internationalen Kerndatenkomitee (INDC) anerkannt, dem offiziellen Aufsichts- und Beratungsgremium der IAEA für das Gebiet, die bis Ende 1991 wahrgenommen wird (Abb. 54, 55, 56). Das beinhaltete insbesondere auch das Engagement in Sub-Komitees zu speziellen Teilgebieten, zu denen die Standard- und Referenzdaten sowie die Unterstützungsprogramme für Entwicklungsländer hier zu nennen sind.

Eine Vorstellung davon, welche Intensität und Umfang diese Mitarbeit innerhalb der 80-er Jahre erreichte, vermittelt die Aufstellung von Konferenzen und Fachtagungen im Tabelle 3-4, an denen Wissenschaftler des WB Kernphysik mit jeweils mindestens einem Beitrag teilgenommen haben. Die Zahl der Beiträge von Wissenschaftlern und Studenten des Bereichs Kernphysik in Proceedings von IAEA-Konferenzen, speziellen IAEA-TECDOC Berichten oder INDC(NDS)-Reports ist noch sehr viel größer, einige wurden im Kapitel 3. zitiert (SEE 1976, SEI 1976c, SEE 1979, MÄR 1985a, TOR 1988 u.v.a.m.) Auch die Liste der bei der IAEA für den internationalen Austausch bis Ende 1990 als INDC(GDR)-Reports eingereichten Fachberichte ist mit 60 Positionen ein weiterer Beleg für die aktive Mitarbeit.

Diese Verbindung war auch zum eigenen Nutzen: Neben dem bereits genannten Zugang zu den international verfügbaren Datenbibliotheken, kam eine immense Anzahl von entsprechenden Fachberichten aus den anderen Mitgliedsländern nach Dresden. Mit der Mitgliedschaft im INDC öffneten sich in den 80-er Jahren Möglichkeiten für einen weiteren Ausbau der Kooperation. Außerhalb der Programme der IAEA ergaben sich - selbst ohne einen formalen, vertraglichen Rahmen - Kontakte zu anderen Instituten und Einrichtungen in westlichen Ländern. Wachsender Informationsaustausch und Bekanntheitsgrad der Dresdner Gruppe waren die Folge. Es kamen zunehmend Einladungen zur Mitwirkung an der Vorbereitung und zu Vorträgen auf internationalen Konferenzen, als Gutachter für Fachzeitschriften, Bewerbungen von Stipendiaten aus Entwicklungsländern zur Ausbildung an der TU Dresden usw. Gegen Ende der 80-er Jahre näherte sich die internationale Einbindung dem Zustand der Normalität, ohne ihn allerdings zu erreichen. Bürokratische Hemmnisse bestanden bis zum Ende 1989.

Eine Ausnahme hiervon bildeten bis ins Jahr 1989 Verbindungen zu **Einrichtungen in der Bundesrepublik**, die immer noch besonderen Restriktionen an der Hochschule - stärker als im Akademieinstitut ZfK - unterworfen waren. Es hatte in den 60-er Jahren erfreulich begonnen: Auf Initiative und Einladung von Josef Schintlmeister hatten 1966 und 1967 in Rossendorf zwei Konferenzen zum Problem von Kernreaktionen an leichten Kernen

Tabelle 3-4
Teilnahme von Wissenschaftlern des WB Kernphysik an Fachtagungen der IAEA ab 1975

Jahr	Art	Titel der Veranstaltung	Ort, Land
1975	CM	Nuclear Theory in Neutron ND Evaluation ***)	Trieste, Italy
- " -	IC *)	Neutron Physics	Kiev, USSR
1976	IC *)	Interaction of Neutrons with Nuclei	Lowell, USA
1977	CM	Nuclear Reaction Data Centre Coord. Mtg	Kiev, USSR
- " -	IC *)	Neutron Physics	Kiev, USSR
1978	TC	10. INDC-Meeting **)	Bucharest, Rom.
- " -	ITC	Nuclear Theory for Application***)	Trieste, Italy
- " -	AGM	ND for Fusion Reactor Technology	Vienna, Austria
1980	TC	11.INDC-Meeting	Vienna, Austria
- " -	IC *)	Neutron Physics	Kiev, USSR
- " -	CM	Neutron Source Properties	Debrecen, Hung.
- " -	ITC	Nuclear Theory for Application ***)	Trieste, Italy
1981	TC	12. INDC-Meeting	Vienna, Austria
- „ -	AGM	ND for Radiation Damage Assessment and Related Safety Aspects	Vienna, Austria
- " -	CRP	Inter-comparison of Evaluations of Actinide NND	Vienna, Austria
- " -	CM	Uranium and Plutonium Resonance Parameters	Vienna, Austria
1982	ITC	Utilization of Neutron Generators	Debrecen, Hung.
- " -	IC *)	ND for Science and Technology	Antwerp, Belg.
1983	CM	The U-235 Fast-Neutron Fission CS and the Cf-252 Fission Neutron Spectrum	Smolenice, Czechoslovakia
- " -	TC	13. INDC-Meeting	Rio de J., Brazil
- " -	CRP	Measurement and Analysis of 14MeV NND for Fission and Fusion Reactor Technology	Gaußig, GDR
- " -	IC *)	Neutron Physics	Kiev, USSR
1984	AGM	Nuclear Standard Reference Data	Geel, Belgium
	TC	14. INDC-Meeting	Vienna, Austria
1985	IS *)	Fast Neutrons in Science and Technology	Chiang Mai, Thai.
- " -	AGM	Progress in Neutron Coincidence Techniques	Vienna, Austria
- " -	IC *)	ND for Basic and Applied Science	Santa Fe, USA
- " -	ITC	Escuela Problemas Actuales de las Ciencias Nucleares	Habana, Kuba
1986	AGM	Properties of Neutron Sources	Leningrad, USSR
- " -	TC	15. INDC-Meeting	Vienna, Austria
- " -	IS *)	Fast Neutron Physics (combined with 3rd Mtg. On 14MeV Neutron ND)	Dubrovnik, Yugoslavia
- " -	AGM	ND for Fusion Reactor Technology	Gaußig, GDR
1987	CM	Data Requirement for Medical Radioisotope Production	Tokyo, Japan
- " -	TC	16. INDC-Meeting	Beijing, China
- " -	IC *)	Neutron Physics	Kiev, USSR
- " -	AGM	Fast Neutron ND Evaluation	Beijing, China
- " -	SM	Fusion Evaluated ND Library Related to ITER	Vienna, Austria

- " -	ITC	ND Measurement and Neutron Generators	Dresden, GDR
1988	SM*)	NEA SM on Pre-equilibrium Nuclear Reactions	Semmering, Aus.
- " -	AGM	Influence of Target and Sample Properties on ND Measurements	Darmstadt, FRG
- „ -	RCM	2nd RCM on Structural Materials	Vienna, Austria
- " -	IC *)	Neutron Physics	Kiev, USSR
- " -	IC *)	ND for Science and Technology	Mito, Japan
- „ -	CM	Physics of Fission Neutron Emission	Mito, Japan
- „ -	RCM	Level Densities	Semmering, Aus.
- " -	IS *)	Physics and Chemistry of Fission	Gaußig, GDR
1989	SM	Evaluated ND Library (FENDL) and Benchmark Calculations	Vienna, Austria
- " -	IC *)	Fifty Years Research in Nuclear Fission	Berlin, BRD
- " -	IC *)	Fifty Years with Fission	Washington, USA
- „ -	IC*)	Fiftieth Anniversary of Nuclear Fission	Leningrad, USSR
- „ -	TC	17. INDC-Meeting	Vienna, Austria
- "-	RCM	Measurement and Analysis of Neutron Emission Spectra in (p,n) and (alpha,n) Reactions	Bologna, Italy
1990	SM	Measurement, Calculation and Evaluation of Photon-Production Cross Sections	Smolenice, Czechoslovakia
- " -	RCM	Double Differential Neutron Emission Measurement and Analysis	Vienna, Austria
- " -	RCM	Methods of Calculation of Fast NND for Structural Materials	Vienna, Austria
- " -	CM	Results of FENDL-1 Testing and Start of FENDL-2	Vienna, Austria
- " -	CM	ND for Neutron Emission in Fission	Vienna, Austria
- " -	AGM	ND for Neutron Multiplication in Fusion Reactor and Blanket Materials	Chengdu, China
- " -	TC	18. INDC-Meeting	Vienna, Austria
1991	IC *)	Nuclear Data for Science and Technology	Jülich, BRD

Erläuterung der Abkürzungen in der Tabelle:
INDC - International Nuclear Data Committee; TC - Technical Committee; IC - International Conference; IS - International Symposium; CM - Consultants Meeting; SM - Specialist Meeting: AGM - Advisory Group Meeting; RCM - Research Co-ordination Meeting (von Coordinated Research Programs); ITC - International Training Course; ND - Nuclear Data; NND - Neutron Nuclear Data; CS - Cross Section

Erläuterung der Markierungen:
*) - Konferenzen oder Symposia in Kooperation mit der IAEA;
**) - Teilnahme mit Beobachter-Status, später als Vollmitglied;
***) - Kooperation mit dem Internationalen Zentrum für Theoretische Physik der UNESCO, Trieste, Italien

stattgefunden, zu denen auch Wissenschaftler aus Westdeutschland angereist waren. Auf diesen konnten erste Ergebnisse des Instituts für Experimentelle Kernphysik der TU Dresden vorgestellt werden (ZFK 1966, ZFK 1967). Dann kam 1968 der Einmarsch von Truppen des Warschauer Vetrages in der CSSR und es folgte eine sehr lange Pause.

Erst in den 80-er Jahren waren dann direkte Kontakte (indireke Kontakte bei Treffen in Dubna oder auf Konferenzen in anderen osteuropäischen Ländern gab es auch vorher) mit Wissenschaftlern und Einrichtungen in der

Bundesrepublik wieder möglich, z.B. auf der International Conference on Extreme States in nuclear Systems (ESINS) 1980 in Dresden, die unter Schirmherrschaft der IUPAP stand.[33] Ein WTZ-Abkommen zwischen der Bundesrepublik und der DDR wurde erst 1986 abgeschlossen[34]. So blieb an der Hochschule zunächst nur der „Umweg" über gemeinsame Projekte bei der IAEA (wie z.B. bei der gemeinsamen Messung von Spaltspektren von Cf ^{252} mit der PTB Braunschweig (MÄR 1987a). Am Ende des Jahrzehnts waren sogar Besuche und Absprachen über wünschenswerte, gemeinsame Vorhaben mit dem Hahn-Meitner-Institut in Berlin möglich geworden – im Rahmen der Konferenz zur Kernspaltung im Frühjahr 1989.

Eine vollständige Transparenz der Grenze war bekanntlich erst ab November 1989 gegeben. Die verbleibenden Monate bis zur Wiederherstellung der Einheit Deutschlands wurden sehr intensiv genutzt, neue Kontakte zu schließen und bereits vorhandene Kontakte – KFZ Karlsruhe, KFA Jülich, HMI Berlin, TH Darmstadt, Universitäten Tübingen, Hamburg und Stuttgart - dahingehend auszubauen, dass gemeinsame Forschungsvorhaben daraus entstehen können.

Das gelang in einigen Fällen: Mit dem HMI wurde die Mitarbeit von Wissenschaftlern und Studenten an der Vorbereitung und Durchführung von Messungen am Schwerionenstrahl des Zyklotrons vereinbart, was in den Folgejahren zum Tragen kam (D. Hilscher). Zur Kernspaltung gab es konkrete Vereinbarungen mit der TH Darmstadt (J.P. Theobald) und der Universität Tübingen (F. Gönnenwein), die u.a. zum Einsatz von Dresdner Studenten am Spektrometer Lohengrin im ILL Grenoble und gemeinsamen Publikationen führten. Mit der KFA Jülich wurde Zusammenarbeit bei der theoretischen Auswertung von Aktivierungsquerschnitten vereinbart (G. Stöcklin, S.M. Qaim) sowie die künftige Teilnahme an den Treffen der Projektgemeinschaft COSY auf dem Gebiet der Mittelenergiephysik (O. Schult, K. Kilian) vereinbart. Mit dem KFZ Karlsruhe (G. Kessler, H. Jahn, F. Fröhner, Küster) erfolgten Absprachen über eine engere Zusammenarbeit auf dem Gebiet der Fusionsneutronik, das mit dem 1988 auf höchster Ebene (Reagan, Gorbatschow, Mitterand) vereinbarten ITER Projekt eines internationalen TOKAMAK Reaktors erneute Aktualität gewann.

So waren innerhalb weniger Monate Weichen dafür gestellt, die Arbeiten am WB Kernphysik in die gesamtdeutsche Forschungslandschaft zu integrieren, die hervorragenden gerätetechnischen Ausstattungen der westdeutschen Zentren zu nutzen (und damit den langen Investitionsstau in der kernphysikalischen Forschung der DDR zu überwinden) sowie schnellen Anschluss an die seinerzeit höchst aktuellen Gebiete der Kernphysik – Schwerionen- und Mittelenergiephysik – zu gewinnen. An eine Einstellung der Arbeiten auf dem Gebiet der Kerndaten war zu diesem Zeitpunkt nicht gedacht – es galt nicht nur aus Sicht der IAEA (J.J. Schmidt, V. Konshin) sondern auch bei Partnern in der Bundesrepublik als vorbildlich und erhaltenswert, auch im vereinten Deutschland.

---

33 Poceedings Vol. 1 and 2, ed. H. Prade and S. Tesch, ZfK-430 (1980)

34 Über das WTZ Abkommen DDR-Budesrepublik Deutschland, Physikalische Blätter 44,N.4(1968)

Abb. 57 (ganz oben): Erste Rossendorfer Konferenz 1966 über Reaktionen an leichten Kernen, mit starker Beteiligung von Physikern aus der Bundesrepublik: erste Reihe Mtte - der Initiator Josef Schintlmeister

Abb. 58 (darunter): Zweite Rossendorfer Konferenz 1967

Abb. 59 (unten): Symposium Kernphysik in Smolenice (Slowakei) 1982

Abb. 60 und 61: IUPAP Konferenz über Kernphysik 1980, Aufnahmen im Plenarsaal und vor dem Rathaus von Dresden

Abb. 62: Konferenz zu Beschleunigertargets in Darmstadt 1988

c) Zentralinstitute und Industriekombinate der DDR

ZfK Rossendorf: Wie bereits in verschiedenen Zusammenhängen dargestellt, waren die Beziehungen zum ZfK Rossendof von großer Bedeutung für die Arbeit des Hochschulinstituts, einige Fakten zur Erinnerung:

- Nach der Schließung des Amtes für Kerntechnik übernahm das ZfK die Funktion einer Leiteinrichtung für die Kernforschung, die sich später in der Leitung der Hauptforschungsrichtng „Kernphysik und Anwendungen nuklearer Methoden" (vgl. Kap. 1) fortsetzte. Die damit verbundene Interessensvertretung gegenüber den übergeordneten Instanzen wurde stets einvernehmlich mit den Hochschulinstituten wahrgenommen.
- Den Mitarbeitern der Hochschule boten sich vielfältige Möglichkeiten der Teilnahme an den vom ZfK organisierten wissenschaftlichen Veranstaltungen. Von besonderer Bedeutung waren die jährlichen Winterschulen, auf denen in den Anfangsjahren auch gemeinsame strategische Konzeptionen der Kernphysik beraten wurden. Umgekehrt nahmen auch Kollegen des ZfK aktiv an den Symposien im Schloss Gaussig teil.
- Konzeptionen über neue Beschleuniger wurden gemeinsam beraten. Leider führte nur das Projekt Tandembeschleuniger zur Realisierung, wobei sich das Hochschulinstitut durch Entwicklung und Bau der Strahlpulsung an der Ausrüstung der Anlage aktiv beteiligte.
- Die im Bereich Technik entwickelten und produzierten kernelektronischen Geräte standen in den 1960-er Jahren auch für die Experimente an der Hochschule zur Verfügung. Später kam es zur Kooperation bei der Entwicklung rechnergesteuerter Elektronik im CAMAC Standard.
- Ab zweite Hälfe der siebziger Jahre entwickelten sich auch zum Bereich Reaktorphysik stabile Kooperationsbeziehungen, indem ein Teil der Kerdatenaktivitäten der Hochschule dem Forschungskomplex „Schneller Brutreaktor" zugeordnet wurde und die Gruppen im ZfK vom Kerndatenservice der TU Dresden profitierten. In den achtziger Jahren wurden mit Kollegen der Reaktorphysik die bereits erwähnten gemeinsamen Experimente zur Fusionsneutronik am Neutronengenerator der TUD durchgeführt (ELF 1987, 1990, BRO 1992).
- Stabile Beziehungen bestanden in den siebziger und achtziger Jahren auch zum Bereich Großgeräte, in dessen Veranwortung der Tandembeschleuniger lag. Gemeinsam wurden periodische Workshops über elektrostatische Beschleuniger mit dem PEI Obninsk ausgerichtet und beschickt (siehe Abb. 52). Kollegen des Bereichs Großgeräte gaben Unterstützung bei der Entwicklung der Ionenoptik des Hochflussneutronengenerators (JAH 1987). Hochschullehrer betreuten Promotions- und Habilarbeiten von Kollegen aus Rossendorf.
- Die regelmäßig herausgegebenen Jahresberichte über Kernphysik und Anwendungen (ZFK 1971-89) gaben einen weitgehend vollständigen Überblick über die laufenden Forschungsvorhaben und die Publikationstätigkeit. Sie sorgten damit auch für die Verbreitung der am Hochschulinstitut gewonnenen Ergebnisse.

Leider wirkten sich die im Bericht beschriebenen Grenzen für die Entwicklung der Kernphysik, insbesondere die starke Reduzierung der Studentenzahlen nach 1974 (vgl. Kap. 4), das Scheitern des Projektes Lehrgebäude der TU Dresden im ZfK Rossendorf sowie aller Beschleunigerprojekte nach 1973, negativ auf einen noch stärkeren Ausbau der gegenseitigen Beziehungen aus. Diese Einschränkung soll jedoch nicht die Bedeutung der vielfältigen und intensiven Zusammenarbeit mit dem ZfK infrage stellen.

Als aktive Förderer der vielseitigen Zusammenarbeit des ZfK mit dem Wissenschaftsbereich sind, neben dem bereits erwähnten Karl Hohmuth, auch Dieter Netzband, Berthold Kühn, Karl-Heinz König, Ludwig Münchow, Fritz Brinkmann, Dietmar Collatz, Rudolf Weibrecht und viele andere zu nennen. Auch seitens der Institutsleitung unter Günther Flach erfolgte eine permanente Förderung der Zusammenarbeit.

Weitere Partner in der DDR: Wesentlich größer ist die Liste von Praxispartnern, mit denen – teilweise auch über viele Jahre hinweg – gute Kooperationsbeziehungen bestanden. Genannt seien, stellvertretend für weitere:

- Kombinat Kraftwerksanlagenbau Berlin (KKAB);
- Kombinat Kernkraftwerke Greifswald (KKWG);
- Kombinat Robotron Dresden (KRD);
- Kombinat Messelektronik Dresden (MKD);
- Kombinat Carl Zeiss Jena (CZJ);
- VEB Hochvakuum Dresden (HVD);
- Staatliches Amt für Atomsicherheit und Strahlenschutz Berlin (SAAS);
- Amt für Standardisierung, Messwesen und Warenprüfung Berlin (ASMW);
- Zentralinstitut für Isotopentechnik Leipzig (ZfI);
- Zentralinstitut für Molekularbiologie und Medizin Berlin-Buch (ZMMB);
- Zentralinstitut für Elektronenphysik Berlin (ZIE);
- Technische Hochschule Zittau (THZ), Bereich Kernenergie u.a.

Die vielfältigen Verbindungen zu den genannten Einrichtungen ausführlich zu würdigen, würde den Rahmen der hier gewählten, gedrängten Darstellung leider überschreiten. Auf die Zusammenarbeit mit den Partnern MKD, KRD, KKWG und CZJ auf den Gebieten Experimentautomatisierung und Messelektronik wurde bereits im Punkt 3.4 eingegangen.

Arbeitsgemeinschaft Kerndaten: Die Zusammenarbeit mit anderen Partnern im Rahmen der Arbeitsgemeinschaft Kerndaten wurde bereits im Punkt 3.5 kurz angesprochen. In der folgenden Tabelle 3-5 wird eine Übersicht über die Aufgabenstellungen der Partnereinrichtungen genannt, denen die Zusammenarbeit mit der Hochschule diente.

Mit der Mitgliedschaft im INDC ergaben sich in den 1980-er Jahren Möglichkeiten für den schrittweisen Ausbau der internationalen Kooperation. Die sich schnell entwickelnden internationalen Kontakte des Wissenschaftsbereichs auf diesem Gebiet stimulierten wiederum auch die Aktivitäten der Arbeitsgemeinschaft Kerndaten.

Tabelle 3-5
Nutzung von Kerndaten in anderen Einrichtungen

Institution**)	Datentyp*)	Zweck
KKAB	Bibliotheken END Transactinium ND Spaltprodukt ND	Gruppenkonstanten ThR Brennstoffzyklus „
Zfl	Kernstrukturdaten Zerfallsdaten AMD	Grundlagen- und angewandte Forschung
ZfK	Bibliotheken END Reaktionsdaten geladener T. AMD, Bremsvermögen Mikroskopische ND	Reaktorberechnungen Forschung f. Mikroelektronik u. Festkörperphysik Aktivierungsanalyse
ZIE	AMD	Fusionsfoschung
ZMMB	Miroskopische ND u. END	Krebsforschung, Dosimetrie
SAAS	Dosimetrie ND Spaltproduktdaten Zerfallsdaten	Strahlenschutz Spaltmaterialkontrolle

*) Die Abkürzungen bedeuten: END - eingeschätzte Neutronendaten; ND - Neutronendaten; AMD Aom- und Molekulardaten, ThR - Thermischer Reaktor
**) Bezeichnung der Institutionen - siehe oben.

In regelmäßig herausgegebenen Progress Reports an das INDC (SEE 1978-88) wurden die Leistungen der teilnehmenden Gruppen auf internationaler Ebene vorgestellt, die so ebenfalls durch einen höheren Bekanntheitsgrad profitierten und ihrerseits Kontakte entwickeln konnten.

d) Andere Bereiche an der TU Dresden

Arbeitsgemeinschaft Kernwissenschaften: Wie bereits im Punkt 1. dargestellt, bestand auch nach 1962 weiterhin ein loser Verbund zwischen den vormals in der Fakultät für Kerntechnik vereinigten Forschungsrichtungen, die Arbeitsgemeinschaft Kerntechnik. In der zweiten Hälfte der 1960-er Jahre, als der Bestand der Kernphysik an der Universität generell infrage stand, waren diese Kontakte allerdings praktisch zum Erliegen gekommen. Erst als Anfang der 1970-er Jahre die kernwissenschaftlich orientierten Richtungen strukturell und personell gefestigt - in Form der Wissenschaftsbereiche Kernphysik und Strahlenschutzphysik sowie der Arbeitsgruppe Isotopentechnik (später Wissenschaftsbereich Angewandte Kernphysik) - aus der Hochschulreform hervorgingen und an der Sektion Energieumwandlung ein Wissenschaftsbereich Kernenergie entstanden war, lebten die Kontakte wieder auf. Hierzu einige Beispiele:

Über viele Jahre hinweg fand ein gemeinsames, monatlich veranstaltetes kernwissenschaftliches Kolloquium regen Zuspruch, auf dem übergreifende Themen behandelt wurden. Teilnehmer kamen aus den Bereichen der Hochschulen, Akademie der Wissenschaften und Praxisbetrieben der Dresdner Region. Ein Veranstaltungsthema im Jahr 1982 war beispielsweise dem 50. Jahrestag der Entdeckung des Neutrons durch James Chadwick gewidmet.

Zur Normalität gehörte die Abstimmung zwischen den Lehrinhalten der Spezialvorlesungen an den kernwissenschaftlichen Bereichen der Sektion Physik und die gemeinsame Bearbeitung komplexer Forschungsthemen. Mit der Einführung der Spezialisierungsrichtung Physikalische Grundlagen der Kernenergie/Kerntechnik in den 1980-er Jahren (siehe Kap. 4) verstärkte sich auch die Zusammenarbeit mit der Sektion Energieumwandlung auf dem Gebiet der Ausbildung. Durch Lehrkräfte dieser Einrichtungen wurden die Vorlesungen Kernenergie und Kernkraftwerke für Physikstudenten bestritten. Der Ausbildungsreaktor AKR-1 wurde für die Durchführung obligatorischer Praktikumsversuche von Physikstudenten der Spezialisierungsrichtung genutzt, betreut von Mitarbeitern aus der Kernphysik. Auch Austausch von Diplomanden fand statt.

Entwicklungslinie Energie: Natürlich waren die Bemühungen der Hochschullehrer ebenfalls darauf gerichtet, größere, gemeinsam bearbeitete Forschungskomplexe zu initiieren, in denen die Komplexität der an der Universität etablierten Richtungen von Naturwissenschaft und Technik zum Tragen kommt und die gleichzeitig interessante spezifische Forschungsaufgaben für die unterschiedlichen Anwendungsrichtungen - wie Kraftwerkstechnik, Maschinenbau, Elektrotechnik, Reaktor- und Neutronenphysik, Strahlenschutz, Werkstoffwissenschaften, Messtechnik und andere - bietet. Angesichts der prekären Situation der Energieversorgung in der DDR auf Basis von Braunkohle, insbesondere im Winter, sah auch die Hochschulleitung in den 1980-er Jahren in einer durch den Wissenschaftlichen Rat bestätigten Entwicklungslinie Energie einen Schwerpunkt für die gesamte Universität - heute würden wir dies als „Clusterbildung zu Energieproblemen“ bezeichnen. Zum Flagschiff dieser Schwerpunktrichtung sollte das Projekt eines Kernheizwerkes für die zentrale Wärmeversorgung von Wohnungen, Industrie und Landwirtschaft einer ganzen Region werden. In die intensiven konzeptionellen Vorbereitungen für eine zentrale Entscheidung zu diesem Projekt wurden auch die IHS Zittau, das ZfK Rossendorf sowie die Industriekombinate Kraftwerksanlagenbau und Messelektronik einbezogen. Bei einer Konzeption blieb es - angesichts begrenzter Investitionskraft und beschlossener Konzentration auf das bereits im Bau befindliche KKW Stendal, wurden für die Weiterführung dieses Vorhaben keine Mittel bereitgestellt. So blieb auch dieses, durchaus sinnvolle Projekt - wie so manche andere - mangels Investitionskraft im Ansatz stecken.

Dresdner Seminar zur Theoretischen Physik (DSTP): Über viele Jahre hinweg wurden am Wissenschaftsbereich Theoretisch Physik unter Leitung von Paul Ziesche im Rahmen des DSTP sehr engagiert Kolloquien zu aktuellen theoretischen Problemen durchgeführt, mit eigenen und aus Partnereinrichtungen eingeladenen Vortragenden.

Ein Ziel dieser Veanstaltungen bestand darin, die Theoretiker aus Hochschuleinrichtungen des Dresdener Raums zusammenzuführen. An diesen Foren beteiligten sich die Wissenschaftler des Lehrstuhls Kerntheorie aktiv. Von ihnen ging u.a. eine Initiative zur Einführung von Spezialvorlesungen mit Gastlehrkräften aus, die auf breites Interesse an der Sektion Physik und anderen Einrichtungen stießen. Auch ausländische Kernphysiker konnten als Lehrkräfte gewonnen werden. Zuhörer und Vortragende kamen ebenfalls aus dem Kreis der Experimentatoren des WB Kernphysik. Hervorzuheben ist in diesem Zusammenhang die Vorlesungsreihe von Ludwig Münchow (ZfK) und Roland Reif zum nuklearen Vielteilchenproblem, die später als zweibändige Monographie in der Reihe Teubner Texte zur Physik erschienen sind (MÜN 1985, MÜN 1987).

3.7 Publikationstätigkeit

Die politischen und wirtschaftlichen Verhältnisse blieben nicht ohne Auswirkung auf das Publikationsgeschehen: Die enge Kooperation mit Wissenschaftlern in der Sowjetunion sowie die Mitgliedschaft der DDR in VIK Dubna führten einerseits dazu, dass zahlreiche Artikel in russischer Sprache veröffentlicht wurden – so in den Zeitschriften Yadernaja Fizika, dem Übersichtsjournal ECHAYA (Particles&Nuclei), das in den USA übersetzt wurde und dort als „Elementary Particles and Nuclei" erschien, oder als VIK-Institutsbericht. Andererseits standen praktisch auch kaum Mittel zur Verfügung, um Publikationen in internationalen Medien bezahlen zu können. Dennoch war den Wissenschaftlern die Bedeutung von Publikationen im englischen Sprachraum, dem in der Physik dominierenden, sehr wohl bewusst und es konnten nicht wenige Artikel in renommierten englischsprachigen Zeitschriften – so in Nuclear Physics – untergebracht werden.

Leichter zugänglich waren Zeitschriften im deutschen Sprachraum, wobei die Zeitschrift Kernenergie für die Vorstellung von Ergebnissen im Inland von besonderem Interesse war, da sie Einrichtungen der Kerntechnik und speziell den einheimischen Nutzerkreis von Kerndaten erreichte. Ab Ende der siebziger Jahre begannen, infolge der sich entwickelnden Mitarbeit in der IAEA, die Publikationsorgane dieser Internationalen Organisation – als Technical Documents oder in Form der Proceedings von Konferenzen und offiziellen IAEA-Meetings - eine steigende Rolle für die Präsentation von Ergebnissen des Wissenschaftsbereichs zu spielen. So konnte, zumindest in den achtziger Jahren, eine ausgewogene Präsenz in der Fachpresse erreicht werden, der für steigenden Bekanntheitsgrad der Arbeiten auf dem Gebiet der Kernphysik an der TU Dresden führte. Hierzu trugen auch die schon erwähnten, periodisch publizierten CINDA-Indices der IAEA (CIN 1975) bei.

Insgesamt erschienen im Berichtszeitraum (schätzungsweise) weit über siebenhundert Fachpublikationen – in Form von Zeitschriftenartikeln, als gedruckte Beiträge in Konferenzproceedings, als Institutsberichte oder in anderen Fachberichten im In- und Ausland. Es existiert keine vollständige, alle Formen von Veröffentlichungen von 1955 bis 1990 umfassende Publikationsliste des Instituts. Auch die vorliegende Schrift kann nur einen Teil aller Arbeiten zitieren, wobei die getroffene Auswahl (siehe Quellenangabe und Verzeichnis wissenschaftlicher Arbeiten) die verschiedenen Forschungsschwerpunkte widerspiegelt, ohne dass die Zahl der Zitate ein Maß für den teilweise sehr unterschiedlichen Umfang der einzelnen Komplexe sein soll.

Es gibt jedoch zumindest einige Quellen, in denen – wenigstens für bestimmte Zeitabschnitte – detaillierte Verzeichnisse von Publikationen enthalten sind. Zum einen sind es die Gemeinsamen Jahresberichte zur Kernphysik, die vom ZfK Rossendorf im Zeitraum von 1971 bis 1989 herausgegeben wurden (ZFK 1971-89). Auch an der TU Dresden erschienen einige Jahre lang Übersichtsberichte zur Forschung mit Beiträgen der einzelnen Sektionen, die unter (TUD 1973-79) zitiert sind. Es sei auch hier nochmals auf den CINDA-Index der IAEA (CIN 1975) verwiesen, in dem zumindest Publikationen, die sich mit der Messung oder Berechnung von Kernkonstanten befassten, enthalten und mit dem Institutssymbol TUD gekennzeichnet sind. Schließlich sind auch die Proceedings der vom Institut veranstalteten jährlichen Symposien (Zitate siehe Tabelle 5-3), auf die weiter unten noch eingegangen wird, ebenso wie die Quellenangaben in den zitierten Dissertations- und Habilitationsschriften, für einen Überblick geeignet. Damit stehen dem Leser, der sich ein eigenes, detailliertes Bild von den damaligen Arbeiten am Institut machen möchte, genügend Quellen für die Vertiefung zur Verfügung.

Die Publikationstätigkeit der Hochschullehrer des Bereichs war über die Veröffentlichung von Forschungsergebnissen hinausgehend sehr vielfältig: So darf bei einer Auflistung von Aktivitäten die Herausgabe von Fachbüchern – neben dem Verfassen eigener Bücher – nicht fehlen. Ein Beispiel hierzu: Die deutsche Ausgabe der zweibändigen Monographie von A. Bohr und B.R. Mottelson zur Struktur der Atomkerne im Akademie-Verlag Berlin[35], die von Josef Schintlmeister auf den Weg gebracht worden war, wurde nach dessen Tod durch H.R. Kissener und Roland Reif weitergeführt. Auch zahlreiche Konferenzproceedings wurden herausgegeben – einige Beispiele sind in der Tabelle 5-3 aufgeführt. Zu nennen sind weiterhin zahlreiche Rezensionen in Fachzeitschriften über Monographien und Fachbücher, Artikel in Sammelbänden oder Gedenkausgaben zur Würdigung berühmter Physiker, Artikel in Nachschlagewerken und Enzyklopädien, Beiträge in den Universitätsreden der TUD zu Fragen von universitärer Ausbildung und Forschungsstrategie, Festvorträge in Wissenschaftlichen Organisationen – beispielsweise in der Physikalischen Gesellschaft anlässlich des 50. Jahrestages der Entdeckung der Kernspaltung. Schließlich sei noch die Mitwirkung in internationalen Beratergremien von Fachperiodika erwähnt – so in der US-amerikanischen Zeitschrift Nuclear Science and Engineering. Die Darstellung von Einzelheiten würde den Rahmen dieses Berichts übersteigen.

35 A. Bohr, B.R. Mottelson „Struktur der Atomkerne Band I: Einteilchenbewegung", in deutscher Sprache herausgegeben von J. Schintlmeister unter Mitarbeit von H.R. Kissener und R. Reif; Akademie-Verlag, Berlin 1975; „...Band II: Kerndeformationen"; in deutscher Sprache herausgegeben von H.R. Kissener und R. Reif, Akademie-Verlag Berlin, 1980

4. Aus- und Weiterbildung von Physikern und Ingenieuren

4.1 Grundausbildung in der Fachrichtung Physik

Aus der Eingliederung des 1962 neu gebildeten Instituts für Experimentelle Kernphysik in die Fachrichtung Physik der Fakultät für Mathematik und Naturwissenschaften resultierte für das Institut zugleich die prinzipielle Verpflichtung, sich künftig an den umfangreichen Aufgaben der Grundausbildung von Physikern und Ingenieuren an der Universität zu beteiligen. Bis dahin waren diese Aufgaben hauptsächlich von den im Kerngelände der TU angesiedelten Instituten für Experimentalphysik (Leitung Alfred Recknagel) und Theoretische Physik (Leitung Wilhelm Macke) geleistet worden. Nun übernahm Heinz Pose die Vorlesung Kernphysik im Rahmen des Komplexes Struktur der Materie. Es ging aber nicht nur um Vorlesungen – die waren ohnehin in festen Händen der Ordinarien - sondern vor allem auch um Betreuungsleistungen in Seminaren und Praktika. Am Institut für Experimentelle Kernphysik waren die bereits aus dem Institut für Allgemeine Kerntechnik übernommenen Mitarbeiter indes vollauf mit ihrer Promotion beschäftigt und der einzige bereits promovierte Mitarbeiter, Helmut Helfer, war mit Organisationsaufgaben am Institut und dem Aufbau des kernphysikalischen Praktikums in der Außenstelle ausgelastet. So wurde entschieden, ab sofort alle neu eingestellten Assistenten und Wissenschaftler nach Dresden ins Praktikum zu delegieren. Das betraf zuerst, ab Frühjahr 1963, den „frisch gebackenen" Assistenten Dieter Seeliger und kurze Zeit später den Rückkehrer aus Dubna, Gerhard Peter, die bei der Betreuung bzw. Neuentwicklung von Elektronikversuchen im Rahmen des Dresdner Fortgeschrittenenpraktikums tätig wurden. Ihnen folgten danach alle hinzukommenden Wissenschaftler, die in der Mitarbeiterliste (Tabelle 2-2) aufgeführt sind.

In der Regel waren alle Assistenten während der Semester zwei Tage pro Woche im Kerngelände der TU mit Lehraufgaben beschäftigt, bedeutend stärker war dies für Lektoren und Lehrer im Hochschuldienst der Fall. Darüber hinaus wurden auch Forschungsstudenten in Lehraufgaben einbezogen, wenn auch mit geringem Stundenumfang. Und dann gab es auch noch die Hilfsassistenten – Studenten der oberen Studienjahre, die gegen eine geringe Vergütung den Studenten der unteren Studienjahre Unterstützung bei der Lösung von Rechenaufgaben leisteten.

Schließlich darf an dieser Stelle die neben den Wissenschaftsbereichen bestehende und eigens für die Ausbildung geschaffene Struktureinheit Arbeitsgruppe Grundlagenausbildung nicht ungenannt bleiben. Diese erledigte selbst einen großen Teil der Physikausbildung, insbesondere in Richtung des stark gegliederten Ingenieurwesens der TU und sorgte – da hauptsächlich aus nicht befristeten Mitarbeitern bestehend - für die erforderliche langfristige Kontinuität der von der Physik an der gesamten Universität getragenen Lehre. Es war also eine gut ausgeprägte, breite Personalpyramide im Mittelbau vorhanden, die den Hochschullehrern Unterstützung im universitären Lehrprozess gab.

Um eine Vorstellung von den **Bestandteilen des** damaligen **Physikstudiums** an der TU Dresden zu vermitteln, soll der einheitliche Studienplan für die Grundstudienrichtung Physik aus dem Jahr 1973, in der überarbeiteten Auflage von 1976 (MHF 1976) betrachtet werden. Dieser Studienplan war nach Abschaffung des zeitweiligen 4-Jahres-Studiums eingeführt worden und galt viele Jahre unverändert: Die fachspezifische Ausbildung wurde mit dem Angebot folgender Lehrveranstaltungen abgedeckt: Klassische Physik (1.-4. Semester, 472 Stunden); Quantenphysik (4.-7. Semester, 404 Stunden, darin enthalten ist der Komplex Struktur der Materie mit der Vorlesung Kernphysik für alle Physiker). Die Grundlage hierfür bildete eine umfangreiche Mathematikausbildung (1.-5. Semester, 672 Stunden), wobei insbesondere auf eine enge Verzahnung zwischen Mathematik- und Physikausbildung von den Hochschullehrern beider Fachgebiete großer Wert gelegt wurde. Dem Aspekt der Vermittlung eines breiten Grundlagenwissens mit Bezug auf spätere Tätigkeitsgebiete von Physikern in der Forschung und Industrie dienten die Lehrabschnitte bzw. -veranstaltungen: Industriepraktikum (6. Semester, 12 Wochen), Elektronische Datenverarbeitung (6.-7. Semester, 88 Stunden); Chemie (7. Semester, 48 Stunden); Messtechnik (3.-5. Semester, 96 Stunden); Elektronik (3. Semester, 64 Stunden); Festkörperelektronik (8. Semester, 36 Stunden) und Technologie (8. Semester, 36 Stunden).

Als weitere tragende Säule zog sich durch das Physikstudium die praktische Ausbildung mit folgenden Lehrveranstaltungen: Einführungspraktikum (2. Semester, 48 Stunden); Messpraktikum (2.-3. Semester, 144 Stunden), Elektronikpraktikum (4. Semester, 64 Stunden) und Fortgeschrittenenpraktikum (5.-6. Semester, 208 Stunden, wobei auch kernphysikalischen Versuche ausgeführt wurden). Die praktische Ausbildung setzte sich fort in den Studienelementen, welche die eigene schöpferische Arbeit bereits vor der Diplomphase entwickeln sollten: Forschungspraktikum (7. Semester, 112 Stunden); Forschungsbeleg (8. Semester, 270 Stunden). Auf diesen Voraussetzung konnte die Ausbildung in der Vertiefungsrichtung Kernphysik in Form von Spezialvorlesungen und Seminaren aufbauen (6.-10. Semester, 278 Stunden). Den krönenden Abschluss bildete dann die Diplomphase (9.-10. Semester, ganztägig), die mit der Wahlfachprüfung und der Diplomverteidigung endete.

Nicht unerwähnt bleiben kann jedoch an dieser Stelle der Hinweis, dass auch auf die inhaltliche Gestaltung des Physikstudiums die Vorgaben des politischen Systems nicht unerheblich waren. Dies kam insbesondere darin zum Ausdruck, dass ein beträchtlicher Zeitumfang für die Fächer Marxismus-Leninismus (1.-7. Semester, 332 Stunden) und Sozialistische Betriebswirtschaft (7.-8. Semester, 102 Stunden) zentral vorgegeben war. Von den geplanten 4038 Gesamtstunden des Physikstudiums betraf das immerhin 10,7 %. Unter dem gleichen Aspekt ist auch die Militär- bzw. Zivildienstausbildung (6. Semester, 5 Wochen) zu sehen.

Es muss an dieser Stelle noch auf eine zweite Besonderheit verwiesen werden: Ein Teil der bedeutenden Lehr- und Ausbildungskapazitäten seitens der Mitarbeiter und Hochschullehrer wurde nicht für Lehraufgaben im engeren Sinn eingesetzt. Wiederum von außen vorgegeben, bestand für die Sektion die Verpflichtung, für jede Seminargruppe, gleich ob im Grund- oder Spezialstudium, je einen Mitarbeiter als Gruppenberater und darüber hinaus einen Hochschullehrer (meist Dozenten) als Studienjahrgangsleiter einzusetzen. Dies sollte der engen Betreuung und Erziehung (ausdrücklich auch der politischen!) dienen und eine hohe reguläre Erfolgsrate - den Studienabschluss innerhalb von fünf Jahren - sichern. Die Einflussnahme der Gruppenberater auf die Studenten war jedoch bei weitem keine ausschließlich politische, sie hatten vielmehr auch eine positive Betreuungsfunktion. Sie waren stets erreichbare Ansprechpartner der Studenten seitens des Lehrkörpers. Damit hatten Gruppenberater teilweise vergleichbare Funktionen, wie Tutoren an ausländischen Colleges.

Selbst wenn dieser „diskussionsbedürftige" Erziehungsanteil abgezogen wird, bleibt die für Seminare, Rechenübungen, Praktika, Leistungskontrollen, als Prüfungsbeisitzer u.a. Aufgaben tatsächlich einsetzbare Lehrkapazität nach heutigen Maßstäben enorm. Nur so war zu erreichen, dass die überwiegende Zahl der Studierenden nach fünf Studienjahren tatsächlich den Diplomabschluss schaffte. Auch die genannten „politischen Besonderheiten" ändern nichts an der Feststellung, dass die Physikausbildung sehr solide Grundlagenkenntnisse vermittelte. Insgesamt war sie aber auch anwendungsbezogen, so dass sich die Absolventen in der Regel schnell in die Problemstellungen ihrer Einsatzbetriebe einarbeiten konnten.

Welche Lehrveranstaltungen der Grundausbildung wurden von Hochschullehrern des Wissenschaftsbereichs übernommen? Mit den oben beschriebenen Veränderungen im Zuge der III. Hochschulreform wurden ab 1969 im Studienprogramm Physik auch die Gebiete Elektronische Datenverarbeitung (EDV) und Elektronik verankert, mit entsprechenden Übungen und Praktika. Die eigens hierfür Berufenen - Wolfgang Meiling und Honorardozent Ruprecht Fülle - übernahmen diese Lehrgebiete. Die Entwicklung und Betreuung von Elektronikversuchen im Rahmen des Dresdner Fortgeschrittenenpraktikums hatte bereits seit 1963 Tradition, nun entstand in separates Elektronikpraktikum und die Elektronik- sowie EDV-Ausbildung wurden Einsatzschwerpunkte für Mitarbeiter aus dem Bereich Kernphysik. Eine Versuchsreihe bezog sich auf logische Schaltungen, die vom Studenten in einem Steckbaukasten aus verschiedenen, am Lehrstuhl entwickelten und in der Elektronikwerkstatt gefertigten Bausteinen zusammengestellt und erprobt wurden (siehe Abbildungen 63 und 64).

Nach der Emeritierung von Heinz Pose übernahmen Gerhard Musiol die Vorlesung Kernphysik im Komplex Struktur der Materie und Dieter Seeliger übernahm von Alfred Recknagel die Vorlesungen Elektromagnetismus und Optik im Komplex Klassische Physik, einschließlich der Verantwortung für den Inhalt der zugehörigen Seminare und Übungen sowie die Abnahme der entsprechenden Hauptprüfungen in Experimentalphysik bei allen Physikstudenten.

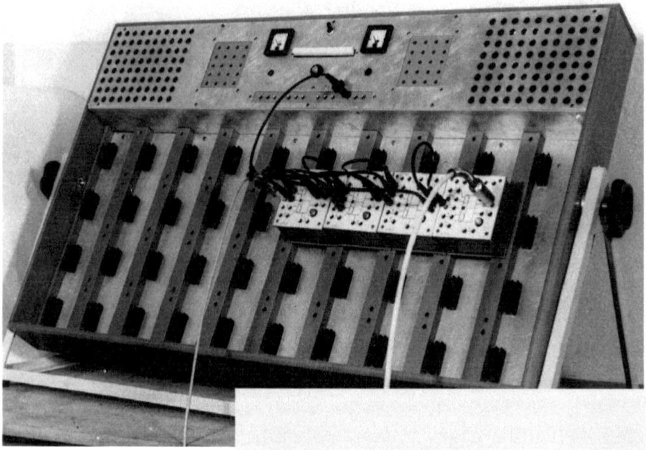

Abb. (links): 63 Steckbaukasten zum Kombinieren von Logikbausteinen zu komplexen Schaltungen aus dem Elektronikpraktikum für Physiker, 1977

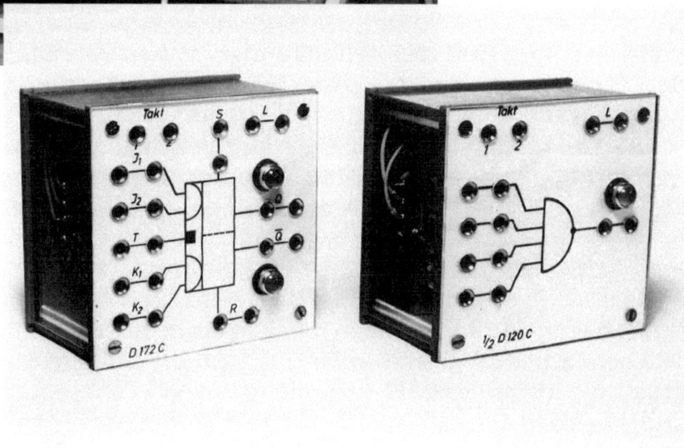

Abb.64 (rechts): Zwei typische Logikbausteine

Abb. 65: H. Helfer und G. Bongard erproben einen Versuch zum Nachweis von Höhenstrahlung im Fortgeschrittenenpraktikum 1962

Roland Reif übernahm die stärker experimentell ausgerichtete Lehrveranstaltung Einführung in die Quantenphysik und in der Theorieausbildung – im Wechsel mit anderen Hochschullehrern des WB Theoretische Physik – Vorlesungen zur Quantentheorie und speziellen Relativitätstheorie. Als didaktisch wertvolles Instrument für die Ausbildung in der Quantenphysik erwies sich der von Roland Reif und Wolfhard Willemer ausgearbeitete Lehrfilm „Eindimensionale Streuprobleme der Quantenmechanik – Reflexion und Transmission von Wellenpaketen“, in dem die Ausbreitung von Wellenpaketen auf der Grundlage numerischer Lösungen der zeitabhängigen Schrödingergleichung demonstriert wurde.

Damit war der Wissenschaftsbereich – Hochschullehrer wie Mitarbeiter - fest verankert in der Ausbildung aller Physikstudenten, neben der vertiefenden Ausbildung zur Kernphysik. Die Humboldtsche Forderung nach Einheit von Lehre und Forschung wurde nicht nur in Worten unterstützt, sondern tatsächlich praktiziert. Eine gute Qualität der Lehre galt als oberstes Gebot an der Universität und lag im eigenen Interesse der Sektion Physik.

4.2 Vertiefungsrichtung Kernphysik

Am Institut für Experimentelle Kernphysik wurde ab 1962 die vorher begonnene Ausbildung auf dem Gebiet der Kernphysik fortgesetzt, praktisch unter alleiniger Verantwortung des Lehrstuhlinhabers und Institutsdirektors Heinz Pose. Dieser hielt neben der Vorlesung Kernphysik für alle Physikstudenten auch die über Spezialgebiete der Kernphysik. Daraus entstand ein Lehrbuch, welches am Ende seiner aktiven Dienstzeit an der Hochschule erschien (POS 1971).

Parallel wurden große Anstrengungen zum Aufbau eines kernphysikalischen Praktikums in den Räumen der Außenstelle Pirna-Copitz unternommen, in deren Ergebnis in der vertiefenden Ausbildung bereits 1963 auf ein erfreulich breites Spektrum grundlegender Versuche – Neutronennachweis und -transport, Höhenstrahlung, Magnetspektrometer, radioaktiver Zerfall u.a. - zurückgegriffen werden konnte. Dies war vor allem dem Engagement von Helmut Helfer zu verdanken, der sein Hauptbetätigungsfeld in der Lehre sah. Nachweistechnik und Elektronik waren dem „verfügbaren Stand der Technik“ geschuldet – das waren vor allem Zählrohre und andere Produkte des Produzenten VEB Vakutronik Dresden - alles andere entstand im Eigenbau in der Institutswerkstatt (Abb. 65).

Vertiefungsrichtung Kernphysik. Mit der starken Zunahme der Zahl von Hochschullehrern und Studenten zu Beginn der siebziger Jahre veränderte sich das Vertiefungsstudium zur Kernphysik qualitativ und quantitativ. Eine Vorstellung vom damals vermittelten breiten Spektrum von Spezialvorlesungen: Neben die klassischen Themen der Kernphysik – Struktur der Atomkerne, Kernreaktionen, Kerntheorie, Neutronenphysik, Nachweistechnik und Teilchenbeschleuniger traten infolge der Neuprofilierung des Bereichs Anfang der 70-er Jahre die Elektronische Datenverarbeitung, Programmierung und Kernelektronik. Zu erwähnen sind verschiedene Schützenhilfen, die den Studenten im Vor-Internet-Zeitalter an die Hand gegeben wurden: Vorlesungsstreik, Rechenbeispiele, Versuchsanleitungen etc. Besonders aufwendig, aber auch wirkungsvoll, waren Lehrfilme über Probleme der Quantenmechanik – Ausbreitung von Wellenpaketen, Tunneleffekt etc. - und Kerntheorie – direkte Kernprozesse, Vorgleichgewichts- und Gleichgewichtsreaktionen – die am Lehrstuhl Kerntheorie angefertigt worden waren.

Im Ergebnis der über Jahre hinweg aus der Vorlesungstätigkeit gesammelten Erfahrungen entstand ein Lehrbuch für Kern- und Elementarteilchenphysik (MUS 1980), welches später stark erweitert und ergänzt erschien und auch in der Bundesrepublik Verbreitung fand (MUS 1988), sowie zahlreiche weitere Lehrmaterialien.

Die vertiefenden Vorlesungen zur kernphysikalischen Elektronik wurden durch mehrere, von Wolfgang Meiling verfasste WTB-Taschenbücher (MEI 1975, 1978a, -b) und Skripte unterstützt.

Auf die aus den DSTP-Vorlesungen von Ludwig Münchow und Roland Reif hervorgegangenen Bücher zur Kerntheorie wurde bereits hingewiesen (MÜN 1985, 1987). Mit der beschriebenen Reduzierung der Studentenzahlen in den 70-er Jahren entstand die Situation, dass bestimmte theoretische Spezialvorlesungen nur für zu wenige Hörer von Interesse waren. Die Verfügbarkeit von aktuellen Büchern zur Kerntheorie war für die interessierten Studenten dann besonders wertvoll, um die geforderte Tiefe an Spezialwissen erreichen zu können. Dennoch konnte für das Gros der Studierenden zu jeder Zeit ein anspruchsvolles Spektrum von Spezialvorlesungen und Praktikumsversuchen angeboten werden.

Das Vertiefungspraktikum erforderte auch in diesen Jahren ständige Erweiterung und Erneuerung – Halbleiterelektronik und –spektrometer, Vielkanalspeicherung der Messwerte, später kam die Rechnerkopplung von Experimenten hinzu. Modernisierungsschritte konnten oft nur über einen längeren Zeitraum umgesetzt werden, da erhebliche Beschaffungsprobleme immer noch bestanden, sich dieses Gebiet ständig weiterentwickelte und – wie bereits beschrieben - vielfältige Anforderungen in der Lehre von außen an Hochschullehrer und Mitarbeiter herangetragen wurden.

Aufbauend auf den bis zur Hauptprüfung (nach dem 8. Semester) gelegten Grundlagen, konnte in den praktischen Ausbildungselementen Forschungspraktikum, Forschungsbeleg und Diplomarbeit, gepaart mit den Spezialvorlesungen, am Wissenschaftsbereich eine solide Spezialausbildung auf dem Gebiet der Kernphysik vermittelt werden.

Viele Absolventen dieser Ausbildung haben sich auch nach der politischen Wende in den 90-er Jahren und danach als kompetente Fachleute hervorragend bewährt. Einen nicht unerheblichen Anteil an den termingerechten Abschlüssen des Studiums in dieser Spezialisierung hatte Helmut Helfer, der viele Jahre als Gruppenberater der aus mehreren Studienjahrgängen bestehenden „vertikalen Studentengruppe Kernphysik“ fungierte und dabei wie ein „väterlicher Berater“ die ihm anvertrauten Studenten sicher durch die Klippen des Studiums führte.

Spezialisierungsrichtung „Physikalische Grundlagen der Kernenergie und Kerntechnik“: Eine Modifizierung erfuhr der oben beschriebene Studienplan zehn Jahre nach seiner Einführung: In den achtziger Jahren wuchs im Hochschulwesen der Druck zur stärkeren Ausrichtung auf volkswirtschaftliche Schwerpunkte, sowohl hinsichtlich schnell verwertbarer Forschungsergebnisse, wie auch die Ausbildung von Nachwuchskräften für den Einsatz in diesen Schwerpunktrichtungen. Als ein solcher Schwerpunkt wurde die Entwicklung der Kernenergie gesetzt, die so einen vergleichbar hohen Rang in der offiziellen Bewertung einnahm, wie Rechentechnik und Mikroelektronik. Weitere Anforderungen nach Physikabsolventen mit nuklearen Spezialkenntnissen kamen aus folgenden Richtungen: Nuklearmedizin, Strahlenbiologie, Aktivierungsanalyse, Radionuklidanwendung, Beschleunigereinsatz in der Produktion und Forschung, Werkstoffdiagnostik, Strahlenschutz, Dosimetrie, nukleare Standards u.a.[36]

Es gab nur zwei Hochschuleinrichtungen, welche die Ausbildung von Naturwissenschaftlern und Ingenieuren für die Kernenergie als wesentlichen Bestandteil ihres Lehrprofils auswiesen – das waren IHS Zittau und TU Dresden. So lag es nahe, den Erwartungsdruck seitens des Ministeriums besonders auf diese beiden Einrichtungen zu erhöhen. Für letztere ergab sich damit die Chance, im Wettbewerb um die Bereitstellung von Forschungsmitteln, beispielsweise durch Einstufung als sog. Staatsplanthemen und erhöhte Zuweisungen von Stellen für Diplom- und Forschungsstudium, bessere Chancen im Wettbewerb mit anderen Einrichtungen zu haben. Unter diesen Prämissen wurden ab Herbstsemester 1983 an der TU Dresden bestimmte Bestandteile des Studienplans für die Grundstudienrichtung Physik in zwei parallele Spezialisierungsrichtungen aufgeteilt, wobei die Grundausbildung in ihren wesentlichen Teilen unverändert blieb. Neben der Spezialisierungsrichtung „Physikalische Grundlagen der Werkstoffe“ entstand, getragen von den drei Wissenschaftsbereichen Kernphysik, Strahlenschutzphysik und Angewandte Kernphysik, als Alternative die Spezialisierungsrichtung „Physikalische Grundlagen der Kernenergie und Kerntechnik“.

Worin unterschied sich dieser Ausbildungsrahmen von dem seit 1973 praktizierten: In die Vorlesungen Kernphysik und Festkörperphysik im Rahmen des Komplexes Struktur der Materie wurden für die Kernenergie relevante Fragestellungen eingearbeitet. So enthielt der Teil Kernphysik Vorlesungen zu Kernstruktur, Kernmodellen, Kernreaktionen und Radioaktivität. Die Vorlesung Chemie behandelte radiochemische Aspekte, weiterhin wurden radiochemische Versuche für Physiker dieser Spezialisierung angeboten. Die Vorlesung Technologie wurde parallel in zwei Varianten gehalten, davon eine auf Nukleartechnologie und Kernbrennstoffwirtschaft zugeschnitten, während die andere Werkstofftechnologien behandelte.

Das Industriepraktikum (6. Semester, 12 W) wurde vorzugsweise in Betrieben der Kernenergie und Kerntechnik absolviert, wie Kombinat Kernkraftwerke Greifswald, Kombinat Kraftwerksanlagenbau Berlin, Staatliches

---

36 „Konzeption Spezialisierungsrichtung KE&KT“ Sektion Physik, TUD, 1983; Archiv des Autors

Amt für Atomsicherheit und Strahlenschutz Berlin, aber auch im Kombinat Messelektronik Dresden u.a.

Bereits im Fortgeschrittenenpraktikum wurden Versuche am Ausbildungsreaktor AKR-1 der Sektion Energieumwandlung, an Beschleunigern, zum Einsatz nuklearer Messtechnik und radioaktiver Quellen angeboten.

Die Ausbildungsabschnitte Forschungspraktikum, Forschungsbeleg und Diplomarbeit liefen in alleiniger Verantwortung der drei Wissenschaftsbereiche, d.h. an deren laufende Forschungsthemen gekoppelt.

Der „Zeitfonds zur Verfügung der Sektionen“ wurde geteilt in einen Teil, mit gemeinsamen Vorlesungen für alle Studenten der drei Wissenschaftsbereiche und einen zweiten mit Spezialvorlesungen für jede der drei (nach wie vor bestehenden) Vertiefungsrichtungen Kernphysik, Strahlenschutzphysik und Angewandte Kernphysik. Zum ersteren Teil gehörten die Vorlesungen Wechselwirkung zwischen Strahlung und Stoffen (6.Semester, 2SWh), Nuklearprozesse der Kernenergetik (7.Semester, 2 SWh), Messtechnik (8.Semester, 2 SWh), Reaktorphysik (9. Semester, 2 SWh), Kernkraftwerke (10.Semester, 1SWh), Werkstoffe der Kernenergie (10. Semester, 2 SWh), Nukleartechnologie (10. Semester, 2 SWh) sowie Nukleare Sicherheit und Umweltschutz (10.Semester, 2 SWh). Welche dieser Vorlesungen vom Betreuer dem einzelnen Diplomanden im Rahmen des verfügbaren Zeitfonds empfohlen wurde, hing von der Diplomthematik und dem späteren Einsatzbetrieb ab.

Für die engere Vertiefung Kernphysik verblieben die Vorlesungen Kernphysik II (6. Semester, 2 SWh), Neutronenphysik (7. Semester, 2 SWh), Kernphysikalische Elektronik (8. Semester, 1 SWh), Beschleuniger (8. Semester, 1 SWh) sowie Kerntheorie (9. Semester, 2 SWh) und nicht zuletzt die konkrete praktische Forschungsarbeit an der Diplomthematik.

Zweifellos bedeutete die Einführung dieser Spezialisierungsrichtung ein weiteres Abrücken von einer Ausbildung von Diplomphysikern für die kernphysikalische Grundlagenforschung. Diesem Negativargument stehen aber mehrere Gegenargumente entgegen: Die "Welt der Kernphysik" im engeren Sinn (vgl. Fußnote 22 auf Seite 32) war in der DDR sehr eng - sie bestand nur noch aus dem Teil eines Bereichs im ZfK und dem Hochschulbereich an der TU Dresden. Der Bedarf an Kernphysikern für die Grundlagenforschung war daher extrem begrenzt, während die Absolventen für die real verfügbaren Einsatzgebiete (Kernkraftwerke, Strahlenschutz, Nuklearmedizin, Messtechnik, Gerätebau, Softwareentwicklung etc.) mit dieser Spezialisierung gut vorbereitet wurden. Auch im Zusammenhang mit der rückläufigen Entwicklung der Immatrikulationszahlen, war die Bündelung von Vorlesungen mehrerer Bereiche sinnvoll. Die Öffnung hin zu den technischen Anwendungen fügte sich ein in den Gesamtrahmen der Technischen Universität mit ihren vielen Ingenieurrichtungen. Und – last not least – das Ausbildungsprofil der gemeinsamen Spezialisierungsrichtung entsprach in seinen Zügen durchaus den Ausbildungszielen, mit denen seinerzeit die Fakultät für Kerntechnik gegründet worden war.

Abb. 66: Studentengruppe des Wissenschaftsbereichs Kernphysik, 1978

Abb. 67 (unten): Nach der Diplomverteidigung im Juli 1979

Abb. 68: Prüfungskommission bei der Diplomverteidigung, 1979

Tabelle 4-1
Studentenzahlen in der Kernphysik von 1955 bis 1990)*

ImmJ	ZSpSt	StD	AbsJ	DA	FSoD	DA auß.	ExM
1952	5	6	1958	5			
1953	11	6	1959	11			
1954	6	5	1959	6			
1955	8	5	1960	8			
1956	5	5	1961	5			
1957	4	5	1962	4			
1958	7	5	1963	7			
1959	9	5	1964	9			
1960	7	5	1965	7			
1961	7	5	1966	7			
1962	8	5	1967	8			
1963	9	5	1968	9			
1964	7	5	1969	6	1		
1965	7	5	1970	6	1		
1966	6	41/2	1971	4	2		
1967	16	4	1971	10	5		1
1968	14	4	1972	12	2		
1969	15	4	1973	11	1	3	
1970	23	4	1974	19		4	
1971	20	4	1975	14		4	2
1972	14	41/2	1977	12		1	1
1973	18	5	1978	17			1
1974	12	5	1979	8		3	1
1975	11	5	1980	9		1	1
1976	11	5	1981	8		2	1
1977	5	5	1982	5			
1978	6	5	1983	6			
1979	8	5	1984	7		1	
1980	7	5	1985	7			
1981	8	5	1986	7			1
1982	9	5	1987	8			1
1983	9	5	1988	8		1	
1984	7	5	1989	7			
1985	8	5	1990	8			
1986	5	5	1991	4			1
1987	6	5	1992	4			2
Summe				293	12	20	13

*) Studenten, mit Eintritt in die Vertiefungsrichtung vor Studienjahr 1990/91.
Kopfzeile: ImmJ - Immatrikulationsjahr der Studenten, die später die Vertiefung Kernphysik absolvierten; ZStSp - Zahl der Studenten beim Eintritt in die Vertiefung; StD - Studiendauer in Jahren; AbsJ - Absolventenjahr; DA - Diplomabschlüsse am Institut; FSoD - Sofortiger Eintritt in das Forschungsstudium, ohne Diplomabschluss; DAauß - Diplomarbeit außerhalb des Instituts, meist im ZfK; ExM - Vorzeitige Exmatrikulationen in der Zeit des Vertiefungsstudiums.

4.3 Entwicklung der Studentenzahlen im Direktstudium

In dem betrachteten Zeitraum unterlag die Zahl der Studenten, die eine spezielle Ausbildung im Institut bzw. dem Wissenschaftsbereich durchliefen, erheblichen Schwankungen. Wie vieles andere, waren in der Planwirtschaft auch die Immatrikulationszahlen der gesamten Sektion Physik von oben vorgegeben. Letztere bestimmten wiederum die Zuweisungen an die Bereiche, so dass diese Schwankungen letztlich Ausdruck bestimmter wissenschaftspolitischer Vorgaben seitens des Hochschulministeriums sind. Tabelle 4-1 gibt Auskunft über die Zahlen der Direktstudenten bei Eintritt in die Vertiefungsrichtung sowie der Absolventen mit Diplomabschluss.

Die höchsten Immatrikulationszahlen für das Vertiefungsstudium Kernphysik wurden im Zeitraum von 1967 bis 1973 erreicht. Ursache hierfür war wiederum eine zentral vorgegebene politische Prämisse – die unter Ulbricht eingeleitete „Politik des großen Sprungs in Wissenschaft und Technik" - welche losgelöst von den wirtschaftlichen Realitäten des Landes war und nach seinem Sturz 1971 alsbald korrigiert werden musste. Berücksichtigt man neben dem Anstieg der Immatrikulationszahlen die zeitweilige (von 1966 bis 1972) Verkürzung der Studiendauer auf 41/2 bzw. 4 Jahre (mit der damit verbundenen kurzfristigen Umstellung aller Lehrpläne) und die gleichzeitige Einführung des sofortigen Forschungsstudiums (direkt nach der Hauptprüfung, ohne vorherigen Diplomabschluss), so wird deutlich, wie stark in diesem Zeitraum der Ausbildungs- und Betreuungsaufwand für Hochschullehrer und wissenschaftliche Mitarbeiter zugenommen hat. Nach der Korrektur von Ulbrichts Hochschulpolitik pegelten sich die Zahlen wieder auf das vorherige Normalmaß von 5 bis 9 Studenten pro Jahrgang in der Vertiefungsrichtung Kernphysik ein.

4.4 Forschungsstudium

Bereits aus Tabelle 4-1 geht hervor, dass ab 1968 die ersten, fachlich ausnahmslos sehr guten Studenten die Gelegenheit erhielten, anstelle der Diplomarbeit sofort mit der Arbeit an einem Promotionsthema zu beginnen, um sieben Jahre nach Studienbeginn gleich mit der Dissertation abzuschließen. So sollten, quasi im Schnellverfahren, besonders befähigte Nachwuchskräfte als promoviere Führungskräfte der Wirtschaft zur Verfügung stehen. Auch dieser Schritt wurde nach einigen Jahren teilweise korrigiert, indem der vollständige Diplomabschluss als Nachweis für die Erlangung des ersten akademischen Grades wieder als unabdingbare Voraussetzung für den Beginn der Bearbeitung einer Promotionsthematik galt.

Das Forschungsstudium an sich, beginnend mit dem Diplomabschluss, wurde jedoch nicht abgeschafft. Im Gegenteil – es hat sich in der Folgezeit als eine effektive Form bei der Entwicklung fähiger junger Physiker bewährt. In den Jahren danach haben viele der besten Studenten diesen Weg gewählt und sind oft zu wesentlichen Leistungsträgern in den Forschungsteams herangewachsen. Systematische Qualitätsunterschiede zwischen den Dissertationen von Forschungsstudenten und anderen Dissertationen konnten nicht festgestellt werden. Tabelle 4-2 enthält die Namensliste und Termine der Promotionsabschlüsse, die auf diesem Wege erreicht wurden.

Tabelle 4-2
Forschungsstudenten am Wissenschaftsbereich Kernphysik

Lfd. Nr.	Name	Zeitraum von	bis	Promotion /Jahr/	Lehrstuhl *)
01	Manfred Nitsche	1968	1971	1971	N
02	Alexander Sgonina	1969	1972	1973	N
03	Dietmar Lehmann	1970	1973	1974	N
04	Gunther Kießig	1970	1973	1975	N/T
05	Andreas Meister	1971	1974	1975	N
06	Hans-G. Ortlepp	1971	1972	1975	E/K
07	Uwe Siebert	1971	1972	1975	E/K
08	Werner Habenicht	1971	1972	1975	E/K
09	Günther Kloß	1971	1974	1976	E/IT
10	Dieter Kätzmer	1971	1975	1977	N
11	Jürgen Rumpf	1971	1975	1977	N
12	Dietrich Hoffmann	1972	1975	1977	E/K
13	Jochen Kayser	1973	1976	1978	N
14	Wolfgang Pilz	1974	1977	1978	N
15	Bernhard Weißbach	1975	1979	1980	T
16	Reinhard Wolf	1977	1981	-	T
17	Horst Märten	1978	1981	1982	N
18	Matthias Köhler	1982	1985	1986	E/IT
19	Tilo Elfruth	1983	1986	1987	N
20	Rainer Schwierz	1984	1987	1988	E/IT
21	Dietmar Richter	1985	1988	1988	N
22	Michael Töpfer	1986	1989	1990	N
23	Andreas Ruben	1987	1990	1990	N
24	Peter Wüstner	1988	1991	-	N
25	Ingo Düring	1990	1993		N
26	Dietmar Polster	1990	1991	Abbruch	N

*) Lehrstuhlbezeichnungen: N - Neutronenphysik; E/K - Experimentalphysik/Kernstruktur; T - Kerntheorie; E/IT - Experimentalphysik/Informationstechnik

So gab es an der Hochschule fortan drei unabhängige Wege, um zu einer Promotion zu gelangen: Erstens, die vierjährige Tätigkeit an der Hochschule als wissenschaftlicher Assistent - ein Angestelltenverhältnis mit Verpflichtung zur Lehrtätigkeit, neben der Bearbeitung des Forschungsthemas. Zweitens, die dreijährige Aspirantur auf der Basis eines Stipendiums - vorrangig für Physiker aus der Industrie und Ausländer gedacht. Drittens, das Forschungsstudium für besonders befähigte Nachwuchskräfte, ebenfalls auf Basis eines Stipendiums.

Das Forschungsstudium entwickelte sich im Wissenschaftsbereich bald zu einem festen Bestandteil der Entwicklungsperspektive für kreative Nachwuchsphysiker, an dem auch die Hochschullehrer stark interessiert waren - schließlich waren die jungen Leute nach dem Diplom eingearbeitet und konnten sich - frei von umfangreichen Lehrverpflichtungen - vorrangig der Arbeit an der Forschungsthematik widmen.

Nicht unerwähnt bleiben soll der Weg, als Externer zur Promotion zu gelangen: Der war vor allem für Physiker gedacht, die ihre Tätigkeit direkt in der Praxis fortsetzten. Sie mussten dazu einen Hochschullehrer als Betreuer finden, die geforderten Prüfungen im Promotionsverfahren regulär ablegen und in ihrem Betrieb erfolgreich an einem promotionswürdigen Thema arbeiten. Schließlich soll der Vollständigkeit halber darauf hingewiesen werden, dass auch einige Institutionen außerhalb des Hochschulwesens Promotionsrecht hatten - so die Akademie der Wissenschaften. Die Kernphysiker aus dem ZfK wählten oft den letztgenannten Weg, um zu promovieren.

4.5 Fernstudium und Weiterbildung

Über das Fernstudium konnten Externe zum Hochschulabschluss gelangen, ohne Unterbrechung ihres Arbeitsverhältnisses im Betrieb. Voraussetzungen waren, neben der Hochschulreife, die Delegierung des Betriebes, da dieser regelmäßige Freistellungen von der Arbeit für Praktika, Konsultationen, Prüfungen und die Diplomhase gewähren musste. Das Fernstudium Physik dauerte anfangs 7 Jahre, wurde später aber etwas verkürzt. In der Richtung Physik galt es als ausgesprochen schwer zu bewältigen. Dennoch haben 19 Fernstudenten den Diplomabschluss in der Vertiefungsrichtung Kernphysik tatsächlich erreicht - siehe Tabelle 4-3. Im Zuge der bereits im Zusammenhang mit dem Direktstudium genannten Reduzierung von Immatrikulationszahlen wurde das Fernstudium Physik nach 1971 eingestellt.

Tabelle 4-3
Diplomausbildung von Fernstudenten in der Kernphysik

Beginn	Dauer /Jahre/	Zahl*) der Studien-Anfänger	davon ins Spezialstudium Kernphysik	davon mit Diplomabschluss
1962	7	13	6	6
1965	6 1/2	15	2	2
1966	6 1/2	17	2	2
1968	5 1/2	19	9	9
Summe		64	19	19 **)

*) Gesamtzahl in dem betreffenden Jahrgangs-Matrikel des Fernstudiums
**) von den 19 Diplomarbeiten wurden 3 am ZfK angefertigt

Somit kommt man anhand der in beiden Tabellen 4-1 und 4-3 genannten Studentenzahlen zu dem beachtlichen Ergebnis, dass insgesamt 344 Studenten die Vertiefungsrichtung Kernphysik erfolgreich absolviert und davon 309 die Diplomarbeit am Wissenschaftsbereich Kernphysik verteidigt haben, 12 Studenten setzten ohne Diplomabschluss als Forschungsstudenten die Ausbildung fort, die sie drei Jahre später erfolgreich mit der Promotion beendeten. Bei den Kooperationspartnern ZfK Rossendorf und Sektion Energieumwandlung der TU fertigten 23 Studenten ihre Diplomarbeit an.

Industriekurse: Anstelle des Fernstudiums gewann in den späteren Jahren die Weiterbildung von Physikern aus der Praxis eine größere Bedeutung. In jährlich am Bereich durchgeführten, mehrwöchigen Kursen wurden die jeweils 20 bis 30 Teilnehmer zu solchen Themen wie Strahlungstransportrechnungen auf der Basis aktueller Kerndatenbibliotheken, moderne Verfahren zu Nachweis und Spektroskopie von Kernstrahlung, Dosimetrie und Strahlenschutz sowie Einsatz von Rechentechnik für die Experimentautomatisierung in Seminaren und praktischen Übungen trainiert. Auch Übersichtsvorlesungen zu aktuellen Problemen von Kernphysik und perspektivischen Verfahren der Kernenergiegewinnung standen auf dem Programm. Insgesamt einigen Hundert Physikern aus Betrieben der Kernenergetik, dem Messwesen, der Nuklearmedizin, der Messelektronik u.a. Bereichen, aber auch interessierten Physiklehrern von Oberschulen, konnten die Zertifikate über erfolgreiche Teilnahme an einem Industriekurs des Wissenschaftsbereichs Kernphysik überreicht werden.

Internationale Ausbildungsaktivitäten: Die bereits erwähnte internationale Kooperation mit der IAEA in Wien diente nicht zuletzt auch der Weiterbildung, in diesem Fall speziell von **Stipendiaten** aus Entwicklungsländern. Dies erfolgte alternativ in Form mehrmonatiger bis einjähriger Studienaufenthalte einzelner Gastwissenschaftler, welche während ihres Aufenthaltes in konkrete Forschungsprojekte einbezogen wurden.

Ein zweiter Weg war die direkte Ausrichtung von mehrwöchigen Trainingskursen für ganze Gruppen von Nachwuchskräften. Ein Beispiel hierfür war der **Internationale Trainingskurs** über „Experimentelle, Berechnungs- und Strahlenschutzmethoden in der Angewandten Kernforschung und Kerndatenmessung an Neutronengeneratoren“, der vom Wissenschaftsbereich Kernphysik in Kooperation mit der IAEA im Herbst 1987 für Teilnehmer aus China, Peru, Vietnam, Sudan, Bulgarien, Irak, Syrien, Zambia und Libyen durchgeführt wurde (Abb. 69 und 70).

Der dritte Weg bestand in der Entsendung von **Lektoren** und Beratern im Auftrag der IAEA zur Unterstützung der Entwicklungsländer beim Aufbau von Forschungslabors und der Implementierung von Forschungsprojekten im Rahmen der Entwicklungshilfe. Auch dazu leisteten Wissenschaftler des Bereichs zahlreiche Beiträge.

Abb. 69 (oben): Teilnehmer am Internationalen Trainingskurs der IAEA vor dem Institutsgebäude in Pirna-Copitz, 1987

Abb. 70: Kurs am Ausbildungsreaktor AKR-1 der TU Dresden

Abb. 71 (unten): Professoren und Physikstudenten bei einer Konferenz an der TU Dresden, 1983

Schließlich sei auf die Ausbildung ausländischer **Aspiranten** im Rahmen bestehender bilateraler Vereinbarungen des Hochschulministeriums mit den entsprechenden Heimatländern verwiesen. So erreichten Aspiranten aus Ägypten, Syrien, Vietnam, Mexiko, Kuba und der Mongolei ihren Promotionsabschluss (siehe Kap. 5).

In den achtziger Jahren kamen auch einige ausländische Studenten, hauptsächlich aus arabischen Ländern, im Rahmen des sogenannten kommerziellen Studiums in die Vertiefungsrichtung und zum Diplomabschluss auf dem Gebiet der Kernphysik. Hierbei handelte es sich nicht nur um reine Entwicklungshilfe, sondern dahinter stand die Forderung seitens des Ministeriums an die Hochschulen, sich auf diesem Wege an der Devisenbeschaffung für die DDR zu beteiligen. Im Ausbildungsprozess selbst spielte dieser Hintergrund jedoch keine Rolle, die „kommerziellen Studenten“ mussten sich den gleichen Leistungsanforderungen unterziehen, wie die einheimischen und sie arbeiteten in der Regel auch nicht schlechter, als diese.

5. Qualifizierung und wissenschaftliches Leben

5.1 Promotionen

Das Promotionsgeschehen nimmt typischer Weise an Hochschuleinrichtungen mit aktiver Lehre und Forschung einen zentralen Platz in der laufenden Arbeit ein – so war das auch am Wissenschaftsbereich Kernphysik. Das betrifft nicht nur die Anfangsphase nach Gründung des Instituts für Experimentelle Kernphysik, als praktisch noch kein Mitarbeiter promoviert war. In den Folgejahren herrschte akuter Bedarf an Hochschullehrern in anderen Hochschulen und Führungskräften in der Industrie, so dass auch in der eigenen Einrichtung immer wieder neuer Bedarf an nachrückenden promovierten Kräften für das Stammpersonal bestand.

Die Verfahren wurden auf den drei Wegen kontinuierlich mit Promovenden gespeist: Forschungsstudium, Aspirantur und Assistenz. Die Promotionsverfahren liefen in der Verantwortung der Fakultät für Mathematik und Naturwissenschaften und endeten mit den Rigorosa in Physik und Philosophie sowie der Verteidigung der Dissertation, nachdem vorher drei unabhängige Gutachten dazu eingeholt worden waren. Der gesamte Abschluss wurde durch die Prüfungskommission mit einer Note (summa cum laude, magna cum laude, cum laude, rite ...) bewertet und dem Promovenden die Führung des Titels Doctor rerum naturalium zuerkannt. Dieser zweite akademische Grad trug in jener Zeit auch die Bezeichnung "Promotion A".

Eine Besonderheit soll noch Erwähnung finden, die im Hochschulwesen der DDR über einige Jahre zur Förderung der Zusammenarbeit von Forschern in Teams nicht nur geduldet sondern ausdrücklich begrüßt wurde: Mehrere Promovenden konnten auf Grundlage einer gemeinsamen Dissertationsschrift verteidigen, wenn die Ergebnisse vorher in einer Gruppe erarbeitet worden waren und der persönliche Beitrag jedes Einzelnen explizit ausgewiesen sowie allein für sich genommen promotionswürdig war. Dies beschleunigte die Abschlüsse und wurde – dort wo angebracht – gern angenommen.

Auf Grundlage der Forschungsergebnisse am Wissenschaftsbereich bzw seinen Vorgängereinrichtungen sind von 1962 bis 1990 insgesamt 79 Dissertationen A angefertigt und verteidigt worden. Bis auf eine Ausnahme erfolgte die Verteidigung in allen Fällen an der Fakultät für Mathematik und Naturwissenschaften der TU Dresden. In Tabelle 5-1 sind die Namen der Promovierten, das Datum der Verteidigung sowie der Titel der Dissertation zusammengestellt.

Tabelle 5-1
Liste der abgeschlossenen Promotionen A in der Kernphysik

Name	Datum	Titel der Dissertation
Helmut Helfer	26.06.1962	Ladungsaustausch-Streuung von Pi-Mesonen in Kernmaterie*)
Heinz Oehler	14.07.1964	Unelastische Streuung von 1MeV-Photoneutronen an mittelschweren Atomkernen
Herbert Hänsgen	09.12.1965	Polarisation von Neutronen der Reaktion $D(d,n)^3He$
Gustav Schirmer	05.05.1966	Untersuchung von Beryllium mit polarisierten Neutronen aus dem Energiebereich 2,60 bis 2,77 MeV
Enno Jordan	26.01.1967	Zur Berechnung und Erprobung mehrstufiger Beschleunigungssysteme von Neutronengeneratoren
Werner Liebich	30.11.1967	Aufbau und Erprobung eines 500 KeV Deuteronenbeschleunigers als Neutronengenerator
Gerhard Peter	21.12.1967	Registrierung der Bahnen geladener Teilchen hoher und niedriger Energie mit impulsgesteuerten Gasentladungs-Spurenkammern*)
Dieter Seeliger	28.02.1968	Untersuchung der Streuung von 14,8 MeV Neutronen an Silizium mittels Flugzeittechnik
Mohamed Matlab	07.03.1968	Einfluss von Fremdatomen auf die Bestimmung unelastischer Neutronen-Streuquerschnitte
Heiner Köhler	03.10.1969	Ionisationsspektrometrie schneller Neutronen bei nichtelastischen Streuexperimenten
Joachim Höhn		Theoretische Analyse der elastischen und unelastischen Streuung von 14,7 MeV Neutronen an ^{28}Si
Klaus Wiesner	22.12.1969	Untersuchung der Streuung von Neutronen im Energiebereich um 3 MeV an Chrom mit Hilfe der Nanosekunden-Flugzeittechnik
Karl Trützschler	22.12.1969	Gemeinsame Dissertationsschrift mit K. Wiesner
Rolf-Dieter Arlt	11.09.1970	Zerfallsspektroskopie - Untersuchungen stark neutronendefizíter Nuklide am 680 MeV Protonenstrahl*)
Heinrich Strusny	11.09.1970	Gemeinsame Dissertationsschrift mit R.-D. Arlt*)
Klaus Seidel	08.04.1971	Untersuchungen der unelastischen Streuung von 14 MeV Neutronen an leichten und mittelschweren Kernen; Gemeinsame Dissertationsschrift mit Promotion B von D. Seeliger
Dankwart Schmidt	25.11.1971	Zur Polarisation der Neutronen aus der Reaktion $D(d,n)^3He$
Manfred Nitsche	25.11.1971	Messung und Auswertung des Polarisationsvermögens einiger Kerne für elastische Streuung von Neutronen
Tran Ung	27.04.1972	Untersuchung des totalen Wirkungsquerschnitts von Chrom und Silizium im Neutronenenergiegebiet von 2,9 bis 3,3 MeV
Dietrich Hermsdorf	29.03.1973	Untersuchung der Struktur hoch angeregter Kerne und des Reaktionsmechanismus der unelastischen Streuung von 14 MeV Neutronen
Sasson Sassonoff	29.03.1973	Gemeinsame Dissertationsschrift mit D. Hermsdorf
Alexander Sgonina	10.10.1973	Beiträge zur Strahlpulsung von Tandemgeneratoren des Typs EGP-10 im Nanosekundenbereich

Abel Shahin -Fayes	19.06.1974	Niveaudichteparameter aus der unelastischen Streuung von 14MeV Neutronen unter Berücksichtigung der Präcompoundemission
Dietmar Lehmann	01.08.1974	Entwicklung und Erprobung eines Strahlzerhackers zur Nanosekundenpulsung der Tandembeschleuniger EGP-10
Gunther Kießig	19.02.1975	Theoretische Untersuchungen von Kernreaktionen im Rahmen des statistischen Modells von Hauser/Feshbach und Moldauer
Andreas Meister	26.03.1975	Untersuchungen zum Mechanismus der nichtelastischen Wechselwirkung von 14 MeV Neutronen mit Atomkernen im Massenzahlbereich 23 bis 209
Hans-Georg Ortlepp	03.07.1975	Gemeinsame Dissertationsschrift mit Promotion B von R.-D. Arlt und Promotion A von W. Habenicht*)
Werner Habenicht	03.07.1975	Gemeinsame Dissertationsschrift mit Promotion B von R.-D. Arlt und H.-G. Ortlepp*)
Hans-Uwe Siebert	22.12.1975	Untersuchungen der Struktur stark neutronendefizitер deformierter Kerne am 660 MeV Protonenstrahl; Gemeinsame Dissertationsschrift mit Promotion B von H. Strusny
Günther Kloß	30.04.1976	Beiträge zur online - Kopplung kernelektronischer Geräte mit dem Digitalrechner TPA 1001 über das Standard-Interface SI 1.2 in rechnergeführten Experimenten der niederenergetischen Kernphysik
Mohamed Abu El-Harid	09.12.1976	Elastische und unelastische Streuung von 3,4 MeV Neutronen an V, Cr und Pb
Dietrich Hoffmann	20.01.1977	Untersuchungen zur Formisomerie der Atomkerne*)
Dieter Kätzmer	11.03.1977	Aufbau eines Flugzeitspektrometers für schnelle Neutronen am Tandemgenerator EGP-10-1 des ZfK und dessen Einsatz zur Untersuchung des Mechanismus von (p,n)-Reaktionen an ^{55}Mn, ^{59}Co und ^{109}Ag
Jürgen Rumpf	11.03.1977	Gemeinsame Dissertationsschrift mit D. Kätzmer
Peter Eckstein	13.05.1977	System elektronischer Baugruppen zur Nanosekunden-Pulsung von Tandembeschleunigern des Typs EGP-10
Werner Hirsch	29.05.1978	Untersuchungen und Realisierung eines standardisierten Interfacesystems zur Kopplung eines Rechners mit Experimentanordnungen [3]*)
Mohamed Ibrahim Yousef	04.07.1978	Theoretische Untersuchungen zu Transfer-Reaktionen zwischen schweren Ionen
Rüdiger Schmidt	24.07.1978	Theoretische Beschreibung der Fusion und tief inelastischer Reaktionen schwerer Ionen
Jochen Kayser	03.08.1978	Aufbau eines rechnergekoppelten Multidetektor-Flugzeitspektrometers schneller Neutronen und dessen Einsatz zur Untersuchung des Mechanismus von (p,n)-Reaktionen
Wolfgang Pilz	03.08.1978	Gemeinsame Dissertationsschrift mit J. Kayser
Günther Zschornack	23.11.1978	Schaffung der theoretischen und methodischen Grundlagen für die Analyse der charakteristischen Röntgenstrahlung von Elektronen-Ionen-Ringen zur Strahldiagnostik am Schwerionen-Kollektivbeschleuniger des VIK Dubna*)
Thomas	24.11.1978	Messung der differentiellen elastischen und unelasti-

Schweitzer		schen Wirkungsquerschnitte für die Streuung von 3,44 MeV Neutronen an den Atomkernen ^{23}Na, ^{24}Mg, ^{27}Al, ^{28}Si, ^{31}P, ^{55}Mn, ^{56}Fe, ^{209}Bi und Untersuchung des Reaktionsmechanismus
Siegfried Unholzer	24.11.1978	Gemeinsame Dissertationsschrift mit T. Schweitzer
Begsyn Bassaragtscha	21.09.1979	Berechnungen der Emission von Gammaquanten aus neutroneninduzierten Kernreaktionen an Eisen und Niob mit statistischen Modellvorstellungen
Adel Salem Fawzy	25.01.1980	Untersuchung der elastischen und unelastischen Neutronenstreuung an Schwefel von 7 bis 11 MeV
Bernhard Weißbach	Juni 1980	Mikroskopische Analyse der inelastischen Nukleonenstreuung auf der Grundlage eines Quasiteilchen-Phonon-Modells der Kernstruktur 4*)
Peter Mädler	Juli 1980	Beiträge zur statistischen Beschreibung von Vorgleichgewichtsprozessen in nuleoneninduzierten Kernreaktionen 4*)
Frieder Weidhase	10.04.1981	Entwicklung elektr. Geräte und Moduln des Instrumentierungssystems CAMAC und deren Anwendung in rechnergeführten Spaltquerschnittsmessg.
Helmut Förtsch	20.11.1981	Untersuchung der Neutronenstreuung an ^{24}Mg im Energiebereich zwischen 7 und 11 MeV
Thomas Streil	21.12.1981	Experimentelle und theoretische Untersuchungen der Anregung kollektiver Kernzustände in 28 Si mittels Neutronenstreuung im Inzidenzenergiebereich von 6,8 bis 14,8 MeV
Horst Märten	30.04.1982	Untersuchungen zum Mechanismus der Spaltneutronenemission
Werner Grimm	16.09.1983	Automatisierung kernphys. Experimente mit KRS 4200/4201 und CAMAC- Prozess- Peripherie
Jochen Teichert	Januar 1984	Phänomenologische u. mikroskopische Beschreibung des Massentransfers in Schwerionenreaktionen 4*)
F. Guzman Martinez	Juli 1984	Kopplung von direkten und dissipativen Reaktionsmoden in unvollständigen tiefunelastischen Schwerionenstößen 4*)
Edmond Randrianarisoa	13.06.1985	Programmsystem rechnergestützter Messungen von Neutronenquerschnitten
Siegfried Mittag	13.12.1985	Beiträge zur Untersuchung der chemischen und der temperaturbedingten Verschiebung von Neutronenresonanzen
E. Mrosk	1986	Das Programmsystem CND zur Primärdatenversorgung neutronenphysikalischer Berechnungen**)
Bernd Milek	März 1986	Adiabatische Basis im Zwei-Zentren-Potential endlicher Tiefe und Nukleonenemission in schwerioneninuzierten Kernreaktionen 4*)
Frank Gleisberg	20.05.1986	Beiträge zu Entwurf und Anwendung steuerbarer Stromversorgungseinheiten auf Schaltreglerbasis in rechnergeführten phys. Experimentanordnungen
Matthias Köhler	01.03.1986	Beitrag zur Applikation des 1-Chip-Mikrorechners U882 im wissenschaftlichen Gerätebau am Beispiel eines einfachen Vielkanalanalysators
Ulrich Jahn	12.12.1986	Dimensionierung, Aufbau und Erprobung des ionenoptischen Systems für den intensiven Neutronengenerator INGE-1

Elief Paffrath	27.02.1986	Entwicklung des Vakuumsystems eines Hochgradient-Beschleunigers und Untersuchung der Sekundäreffekte bei intensivem Strahlbetrieb
Harald Kalka	14.04.1987	Excitonenmodell - mikroskopische Herleitung und Anwendung
Tilo Elfruth	13.05.1987	Untersuchung der Neutronenemission von Blei bei 14 MeV Neutroneneinschussenergie
Andrzej Tunia	12.06.1987	Untersuchungen zur Extraktion an Duoplasmatron-Ionenquelle
Rainer Schwierz	03.05.1988	Hard- und Softwarekomponenten für ein modulares System zur Automatisierung eines Neutronenhochflussgenerators
Joachim Pöthig	04.05.1988	Geräte- und programmtechnische Beiträge zu Aufbau u. Anwendung eines Neutronen-Flugzeitspektrometers
Dietmar Richter	30.09.1988	Spektrometrie prompter Spaltneutronen aus der neutroneninduzierten Spaltung von 232 - Thorium bei 7,3MeV Einschussenergie und der spontanen Spaltung von 252 - Californium
K. Groche	1989	Methodik zur Kalibrierung von Aktivitätsmessgeräten für Spaltproduktgemische**)
Pham Khan Van	Dezember 1989	Untersuchungen zu Nukleonenemission bei Kernbewegungen großer Amplitude [4*)]
Boubakar Barry	12.09.1989	Beiträge zur Entwicklung modularer strukturierter kern- und röntgenphysikalischer Messtechnik
Torsten Hehl	02.03.1990	Untersuchung der Neutronenemission aus Uranium-238 nach Beschuss mit 14 MeV Neutronen
Olaf Knospe	März 1990	Zur Simulation dynamischer Prozesse in Vielteilchensystemen [4*)]
Uwe Gohs	14.03.1990	Entwicklung und Erprobung einer Tritiumadsorptionsanlage für den Neutronengenerator INGE-1
Maha Torjman	11.05.1990	Anwendung der statistischen Mehrstufenreaktionstheorie zur Berechnung von niederenergetischen Kernreaktionen
Michael Toepfer	31.05.1990	Neutronentransportrechnungen an Fusionsreaktormaterialien
Andreas Ruben	12.10.1990	Theoretische Grundlagen zur Einschätzung von Spaltfragment- und Spaltneutronendaten
F. Seidel	Nov. 1990	Zur deterministischen Berechnung des Neutronentransports in der Abschirmung von Druckwasserreaktoren [4*)]
Heitham Al-Obiesi	06.12.1990	Neutronen-Emissionsquerschnitte von Va, Ta und W bei 14 MeV Einschussenergie

*) Dissertationen, deren experimentelle Bearbeitung im VIK Dubna erfolgte

**) in Zusammenarbeit mit den Kooperationspartnern ZfK, ASMW bzw. KAB

3*) Verteidigung an der Fakultät für Elektrotechnik der TU Dresden

4*) Verteidigung am WB Theoretische Physik

5*) Verteidigung am WB Angewandte Kernphysik

Tabelle 5-2
Abgeschlossene Promotionen B in der Kernphysik

Namen	Datum	Titel
Gerhard Musiol	15.04.1970	Zerfallsspektroskopie am 680 MeV Protonenstrahl *)
Herbert Hänsgen	20.10.1970	Experimente mit polarisierten Neutronen der Reaktion D(d,n)^{3}He
Dieter Seeliger	08.04.1971	Untersuchungen der unelast. Streuung von 14 MeV Neutronen an leichten und mittelschweren Kernen
Heinz Oehler	16.10.1974	Polarisationserscheinungen bei ^{3}He - induzierten Kernreaktionen und Probleme der automatisierten Verarbeitung kernspektroskopischer Informationen*)
Rolf-Dieter Arlt	03.07.1975	Zerfallsspektroskopische Untersuchungen an der Anlage JASNAPP-1 *)
Klaus Seidel	07.09.1975	Wechselwirkung schneller Neutronen mit Atomkernen im Vorgleichgewichts- und Gleichgewichtsstadium der Kernreaktionen
Heinrich Strusny	22.12.1975	Untersuchungen der Struktur stark neutronendefizitärer deformierter Kerne am 660 MeV Protonenstrahl*)
Joachim Höhn	04.10.1977	Kontinuum-Schalenmodell mit komplizierten Konfigurationen - eine Untersuchung der Nukleonenstreuung und der Photo-Kern- Prozesse mit der Methode der gekoppelten Kanäle **)
Andreas Meister	02.02.1984	Chemische Verschiebung von Neutronenresonanzen und Änderung des mittleren quadratischen Ladungsradius` der Atomkerne beim Neutroneneinfang *)
Dietrich Hermsdorf	10.05.1984	Einschätzung, Aufbereitung u. Verbreitung mikrosk. Neutronenkerndaten f. praktische Anwendungen
Klaus Fährmann	1984	Untersuchungen zur Physik schneller Reaktoren an den kritischen Anordnungen RRR u KOBRA**)
Dankwart Schmidt	21.11.1985	Spektroskopie schneller Neutronen zur Untersuchung des Reaktionsmechanismus bei Anregung von Kernzuständen unterschiedlicher Komplexität**)
Wolfgang Pilz	13.12.1985	Untersuchung der Ladungsverteilung hoch angeregter spaltender Kernzustände und einiger Probleme der Wechselwirkung von Resonanzneutronen mit kristallinen Festkörpern und Gasen mit Hilfe der Neutronenresonanzspektroskopie *)
J. Dietrich	1986	Beiträge zur Strahlextraktion und -formierung bei Plasma-Ionenquellen und zum Transport intensiver Ionenstrahlen**)
M. Friedrich	1986	Erhöhung der Verfügbarkeit und Erweiterung der Einsatzmöglichkeiten elektrostatischer Beschleuniger auf der Grundlage ionen- und elektronenoptischer Untersuchungen**)
Rüdiger Schmidt	November 1986	Klassische und semiklassische Theorie dissipativer Schwerionenstöße 3*)
Horst Märten	29.03.1988	Prompte Spaltneutronen
Peter Mädler	Juli 1988	Vielteilchentheoretische und phänomenologische Aspekte der nichtelastischen Teilchenemission in Schwerionenreaktionen 3*

Erläuterungen zu Tabelle 5-2:
*) Experimentelle Arbeiten an Anlagen des VIK Dubna
**) Arbeiten am oder in Kooperation mit dem ZfK Rossendorf
3*) Verteidigung am WB Theoretische Physik

5.2. Habilitationen

Der höchste wissenschaftliche Grad, Doktor der Wissenschaften (doctor scientiae naturalium, kurz Dr. sc. nat.), galt in der Regel als eine unabdingbare Voraussetzung für die Berufung zum Hochschullehrer. Er konnte im Ergebnis eines Verfahrens erlangt werden, welches auch mit „Promotion B" bezeichnet wurde. Voraussetzungen waren die Vorlage einer Dissertation B, die positive Begutachtung durch mehrere unabhängige Gutachter sowie eine mündliche Verteidigung der Dissertation.

Eine Promotionen B konnte in der Regel nur im Ergebnis mehrjähriger, thematisch ausgerichteter Forschungskomplexe entstehen, das heißt aus der Arbeit eines Forschungsteams, in welche häufig auch mehrere Promotionen A und Diplomarbeiten einflossen. Das Resultat einer hervorragenden Einzelarbeit blieb dabei aber keinesfalls ausgeschlossen! Eine solche Regelung entsprach durchaus der internationalen Praxis in der Kernphysik, in der – zumindest bei experimentellen Themen – Einzelwissenschaftler kaum noch in der Lage sind, die immer komplexeren Forschungsvorhaben erfolgreich in endlichen Zeiträumen zu bearbeiten.

Diese Herangehensweise entspricht auch der am Wissenschaftsbereich Kernphysik praktizierten. In der Tabelle 5-2 sind die achtzehn erfolgreich abgeschlossenen Promotionen B erfasst, darunter befinden sich auch drei Mitarbeiter des ZfK, die ihre Arbeit in enger inhaltlicher Kooperation mit dem Wissenschaftsbereich durchgeführt haben.

Unabhängig von der Promotion B musste als Voraussetzung für eine spätere Berufung in einem gesonderten Verfahren die Lehrbefähigung für ein bestimmtes Fachgebiet nachgewiesen werden, welche mit der Erteilung der „Facultas Docendi" durch Dekan und Rektor bestätigt wurde.

Leider erhielten nicht alle, die in der zweiten Hälfte der achtziger Jahr diesen Abschluss erreichten, nachfolgend eine Berufung als Hochschullehrer. Die Gründe hierfür sind vielfältig. Ein wesentlicher Grund dafür ist, dass es nach der Berufungswelle in den siebziger Jahren einerseits und angesichts stagnierender Studentenzahlen sowie zunehmender Zahl von entsprechenden Abschlüssen an allen Universitäten andererseits keinen quantitativ adäquaten Bedarf an Neuberufungen (weder auf das Gebiet Kernphysik noch auf Nachbargebieten) gab. Auf den geringen Umfang, mit dem die kernphysikalische Grundlagenforschung an den Hochschulen in der DDR präsent war, ist in diesem Zusammenhang nochmals hinzuweisen.

Auf Beschluss des Senats der Technischen Universität vom 11.02.1991 hat der Rektor das Recht zur Führung des Titels Dr. rer. nat. habil. (doctor rerum naturalium habilitatus) zuerkannt, wenn der akademische Grad Doktor der Wissenschaften und die Facultas Docendi erworben worden waren.

5.3. Wissenschaftliche Kolloquien, Schulen und Konferenzbesuche

Die erfolgreiche Entwicklung von wissenschaftlichem Nachwuchs setzt eine Atmosphäre des offenen Gedankenaustauschs und kritischen Meinungsstreit voraus. Angehende Wissenschaftler sollen den sich ständig verändernden Weltfundus an Wissen auf ihrem Gebiet kennen, ihren eigenen Beitrag verständlich präsentieren und objektiv einordnen können sowie bereit sein, sich kritischen Fragen von Kollegen zu stellen. Dafür war das Auftreten in Kolloquien und auf Konferenzen unabdingbar.

Den einfachsten Rahmen hierfür bot das wöchentliche Instituts- bzw. Bereichsseminar, in dem durchgängig alle Forschungsbeleg- und Diplomthemen, laufende Promotionsarbeiten, Reiseberichte von Konferenzbesuchen, Forschungskonzeptionen, Berichte von Gastwissenschaftlern am Bereich vor- bzw. zur Diskussion gestellt wurden. Ebenso traten häufig auch Nachwuchswissenschaftler mit eigenen Beiträgen bei Forschungsverteidigungen vor Auftraggebern auf. Einen breiteren inhaltlichen Rahmen überspannten die monatlichen Sektionskolloquien sowie die bereits genannten kernwissenschaftlichen Kolloquien mit den anderen Bereichen. Soweit die internen Veranstaltungen. Über den Rahmen der Universität hinaus reichten die jährlichen Winterschulen Kernphysik des ZfK Rossendorf, die auch von den Promovenden des WB Kernphysik rege genutzt wurden.

Der internationale Austausch war bis Ende der 1970-er Jahre – bedingt durch den Ost-West-Konflikt - auf Osteuropa begrenzt. In die regen Kooperationsaktivitäten mit den Partnern (siehe Pkt. 3.6.) waren alle Diplomanden und Mitarbeiter einbezogen. Größere Bedeutung als Foren für die Präsentation eigener Ergebnisse erlangten die Neutronenkonferenzen in Kiew. Auch die regelmäßig besuchten Symposien des Instituts für Physik der Slowakischen Akademie im Schloss Smolenice (s. Abb. 59) boten gute Gelegenheit hierfür. Darüber hinaus können weitere Veranstaltungen genannt werden, an denen Wissenschaftler aktiv teilnahmen, so an den Sommerschulen zur Kernphysik in Predeal (Rumänien) und Mikolajki (Polen).

Dennoch stellte die verordnete Begrenzung internationaler Kontakte auf Osteuropa für die Wissenschaftsentwicklung insgesamt und für die Nachwuchsentwicklung einen wesentlichen Nachteil dar. Bereits ab Anfang der siebziger Jahre wurden sich Hochschullehrer dessen immer mehr bewusst und versuchten, trotz verordneter Grenzen, Kontakte herzustellen. Vorsichtige Veränderungen setzten an der Universität - im Gegensatz zum ZfK Rossendorf, welches bereits in den 1960-er Jahren Kooperationsbeziehungen zum Niels-Bohr-Institut in Kopenhagen aufbauen konnte - jedoch erst nach einem weiteren Jahrzehnt ein.

5.4. Jährliche Symposien im Schloss Gaußig

Eine jährlich wiederkehrende kleine wissenschaftliche Konferenz sollte sich zu einem Forum für die Präsentation eigener Ergebnisse und den Austausch mit Wissenschaftlern anderer Länder entwickeln, an dem alle

Abb. 72:
Schloss Gaußig bei Bautzen – Tagungsort der jährlichen Kernphysik-Symposien von 1971 bis 1991; Ansicht von der Parkseite

Abb. 73 (unten):
Teilnehmer am V. Int. Symposium 1975, die sich den Namen „Pre-Equilibrium-Club 75" gaben

Abb. 75 (oben):
Die Non-Equilibrium Bar hat geöffnet, Barkeeper ist S. Sassonoff

Abb. 74: Höhepunkt - Bankettabend

Abb. 76: IAEA Advisory Group Meeting über Fusionsneutronik in Gaußig, 1986

Abb. 77:
Kenji Sumita aus Osaka bei seinem Vortrag in der Schlossbibliothek in Gaußig

Abb. 78:
Horst Liskien aus Geel, Spezialist für Streuprobleme, zelebriert die hohe Kunst des Billardspiels

Nachwuchswissenschaftler partizipieren konnten. Auch das ging nur schrittweise vonstatten, ein Prozess der Jahre dauerte. Zunächst war das Institut für die internationale Wissenschaftlergemeinschaft ein „no name" - ein unbeschriebenes Blatt. Das konnte sich nur Schritt für Schritt verändern. Als fast perfekter äußerer Rahmen bot sich hierfür ein Schloss in der Nähe von Bautzen an, welches von der Universität als Urlaubsheim und Tagungsstätte genutzt wurde. Es bot eine herrliche Bibliothek mit alten Beständen als Vortragsraum, das Kaminzimmer für Diskussionsrunden am Abend, den Spiegelsaal für Empfänge und Konzerte, den Speiseraum für gemeinsame Mahlzeiten, den großen Park für Spaziergänge. Nur die Schlafräume waren eher für Ehepaare und Familien geeignet, als für individuell angereiste Konferenzteilnehmer - doch die Gäste akzeptierten das angesichts der ansonsten idealen Konferenzatmosphäre mit allen Teilnehmern unter einem Dach, in dem schönen alten Schloss in Gaußig bei Bautzen (Abb. 72).

Die Gaußig-Symposien wurden schließlich - ungeachtet zwischenzeitlicher Höhen und Tiefen - zu einer festen Tradition, die zwanzig Jahre lang hielt, in denen sie sich als eine Stätte von Ost-West-Begegnungen für den wissenschaftlichen Austausch in schwierigen Zeiten bewährten. Hieran hatten auch bewährte Organisatoren, wie Helmut Helfer und Ursula Kaiser, nicht unerheblichen Anteil. Tabelle 5-3 zeigt eine Liste aller Kernphysik-Symposien, mit den Publikationen von Proceedings.

Bereits die erste Veranstaltung 1971 lief mit internationaler Beteiligung - die Gäste kamen aus Dubna, Debrecen, Bratislava, Krakau und Sofia. Im Jahr 1975 kamen erstmals Teilnehmer aus westeuropäischen Instituten - neben Wissenschaftlern aus Dubna, St. Petersburg (damals Leningrad), Bratislava, Charkow, Dimitrowgrad, Debrecen, Sofia, Warschau und Zagreb waren auch Institute aus Mailand und Montrouge vertreten. Da viele Teilnehmer an dieser aktuellen Thematik arbeiteten, wurde am Bankettabend in feucht-fröhlicher Runde der „Pre-equilibrium Club Gaußig 1975" aus der Taufe gehoben. Das war zweifellos ein emotionaler Höhepunkt, auch für die teilnehmenden 30 Mitarbeiter und Studenten des Bereichs (Abb. 73-75).

Noch stärker prägte Internationalität die Symposien der späteren Jahre. Im Jahr 1986 fand ein Advisory Group Meeting der IAEA zu Problemen der Fusionsneutronik statt (Abb. 76-78).

Das achtzehnte Symposium im Jahr 1988 war anlässlich des 50. Jahrestages der Entdeckung der Uranspaltung den damals sehr aktuellen Problemen von Physik und Chemie der Kernspaltung gewidmet und international gut besucht (Abb. 79 und 80). Unter Schirmherrschaft der IAEA liefen aus diesem Anlass zeitlich abgestimmt vier internationale Konferenzen - in Berlin(West), Washington, St. Petersburg und Gaußig/Dresden, wobei letztere allerdings, infolge der begrenzten Kapazität von Schloss Gaußig, den kleinsten Rahmen für die Teilnahme bot. An dieser Veranstaltung nahmen, neben vier Vertretern der IAEA, allein zehn renommierte Wissenschaftler aus der Bundesrepublik und vierzehn aus der Sowjetunion teil, darüber hinaus waren auch die USA, Frankreich, Großbritannien, Japan, Indien und acht weitere Länder vertreten. Für den früher in westlicher Richtung abgeschotteten Wissenschaftsbereich war das ein bemerkenswerter Erfolg.

Abb. 79 (oben):
ISNP 1988 über Kernspaltung

Abb. 80 (rechts):
W. Greiner aus Frankfurt trägt vor

Abb. 81 (unten):
XX. ISNP in Gaußig 1990 über Kernreaktionsmechanismen

Tabelle 5-3
Kernphysik - Symposien des Wissenschaftsbereichs

Titel / Thematik	Termin	Editor / Proceedings
Internationales Seminar zu Kernstrukturuntersuchungen mit Neutronen	29.11.-3.12.71	D. Seeliger WZ TUD **21**H4(1972)691
2. Internationales Seminar zu Kernstruktur und Automatisierung	11.-15.12.72	W. Meiling ZfK-261 August 1973
IIIrd International Seminar on Interaction of Fast Neutrons with Nuclei	05.-09.11.73	G. Kießig, R. Reif ZfK-271 Febr. 1974
IV. Internationales Seminar zur Wechselwirkung schneller Neutronen mit Kernen	18.-22.11.74	D. Seeliger WZ TUD **24**H6(1975)1351
Vth ISIFNN *)	17.-21.11.75	D. Seeliger ZfK-324 July 1976
VIth ISIFNN	22.-26.11.76	nicht veröffentlicht
VIIth ISIFNN	21.-25.11.77	J.Höhn, G. Ortlepp, D. Seeliger ZfK-376 Dec.78
VIIIth ISIFNN- Nuclear Reaction Mechanism	13.-17.11.78	R. Reif, S. Sassonov ZfK-382 January 1979
IXth ISIFNN	26.-30.11.79	D. Seeliger, S. Unholzer ZfK-410 January 1980
Xth ISIFNN	17.-21.11.80	G. Musiol, Wagner, Josch ZfK-459 Sept. 1981
XIth ISIFNN - Automation of Experiments using Mini- and Microcomputers	30.11.-4.12.81	P. Eckstein, W. Meiling ZfK-476 July 1982
XIIth ISNP**) - Heavy-Ion Collisions and Nuclear Fission	22.-26.11.82	R. Reif, J. Teichert ZfK-491 December 1982
XIIIth ISNP- Fast Neutron Reactions	21.-25.11.83	M.K. Mehta IAEA Vienna INDC(NDS)-173/GI und INDC(GDR)-34/GI [3*)]
XIVth ISIFNN - Neutron Generators and Application	19.-23.11.84	D. Seeliger, U. Jahn ZfK-562 July 1985
Xvth ISNP - Nuclear Fission	11.-15.11.85	D. Seeliger, K. Seidel, H. Märten ZfK-592 April 86
XVIth ISNP - Dynamics of Heavy-Ion Collisions [6*)]	11.-14.11.86	R. Reif, R. Schmidt ZfK-610 December 1986
XVIIth ISNP - Nuclear Reactions	09.-13.11.87	D. Seeliger, H. Kalka ZfK-646 May 1988
XVIIIth ISNP - Physics and Chemistry of Fission [5*)]	21.-25.11.88	H. Märten, D. Seeliger ZfK-732 1989
XIXth ISNP - Nuclear Processes in Fusion Reactors	06.-10.11.89	D. Seeliger ZfK-733 December 1989
XXth ISNP - Nuclear Reaction Mechanisms	12.-16.11.90	D. Seeliger, H. Kalka World Scientific 1991 [4*)]
XXIth ISNP - From Spectroscopic to Chaotic Features of Nuclear Systems	04.-08.11.91	D. Seeliger World Scientific 1992 [4*)]

*) ISFNN - International Symposium on the Interaction of Fast Neutrons with Nuclei

**) ISNP - International Symposium on Nuclear Physics

3*) Das XIII. ISNP tagte zusammen mit dem CRP der IAEA zu "Neutronenkerndaten für Spalt- und Fusionsreaktortechnologie", Proceedings in zwei INDC - Reports

4*) World Scientific Publ. Co, Singapur, ISBN 981-02-0691-7 u. ISBN 981-02-1013-2

5*) Organisation u. Durchführung des ISNP 1988 in Kooperation mit der IAEA

6*) im gleichen Jahr fand das IAEA AGM on Nuclear Data for Fusion Reactor Technology in Gaussig statt, 01.-05.12.1986; Proc. IAEA-TECDOC-457, ed. V. Goulo, Vienna1988

Die Integration der Forschungsarbeit des Wissenschaftsbereichs Kernphysik in die internationale Community der Wissenschaft hatte gute Fortschritte gemacht, aber sie war auch damit noch nicht abgeschlossen. In den Jahren 1990 und 1991 liefen die Symposien weiter, bereits nach der Wiedervereinigung. Auf diesen letzten Veranstaltungen wurde von den Teilnehmern aus Osteuropa mit besonderem Interesse verfolgt, wie sich die Entwicklung der Dresdner Forschungseinrichtungen im Zuge der deutschen Vereinigung gestaltet.

5.5. Nachwuchs in der Forschung

In einem Wissenschaftsbereich der Universität ist es unabdingbar, den Nachwuchs und Studenten in alle laufenden Forschungsvorhaben einzubeziehen. Aus dem in den vorherigen Punkten beschriebenen Studienplan ergaben sich dafür besonders günstige Voraussetzungen: Durch die Ausbildungsabschnitte Forschungsstudium, Forschungsbeleg, Diplomarbeit und das Forschungsstudium war es möglich, Studenten aus unterschiedlichen Studienjahren an einer größeren gemeinsamen Thematik zusammen zu führen, in der sie Aufgaben unterschiedlicher Komplexität – entsprechend ihrem Ausbildungsstand - übernahmen und sich dabei austauschten und gegenseitig stimulierten.

Themen mit einem gebündelten Einsatz befähigter Studenten und Nachwuchskräfte, unter wissenschaftlicher Führung eines Hochschullehrers, liefen unter der Bezeichnung Jugendobjekt. Sieht man von der politischen Verbrämung seitens der Leitung der Jugendorganisation einmal ab, so handelte es sich hier um eine effektive Form des Trainings von Teamarbeit in der Forschung. Besonders Themen, die in physikalisches oder methodisches Neuland vorstießen, wurden gern an Jugendobjekte gekoppelt, da die jungen, kreativen Leute oft in kurzer Zeit ganz erstaunliche Fortschritte erreichen konnten. Als Beispiele für weitere seien Jugendobjekte zu den Themen Neutronenstreuung, Spaltneutronen oder Entwicklung des Hochflussgenerators INGE-1 genannt.

Selbstverständlich nahm der wissenschaftliche Nachwuchs auch an der Bearbeitung aller internationalen Projekte teil und erlebte so am Beispiel die Vorteile und den Arbeitsstil internationaler Zusammenarbeit. Allerdings muss auch an dieser Stelle wieder auf eine von außen vorgegebene Einschränkung verwiesen werden: Bis zur Wende galten die alten Prozeduren zur Bestätigung von „Reisekadern“, mit der Folge, dass leider nicht alle dafür prädestinierten Mitarbeiter die Meetings oder Konferenzen im westlichen Ausland besuchen konnten. Erst ab Frühjahr 1990 wurde es möglich, nicht nur Mitarbeiter, sondern auch Studenten an westliche Zentren zu vermitteln, beispielsweise zu Praktika an den Forschungsreaktor im ILL Grenoble oder das HMI Berlin.

Abb. 85 (links):
Nachwuchsgruppe Neutronenstreuung 1969; v.l.n.r. - K. Seidel, S. Sassonoff, D. Wohlfarth, D. Hermsdorf, S. Eckstein, K. Zill, W. Linke, F. Kolbe, D. Seeliger, W. Weder

Abb. 86 (rechts):
Jugendobjekt Tandem 1975 -v.l.n.r. J. Rumpf, J. Kayser, D. Kätzmer, D. Schmidt, W. Pilz, G. Kloß, W. Meiling, H. Helfer

Abb. 87 (links):
F. Gleisberg und W. Enghardt erproben die Datenausgabe am Fernschreiber

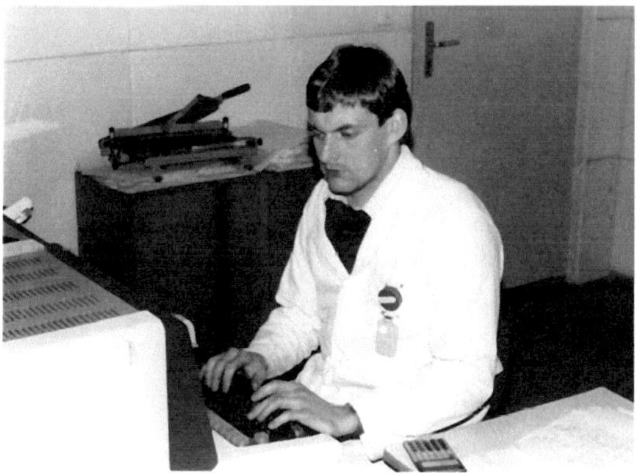

Abb. 85 (links):
M. Bittner bei der Auswertung von Messdaten zu Kernreaktionen bei geringen Energien, 1989

6. *Aus dem Institutsleben*

Bei dieser ganzen Aufzählung von Leistungen in Lehre und Forschung darf eine andere Seite des Wissenschaftsbereichs nicht völlig unerwähnt bleiben – der mehr gesellige Teil des Zusammenlebens im „Kollektiv WB Kernphysik". Bereits in den Anfangsjahren des Instituts wurden einmal im Jahr gemeinsame Ausflüge aller Angestellten - Wissenschaftler und Technische Mitarbeiter – in die nähere und fernere Umgebung zwischen Elbsandsteingebirge und Meißen unternommen, mit ausgedehnten Wanderungen und meist abschließender feucht-fröhlicher Einkehr. Dies wurde zur Tradition, die bis 1990 Bestand hatte.

Tabelle 6-1
Jährliche Wandertage und Exkursionen

Datum	Ausflugsziel
1960	Mit dem Schiff in die Sächsische Schweiz
1961	Busrundfahrt mit Wanderung in der Sächsischen Schweiz
13.08.1962	Wanderung im Osterzgebirge
16.10.1963	Lochmühle – Amselsee – Schiff - Bootshaus Pirna
1964	Hocksteinschänke – Brand – Rathen – Posta (Kegelabend)
10.1965	Altstadt, Dom, Wasserturm und Schloss in Bautzen
1966	Wanderung durchs Triebischtal bis nach Meißen
25.10.1967	Freiberg, mit Dom und Schaubergwerk
16.07.1968	Waldbad Schöna in der Sächsischen Schweiz
02.09.1969	Schloss und Park Moritzburg
10.06.1970	Botanischer Garten - Tharandter Wald und Grillenburg
02.06.1971	Meißen und Diesbar-Seußlitz
13.06.1972	Von Heidenau nach Altenberg und Geysing
21.06.1973	Cunnersdorf – Krippen – Bergarbeiterklub Pirna
20.06.1974	Liebstadt – Burg Kuckuckstein
13.06.1975	Mit dem Elbdampfer nach Usti
20.05.1976	Mühlbach – Liebstadt – Zuschendorf
01.06.1977	Berlin – Müggelberge – Institut in Zeuthen
17.05.1978	Großer Winterberg – Kuhstall – Lichtenhainer Wasserfall
20.06.1979	Fahrt mit mehreren Booten durch den Spreewald
18.06.1980	Wanderung durch den Rabenauer Grund nach Malter
16.09.1981	Bischofswerda – Faltenberg – Waldhaus Hohwald
26.05.1982	Techn. Sammlung – Klotzsche – Heide - Hubertusgarten
25.05.1983	ZfK – Dittersbach – Stolpen – Copitz
30.05.1984	Uni Leipzig – Großbothen – Grimma
20.06.1985	Institut v. Ardenne – Luisenhof – Wachwitzer Elbhänge
31.10.1986	Sektverkostung in Pirna-Posta
02.07.1987	Inst. Astrophysik Potsdam – Schloss und Park Sanssouci
14.07.1988	Inst. Nichteisenmetalle Freiberg – Mormonentempel
01.06.1989	Charite Berlin
02.04.1990	Stadtzentrum Pirna und Festung Sonnenstein

Die Tabelle 6-1 bringt die Daten und gewählten Ausflugsziele in Erinnerung und zeigt, dass über drei Jahrzehnte daran festgehalten wurde. Im letzten Jahrzehnt waren auch Forschungsstudenten einbezogen, damit kamen Wandergruppen von mehr als 40 Personen zustande (Abb. 86 - Ausflug in den Spreewald). Die Wandertage waren bezahlte Arbeitstage, um dies zu rechtfertigen, wurden vormittags, vor der Wanderng, oft auch interessante Institute von Partnern besucht.

Noch eine weitere Tradition hatte Bestand – die Doktorfeiern. In den Anfangsjahren waren das umfangreiche Unternehmungen, an deren Vorbereitung Kollegen und Werkstätten manchmal tagelang zu tun hatten - Probe von Sketches, Raumausgestaltung, Kostüme und vor allem Doktorhüte. Die letzteren wurden mit den modernsten elektronischen und mechanischen Bauteilen ausgestattet - wahre Prachtexemplare. Abends kam am Anfang der Höhepunkt, die "eigentliche Doktorprüfung". Bei der kam es vor allem auf Schlagfertigkeit und Humor an, doch am Schluss verlor keiner der erst wenige Stunden vorher frisch gekürten Doktoren seinen Titel – wenn er auch hinterher manchmal mit scherzhaften Bemerkungen bedacht wurde. In späteren Jahren wuchs die Abschlussrate der Promotionen A und B. Ein so hoher Aufwand für jede einzelne Doktorfeier, wie in den Anfangsjahren, war nicht mehr durchzuhalten, aber einen Doktorhut und die "eigentliche Doktorprüfung", vor einem nachfolgenden üppigen Bankett und dem geselligen Teil, die gab es immer (Abb. 87 und 88).

Ebenso gehörten die Jahresabschlussfeiern mit kleinen Überraschungsgeschenken, Kaffee und Weihnachtsstollen sowie Frauentagsfeiern im März mit Blümchen und Lob für die Kolleginnen zur guten Tradition, von der – trotz allem Zeitstress beim Leitungspersonal – nicht abgewichen wurde. Dann gab noch weitere gute Gründe fürs gemeinsame Feiern: Forschungsprämien, Auszeichnungen mit Geldprämie (wie beispielsweise drei Universitätspreise der TU), Jubiläen langjähriger Mitarbeiter, gemeinsame Weinverkostungen in der Weinstube „Rebstock“ usw. Man feierte gern und das sorgte auch für guten Zusammenhalt untereinander (Abb.88 bis 93). Andere Traditionen schwächten sich im Laufe der Jahre ab oder wurden in kleinere Gruppen verlagert. Hierzu gehörten die gemeinsamen feucht-fröhlichen Himmelfahrtsausflüge der männlichen Wissenschaftler in den Anfangsjahren, die später nur noch in kleineren Gruppen stattfanden.

An noch eine Tradition soll erinnert werden: Mitarbeiter der Außenstelle Pirna-Copitz spielten aktiv Volleyball – meist in den Mittagspausen, aber auch an den Meisterschaften der Universität nahm regelmäßig eine Mannschaft teil, dabei konnte sogar mehrmals der Titel „TU-Meister“ errungen werden!

Dann liefen auch noch Veranstaltungen mit und für die Studenten, an denen auch Angehörige des Lehrkörpers teilnahmen. Hier ist an erster Stelle der berühmte jährliche Physikerball für alle Physikstudenten zu nennen, der natürlich weit über den Rahmen des Wissenschaftsbereichs hinausging. Auch die „vertikale Studentengruppe Kernphysik“ nutzte sich bietende Gelegenheiten zum gemeinsamen Feiern mit den Professoren und Assistenten,

Abb. 86 (oben): Wandertag 1979 – Bootsausflug im Spreewald

Abb. 87 und 88:
Gemeinsame Doktorfeier von D. Hermsdorf und S. Sassonoff im Jahr 1973

Abb. 89 und 90: Auszeichnung verdienstvoller Kollegen mit einer Anerkennungsprämie durch den Bereichsleiter (links) und den Vertrauensmann (rechts)

Abb. 91 und 92: Bei den diversen Feiern im Kollektiv - Bereich oder Gewerkschaftsgruppe - gibt es stets eine Menge Spaß

Abb. 93 (links):
Demonstration zum 1. Mai 1963 in Pirna mit eigenem Schauwagen unter der Losung „Weg mit den Atomwaffen, für die friedliche Nutzung der Atomenergie“

Abb. 94 (rechts):
Demo zum 1. Mai 1976 in Pirna „mit Kind und Kegel“

Abb. 95 (links):
Freiwilliger Arbeitseinsatz am Sonnabend (sogenannter Subbotnik) zum Frühjahrsputz im Außengelände, 1978

Abb. 96 (rechts):
Gewekschaftsversammlung 1988; der Vertrauensmann H. Helfer hält die Einführung in die Diskussion über den „sozialistischen Wettbewerb“ im WB Kernphysik

bietende Gelegenheiten zum gemeinsamen Feiern mit den Professoren und Assistenten, beispielsweise nach den erfolgreichen Diplomverteidigungen im Sommer. Dann luden auch die Landsmannschaften der Länder, aus denen Studenten oder Aspiranten am Bereich studierten, zu geselligen Zusammenkünften ein – mit Folkloreprogramm und kulinarischen Leckerbissen aus den Heimatländern. Die Aufzählung ließe sich fortsetzen.

Natürlich gab es sie, die politischen Veranstaltungen - Versammlungen der Gewerkschafts- bzw. der FDJ-Gruppe. Auf denen wurde auch, aber bei weitem nicht nur, über politische Themen gesprochen. Im Mittelpunkt standen Probleme der Arbeit bzw. des Studiums. „Sozialistischer Wettbewerb" hieß ein permanenter Schwerpunkt der Versammlungen, dazu gehörte praktisch alles, was die tägliche Arbeit im Bereich betraf (Abb.95 und 96). Vom Ministerium angeordnet, fand für alle Wissenschaftler und Ingenieure einmal monatlich ein Kolloquium zu Fragen des Marxismus-Leninismus statt, unter Leitung von Lehrkräften aus den gesellschaftswissenschaftlichen Sektionen. Die waren eher belanglos und sind hier nur insoweit erwähnenswert, als die „ungenügende Teilnahme in der Außenstelle Pirna-Copitz" wiederholt zum Anlass für harsche Kritik auf zentralen Versammlungen an der Universität genommen wurde. Die Atmosphäre im Bereich war stets primär sachorientiert.

Zur angeordneten Demonstration am Feiertag 1. Mai trafen sich alle in der Kreisstadt Pirna – Mitarbeiter und Studenten fanden das gleichermaßen gut, denn hier lief „die Sache" viel schneller ab, als in der Bezirksstadt Dresden, wo das Gros der Sektion demonstrierte. Bei schönem Wetter konnte man von Pirna aus nach dem kurzen Umzug bequem einen Ausflug in die Sächsische Schweiz anschließen, so wurden die Kinder zur Demo gleich mitgenommen (Abb.93 und 94).

Diese wenigen Schlaglichter sollen zeigen, dass ungeachtet der nicht einfachen äußeren Bedingungen im Team eine entspannte, auf kollegialen Zusammenhalt orientierte Atmosphäre herrschte. Weder Entlassungen noch disziplinarische Maßregelungen waren erforderlich, um permanente hohe Leistungsbereitschaft und kollegiale Zusammenarbeit zu bewirken.

7. Quellenangabe und Verzeichnis wissenschaftlicher Arbeiten

ALE 1961 K.F. Alexander: „Das Zentralinstitut für Kernphysik, Rossendorf bei Dresden; 1. Bereich Reaktortechnik und Neutronenphysik"; Kernenergie 4, H.7(1961)583

ALO 1992 H. Al Obiesi, T. Elfruth, T. Hehl, M. Toepfer, D. Seeliger, K. Seidel, S. Unholzer: „Double-differential neutron emission cross section of ^{51}V, ^{181}Ta,^{nat}W and ^{238}U at 14 MeV neuton incident energy"; in: Nuclear Data for Science and Technology, (Int. Conf. Jülich 13-17 May 1991), Ed. S.M. Quaim, Springer-Verlag, Berlin, Heidelberg, New York, London, Paris, Tokyo,; 1992, pp. 301-303, ISBN 0-387-55100-X und ISBN 3-540-55100-X

ARL 1972 R. Arlt, G. Beyer, V. Fomych, E. Herrmann, A. Jasinski, G. Ortlepp, H. Strusny, H. Tyroff, S. Usmanova: „Ein neues Isotop ^{92}Ru"; JETF 13(1972)556

ARL 1974 R. Arlt, K.Ya. Gromov, N.G. Saitzeva, V.G. Kalinikov, B. Kratzig, G. Musiol, B.J. Raiko: „Untersuchungen von Isotopen weitab von der Stabilitätslinie im Rahmen des Programms JASNAPP" Teil I; ECHAYA (Particles & Nuclei) 5(1974)843-891

ARL 1977 R. Arlt, W. Fromm, G. Musiol, H.-G. Ortlepp, S. Polikanov, U. Schmidt, G. Zorin: „Possible evidence for shape isomeric gamma decay in Mu-atoms of ^{238}U" Nucl. Phys. A278(1977)387

ARL 1979a R. Arlt: „The Use of the Time Correlated Associated Particle Method for Absolute Fission Cross Section Measurement"; ZfK-382(1979)172-179

ARL 1979b R. Arlt, W. Wagner, W. Grimm, G. Musiol, H.-G. Ortlepp, G. Pausch, R. Teichner M. Josch, I. Alchasov, W. Dushin, L. Drapchinski, S. Kovalenko, O. Kostochkin, K.A. Petrshak, W.I. Shpakov: „Messung des Spaltquerschnitts der Nuklide ^{235}U, ^{238}U, ^{237}Np und ^{239}Pu bei Neutronenenergien 14,7 MeV und 2,6 MeV" (VIII. ISNP Gaußig, Nov. 1978); ZfK-382(1979)180-184

ARL 1980 R. Arlt, W. Grimm, W. Meiling, R. Krause, H.-G. Ortlepp, R. Teichner, W. Wagner, F. Weidhase: „A CAMAC experiment for the precise measurement of the cross section in fast neutron induced fission"; Nucl. Instr. & Meth. 169(1980)381

ARL 1981 R. Arlt, W. Meiling, G. Musiol, H.-G. Ortlepp, R. Teichner, W. Wagner, I.D. Alkhazov, O.I. Kostochkin, S.S. Kovaleno, K.A. Petrshak, V.I. Shpakov : "Absolutmessungen von Spaltquerschnitten der Nuklide ^{235}U, ^{238}U, ^{237}Np und ^{239} Pu bei einer Neutroneneinschussenergie von 14,7 MeV"; Kernenergie 24 (1981)48-57

ARL 1982 R. Arlt, M. Josch, H.-G. Ortlepp, R. Teichner, W. Wagner, I.D. Alkhazov, L. Drapchinskij, V.N. Dusin, O.I. Kostochkin, S. Kovalenko, K. A. Petrshak, W.I. Shpakov: "Absolute Messung des Spaltquerschnitts von ^{235}U bei einer Neutroneneinschussenergie von 2,6 MeV nach der Methode der zeitlich korrelierten assoziierten Teilchen"; Kernenergie 25 (1982) 199-203

ARL 1984 R. Arlt, H. Bohne, W. Wagner, M. Josch, G. Musiol, H.-G. Ortlepp, G. Pausch, I. Alkhazov, L.W. Ganza, A.V. Drapchinskij, A.V. Dusin, S.S. Kovalenko, O. Kostochkin, K.A. Petrshak, B. Rumjanzew, S. Solovev, P. Soloshenkov, A.V. Fomitschev, V.I. Shpakov: "Absolute Spaltquerschnittsmessung an ^{239}Pu mit 8,5 MeV Neutronen"; Atomnaja Energia 57 (1984) 249

ARL 1985 R. Arlt, H. Bohne, C. Herbach, M. Josch, G. Musiol, H.-G. Ortlepp, G. Pausch, W. Wagner, L.V. Drapchinskij, E.A. Ganza, O.I. Kostochkin, O.I. V.I. Shpakov: "Absolute measurement of the ^{235}U fission cross section at 4,45 MeV neutron energy using TCAPM"; in: Nuclear Standard Reference Data, (AGM Geel , 12-16 November 1984), IAEA-TECDOC-335, Vienna 1985, p. 174-181

ARN 1989 K. Arnold, II. Düring, H. Kalka, H. Märten, A. Ruben, D. Seeliger: „Modes of De-Excitation of Fission Fragments"; Nuclear Phys. A502 (1989) 325c

BAG 1957 Erich Bagge, Kurt Diebner, Kenneth Jay: „Von der Uranspaltung bis Calder

Hall" Rowohlt Verlag GmbH, Hamburg, 1957

BAR 1958 H. Barwich: „Das Zentralinstitut für Kernphysik am Beginn seiner Arbeit"; Akademie-Verlag Berlin, 1958

BAS 1982 B. Basarragtscha, D. Hermsdorf, D. Seeliger: „A Simple Model for Calculation of Fast Neutron-Induced Gamma-Ray Spectra"; in: Nuclear Data for Radiation Damage Assesment and Related Safety Aspects (AGM Vienna, 12-16 October 1981), IAEA TECDOC-263, Vienna 1982, pp. 123-134

BRZ 1977 H.W. Barz, J. Höhn, I. Rotter: „Coupled channels calculations in the continuum shell model with complicated configurations"; Nucl. Phys. A275(1977)111

BED 1983 M. Bedrich, R. Reif: „Ein numerisches Verfahren zur Berechnung von Rauschleistungsspektren"; Kernenerggie 26(1983)285

BIR 1960 V.A. Birjukov, M.M. Lebedenko, A.M. Rüshov: „Das Vereinigt Institut für Kernforschung" (in russ.), Atomisdat, Moskau, 1960; Druck: VEB Deutscher Verlag der Grundstoffindustrie, Leipzig, Fachbuchdruck Naumburg/Saale

BIT 1988 M. Bittner, U. Gohs, A. Meister, E. Paffrath, D. Schmidt, R. Schwierz, D. Seeliger: „Equipment for Fusion Neutronic Studies"; in: Nucleon Induced Reactions, (5-th Int. Symp. Smolenice, 20-25 June 1988), Physics and Applications Vol. 15, Ed. S. Gmuca, E. Antalik, J. Kristiak, Institute of Physics EPRC, Slovac Academy of Sciences, Bratislava 1988, pp. 332-335

BIT 1990 M. Bittner, A. Meister, D. Ohms, E. Paffrath, D. Rahner, R.Schwierz, D. Seeliger, K. Wiesener, P. Wüstner: „Method for investigation of fusion ractions in condensed matter"; Fusion Technology 18(1990)120-130

BIT 1991a M. Bittner, G. Ludwig, A. Meister, J. Müller, D. Ohms, E. Paffrat, D. Rahner, R. Schwierz, D. Seeliger, P. Stiehl, K. Wiesener, P. Wüstner: „Evidence for the production of dd-fusion neutons during electrolyic infusion of deuterons into a palladium cylinder"; Fusion Technology 19(1991)2119-2134

BIT 1991b M. Bittner, A. Meister, D. Ohms, E. Paffrath, D. Rahner, R. Schwierz, D. Seeliger, K. Wiesener, P. Wüstner: „Indication for temporary Production of Deuteron-Deuteron Fusion Neutrons during electrolytic Infusion of Deuterons into a massive Palladium Slab"; Fusion Technology 20 (1991) 334

BIT 1991c M. Bittner, A. Meister, D. Seeliger, R. Schwierz, P. Wüstner: „Observation of d-d Fusion Neutrons during Degassing of Deuterium loaded Palladium"; Fusion Technology 23 (1991) 346

BIT 1991d M. Bittner, A. Meister, D. Ohms, E. Paffrath, D. Rahner, E. Schwierz, D. Seeliger, K. Wiesener, P. Wüstner: "Emission of dd-fusion neutrons from a massive palladium cylinder during electrolytic infusion of deuterons into the metal"; Isotopenpraxis 27, H.6(1991)274-280

BOE 1985 R. Böttger, W.D. Fromm, H. Klein, H. Märten, D. Richter, D. Seeliger: „The Cf-252(SF) Neutron Spectrum in the High-Energy Range"; In: Nuclear Data for Basic and Applied Science, (Int. Conf. Santa Fe, 13-17 May 1985), Ed. P.G. Young, R.E. Brown, G.F. Auchampaugh, P.W. Lisowski, L. Stewart, Gordon and Breach Science Publ.,New York, London, Paris, Montreux, Tokyo, 1985, Vol. 2, pp. 1471-1474, ISBN 0-677-21340-9

BRO 1992 J. Brose, T. Elfruth, J. Klose, M. Toepfer, D. Seeliger, K. Seidel, S. Unholzer, Hebert, W. Stolz, D. Markovskij, G. Shatalov: "Neutron Leakage Spectra and Tritium Production Rate of a Hybrd-Reactor Blanket- Assembly", in: Nuclear Data for Science and Technology, (Int. Conf. Jülich 13-17 May 1991), Ed. S.M. Quaim, Springer-Verlag, Berlin, Heidelberg, New York, London, Paris, 1992, pp. 335-336, ISBN 0-387-55100-X und ISBN 3-540-55100-X

BYC 1983 W.M. Bychkov, A.W. Ignatyuk, W.P. Lunev, D. Seeliger, S. Unholzer, D. Schmidt, T. Streil, D. Hermsdorf: „Anteil direkter u. statistischer Reaktionsmechanismen bei der Streuung schneller Neutronen an tiefliegenden Zuständen leichter und mittelschwerer Kerne"; ECHAYA (Particles&Nuclei) Bd.14,H.2(1983)376-419

CIN 1975 CINDA 75 „An Index to the Literature on Microscopic Neutron Data"; International Atomic Energy Agency Vienna,1975 – sowie nachfolgend perio-

disch aktualisierte CINDA-Indices der IAEA
ECK 1977 P. Eckstein, H. Helfer, D. Kätzmer, J. Kayser, D. Lehmann, W. Pilz, J. Rumpf, Schmidt,T. Streil: „Spektroskopie schneller Neutronen am Tandembeschleuniger EGP-10"; Kernenergie 20,H.6(1977)161-166
ECK 1980 P. Eckstein, H. Helfer, D. Kätzmer, J. Kayser, R. Krause, D. Lehmann, W. Meiling, W. Pilz, J. Rumpf, D. Schmidt, D. Seeliger: „A Multi-Angle Detector System for Fast Neutron Time-of-Flight Spectroscopy" Nucl. Instr. & Meth. 169(1980)533-538
ECK 1986 P. Eckstein, F. Gleisberg, H. Helfer, R. Krause, U. Jahn, E. Paffrath, D. Schmidt, D. Seeliger, A.I. Glotov, V.A. Romanov: "Design of a multi-purpose intense neutron generator"; in: Neutron Induced Reactions, (4-th Int. Symp. Smolenice, June 1985), Ed. J. Kristiak, E. Betak, D. Reidel Publ. Company, Dodrecht, Boston, Lancester, Tokyo, 1986, pp. 417-422, ISBN 90-277-2214-5
ECK 1987 P. Eckstein, U. Jahn, E. Paffrath, D. Schmidt, D. Seeliger: „Intense Neutron Generator Development at the TU Dresden"; in: Properties of Neutron Sources (IAEA AGM Leningrad, 9-13 Jun 1986); IAEA TECDOC-410, Vienna, 1987, pp. 369-379
ECS 1983 S. Eckstein, D. Hermsdorf, D. Seeliger, K. Friedrich, L. Jankowski, B. Letz: „Die Arbeiten der Kerndatenbibliotheken in der DDR - Datenbestand und Serviceleistungen"; ZfK-503(1983)19
ELF 1987 T. Elfruth, D. Seeliger, K. Seidel, G. Streubel, S. Unholzer, D. Albert, W. Hansen, K. Noak, Ch. Reiche, W. Vogel, D.V. Markovskij, G.E. Shatalov: „The neutron multiplication of lead at 14 MeV neutron incident energy" Atomkernenergie – Kerntechnik 49, Nr.3 (1987) 121
ELF 1989 T. Elfruth, T. Hehl, H. Kalka, H. Märten, A. Ruben, D. Seeliger, K. Seidel: "Differential Neutron-Emission Cross-Sections of ^{238}U bomarded with 14 MeV Neutrons" in: Physics of Neutron Emission in Fission, (CM Mito 24-27 May 1988), Ed. H. Lemmel, INDC(NDS)-220,Vienna 1989, pp. 171-173
ELF 1990 T. Elfruth, T. Hehl, M. Töpfer, D. Seeliger, K. Seidel, G. Streubel, S. Unholzer, D. Albert, W. Hansen, Ch. Reiche, W. Vogel, A. Borisov, D. Markovskij, G. Shatalov: „The neutron leakage spectrum from a uranium sphere fed with 14 MeV neutrons"; Kerntechnik 55, Nr.3 (1990) 156
ELH 1980 M.A. El-Harid, T. Schweitzer, D. Seeliger, S. Unholzer: „Investigation of nuclear reaction mechanism in 3,4 MeV neutron scattering on 2p-1f-shell nuclei"; in: ZfK-410 (IX-th Int. Symp. Gaussig 26-30 November 1979), pp. 34-37
FAU 1965 H. Faulstich: „Zehn Jahre Zentralinstitut für Kernforschung in Rossendorf"; Kernenergie 8, H.12(1965)657
FAW 1979 M. Adel-Fawzy, H. Förtsch, S. Mittag, W. Pilz, D. Schmidt, D. Seeliger, T. Streil: „Querschnitte der elastischen Neutronenstreuung an ^{93}Nb und In bei Einschussenergien E_0= 6,8...12,0MeV"; Kernenergie 22,H.7(1979)235-237
FAW 1985 M. Adel-Fawzy, H. Förtsch, D. Schmidt, D. Seeliger, T. Streil: „Excitation of the Even-Even Nuclei ^{24}Mg, ^{28}Si and ^{32}S by Neutron Scattering at Incident Energies between 7 and 14MeV"; Nucl. Phys. A440(1985)35-61
FEL 1969 Helmut Felke: „Die Forschung an der Technischen Universität im Prozess der organischen Verflechtung von Wissenschaft und Produktion"; in: Festband anlässlich des 20. Jahrestages der DDR „Die TU Dresden verwirklicht die Sozialistische Hochschulreform"; Herausgeber: Rektor der TU Dresden; Graphischer Großbetrieb Völkerfreundschaft, 1969; S. 81– 94
FUC 1962 K. Fuchs: „Das Zentralinstitut für Kernphysik, Rossendorf bei Dresden, 5. Bereich Theoretische Physik"; Kernenergie 5, H.3(1962)197-198
GAV 1976 Y.K.Gavrilov, Kim Si Chwan, V. Cojocaru, T. Krogulskij, V.D. Kusnezov, H.-G. Ortlepp, S. Polikanov: "Wahrscheinlichkeit der Spaltung von ^{232}Th durch Müonen"; Yad. Fiz. 24(1976)241
GIE 1972 H.-D. Giera, D. Seeliger, K. Seidel, D. Wohlfarth: „Programme zur Interpretation von Spektren unelastisch gestreuter schneller Neutronen im Rahmen des statistischen Kernmodells"; Kernenergie 15,H.11-12(1972)384-391

GLE 1982 F. Gleisberg, F. Bormann, F. Weidhase: „CAMAC Module Memory in Nuclear Physics Measurements"; ZfK-476(1982)22-25

GOH 1989 U. Gohs und D. Seeliger: „A Tritium Safety-System for the Intense Neutron Generator INGE-1"; Nucl. Instr. & Meth. A282(1989)341-344

GOH 1991 U. Gohs, H. Märten: "Evaluation of total fission characteristics for Uranium-235 in the resonance region"; in: Nuclear Data for Neutron Emission in the Fission Process (CM Vienna, 22-24 October 1990), IAEA INDC(NDS)-251, Vienna 1991, pp. 241-249

GOH 1992 U. Gohs: "Evaluation of Total Fission Characteristics for ^{235}U in the Low Energy Region"; in: Nuclear Data for Science and Technology, (Int. Conf. Jülich 13-17 May 1991), Ed. S.M. Quaim, Springer-Verlag, Berlin, Heidelberg, New York, London, Paris, Tokyo, 1992, pp. 98-100, ISBN 0-387-55100-X und ISBN 3-540-55100-X

GOV 1961 A.M. Govorov. V.I. Nikanorov, G. Peter, A.F. Pisarev, H. Pose: „Gasentladungs-Spurenkammern" (in russ.); Prib. Techn. Eksp. H.4(1961)49

GRI 1966 J. Griffin: Phys. Rev. Lett. 17(1966)178

GRO 1975 K.Ya. Gromov, H.-U. Siebert, V. Kalinikov, G. Musiol, H. Strusny: „Untersuchung von Isotopen weitab von der Betastabilitätslinie – Ergebnisse im Rahmen des Programms JASNAPP"; Teil II, ECHAYA (Particles&Nuclei) 6,H.4(1975)971-1039

HÄN 1965 H. Hänsgen, H. Pose, G. Schirmer, D. Seeliger: „Polarisation von Neutronen der Reaktion D(d,n)^{3}He"; Nuclear Physics 73(1965)41

HÄN 1971 H. Hänsgen, M. Nitsche: „Streuung polarisierter Neutronen der Energie 2,7 bis 2,9 MeV an Kohlenstoff"; Nuclear Physics A165(1971)401

HAU 1970 W. Haussen, T. Schweitzer, D. Seeliger, K. Seidel: „Bestimmung der differentiellen Neutronenquellstärke der T(d,n)^{4}He-Reaktion"; Nucl. Instr.& Meth. 88(1970)251-256

HAU 1970 W.Haussen, T. Schweitzer, D. Seeliger, K. Seidel: „Spektrum und differentielle Querschnitte der unelastischen Streuung von 14 MeV Neutronen an Eisen"; Kernenergie 13,H.7(1970)226-228

HEL 1972 H. Helfer, D. Seeliger, A. Sgonina: "Untersuchungen des Einsatzbereiches von Mehrspalt- Klystronsystemen zur Gruppierung von Ionenströmen"; Exp. Techn. d. Physik XX, H.2(1972)155-159

HEL 1974 H. Helfer, D. Seeliger, R. Krause, A. Sgonina, D. Lehmann, A. Glotov, G. Lovchikova, W. Nesterenko, W. Romanov, O. Salnikov, W. Spirin, A. Trufanov: "Impulsregime des Beschleunigers EGP-10M" FEI-471, Obninsk, 1974

HER 1970 D. Hermsdorf, J. Höhn, D. Seeliger: „Korrektion des Einflusses eines endlichen Streuervolumens auf die Messung differentieller elastischer und unelastischer Neutronenstreuquerschnitte" : Kernenergie, Teil I: 13,H.8(1970)263-264; Teil II: 13,H.9(1970)283-287, Teil III: 13,H.10(1970)324-329

HER 1973a D. Hermsdorf, H.-P. Richter, S. Sassonoff, D. Seeliger, K. Seidel: „Eine physikalisch begründete Parametrisierungsmöglichkeit für die Spektren und Wirkungsquerschnitte der unelastischen Wechselwirkung schneller Neutronen mit Atomkernen"; Kernenergie 16,H.8(1973)252-257

HER 1973b D. Hermsdorf, S. Sassonoff, D. Seeliger, K. Seidel: „The ^{93}Nb(n,2n)^{92}Nb Cross Section at 14 MeV Extracted from Experimental Neutron Emission Spectrum" ; J. of Nucl. Energy 27(1973)747-750

HER 1973c D. Hermsdorf, K. Pasieka, D. Seeliger: „EFFI – Ein Monte-Carlo-Programm zur Berechnung der Nachweiseffektivität eines Neutronendetektors mit organischem Szintillator"; Nucl. Instr. & Meth. 107(1973)259-268

HER 1974a D. Hermsdorf, S. Sassonoff, D. Seeliger, K. Seidel: „Absolute differentielle Neutronenemissionsquerschnitte für Ti, V und Cr bei 14 MeV Einschussenergie"; Kernenergie 17,H.6(1974)176-183

HER 1974b D. Hermsdorf, S. Sassonoff, D. Seeliger, K. Seidel: "Absolute differentielle Neutronenemissionsquerschnitte für Mn, Fe, Co, Ni, Cu und Zn bei 14 MeV Einschussenergie"; Kernenergie 17,H.8(1974)259-265

HER 1975 D. Hermsdorf, A. Meister, S. Sassonoff, D. Seeliger, K. Seidel: „Absolute differentielle Neutronenemissionsquerschnitte für Na, Mg, Al, Si, P und S bei14 MeV Einschussenergie"; Kernenergie 18,H.3(1975)83-88

HER 1976a D. Hermsdorf A. Meister, S. Sassonoff, D. Seeliger, K. Seidel: „Neutron Emission Spectra Analysis with Pre-Equilibrium and Equilibrium Statistical Theory"; in: Nuclear Theory in Nuclear Data Evalution, (CM ICTP Trieste, 8-11 December 1975), IAEA TECDOC 190 Vol. II, Vienna 1976, 263-284

HER 1976b D. Hermsdorf, G. Kießig, D. Seeliger: „The use of pre-equilbrium model in the evaluation of 93Nb + n cross sections"; in: Nuclear Theory in Nuclear Data Evaluation, ebenda, pp. 301-314

HER 1976c D. Hermsdorf, A. Meister, S. Sassonoff, D. Seeliger, K. Seidel: „Absolute differentielle Neutronenemissionsquerschnitte für Ga, Se, Br, Zr, Nb, Cd, In, Sn, Sb, J,Ta, W, Au, Hg, Pb und Bi bei 14MeV Einschussenergie" Kernenergie 19,H.8(1976)241-253

HER 1976d D. Hermsdorf, A. Meister, S. Sassonov, D. Seeliger, K. Seidel: "Neutron Emission Spectra Analysis in the Preequilibrium and Equilibrium Statistical Theory"; ATOMKI Közlemenyek 18(1976)229-246

HER 1977 D. Hermsdorf, G. Kießig, D. Seeliger: „Neutron Cross Section Evaluation for ^{93}Nb in the Energy Range from 30 keV to 20 MeV"; Kernenergie 20, H.6(1977)166

HER 1980 D. Hermsdorf, D. Seeliger: "Mikroskopische Kerndaten Teil II: Aufbau und Entwicklung des Kerndatenservice"; Kernenergie 23, H.8 (1980) 285

HER 1983 D. Hermsdorf: „Description of the evaluated neutron nuclear data file 22015 for silicon of the SOKRATOR library"; INDC(GDR)-20/L (1983)

HÖH 1969 J. Höhn, H. Pose, D. Seeliger, R. Reif: „Elastic and Inelastic Scattering of 14,7 MeV Neutrons from ^{28}Si"; Nucl. Phys. A134(1969)289

HÖH 1976 J. Höhn, I. Rotter, H.W. Barz: "Über Schwelleneffekte in Kernreakionen" (in russ.), Yad. Fiz. 24(1976)513-523

HÖH 1981 J. Höhn, J. Kayser, W. Pilz, D. Schmidt, D. Seeliger: „Experimental investigation of the ^{11}B+p reaction and analysis in the frame of the continuum shell model"; J. Phys. G: Nucl. Phys. 7(1981)803-814

HRZ 1958 Gustav Hertz (Hrsg.) „Lehrbuch der Kernphysik" Bd.I „Experimentelle Verfahren" B.G. Teubner Verlagsgesellschaft, Leipzig, 1. Auflage 1958, überarbeitete 2. Auflage 1966; Bd.II „Physik der Atomkerne", ebenda, 1960; Bd.III „Angewandte Kernphysik", ebenda, 1962

IGN 1973 V.K. Ignatovich, J.M. Ostanevich, L. Cer: P4-7296, VIK Dubna, 1973

IGN 1982 V.K. Ignatovich, S. Mittag, D. Pabst, L.B. Pikelner,W. Pilz, R. Tschammer: „Phononen-Analogon der Cerenkow-Strahlung beim Durchflug von Neutronen durch Materie" (in russ.); Yad. Fiz. 36, H.2(8) (1982) 447

IGN 1986 V.K. Ignatovich, A. Meister, S. Mittag, W. Pilz, D. Seeliger, K. Seidel: "Temperature shift of neutron resonances"; in: Neutron Induced Reactions, (4-th Intern. Symp. Smolenice, June 1985), Ed. J. Kristiak, E. Betak, D. Reidel Publ. Company, Dodrecht, Boston, Lancester, Tokyo, 1986, pp. 304-309, ISBN 90-277-2214-5

JAH 1987 U. Jahn, D. Schmidt, D. Seeliger, J. Dietrich: „Ion optical Elements and Calculation for an Intense Beam Accelerator"; Exp. Techn. d. Physik 36(1988)453

JAN 1984 D. Jansen, M. Militzer, R. Reif: „Microscopic description of heavy-ion collisions in terms of interacting RPA-modes"; Nucl. Phys. A425(1984)152

JOL 1984 R.V. Jolos, R. Schmidt, J. Teichert: „One-body collisions and classical collective dynamics in HIR"; Nucl. Phys. A429(1984)139

JOL 1985 R.V. Jolos, U. Reinhardt, R. Schmidt, R. Schwengner: „Particle-hole description of heavy-ion collisions"; Yad. Fiz. 41(1985)906

KAL 1988a H. Kalka, D. Seeliger, F.A. Zhivopistsev: „Statistical Multistep Direct and Compound Processes below 30 MeV for 93-Nb"; Z. Phys. A – Atomic Nuclei 329(1988)331

KAL 1988b H. Kalka, D. Seeliger, F.A. Zhivopistsev: "Statistical multistep direct and compound processes below 30 MeV for ^{93}Nb"; in: Nuclear Theory for Fast Neutron Nuclear Data Evaluation, (AGM Beijing 12-16 October 1987), IAEA TECDOC-483, Vienna 1988, pp. 273-277

KAL 1988c H. Kalka, M. Torjman, D. Seeliger: "SMD/SMC-Model for Nuclear Data Evaluation"; in: Nuclear Data for Science and Technology (Int. Conf. Mito, 30 May-3 June1988), Ed. S. Igarasi, Jap. Atomic En.Res.Inst. 1988, pp. 581-582

KAL 1988d H. Kalka, D. Seeliger: "Global description of emission spectra within Statistical Multistep Theory"; in: Nucleon Induced Reactions, (5-th Int. Symp. Smolenice, 20-25 June 1988), Physics and Applications Vol. 15, Ed. S. Gmuca, E. Antalik, J. Kristiak, Inst. of Phys. EPRC, Slovac Academy of Sc., Bratislava, 1988, pp. 206-219,

KAL 1989 H. Kalka, M. Torjman, D. Seeliger: „Statistical multistep reactions: Application"; Phys. Rev. C 40, Nr.4 (1989)1619

KAL 1990a H. Kalka, M. Torjman, H.N. Lien, R. Lopez, D. Seeliger: „Description of (n,p)- and (n,2n)- Activation Cross Section for Medium Mass Nuclei within Statistical Multistep Theory"; Z. Phys. A – Atomic Nuclei 335 (1990) 163

KAL 1990b H. Kalka, H. Märten, A. Ruben, D. Seeliger, M. Töpfer: „Theoretische Grundlagen der Kerndateneinschätzung"; Wiss. Z. TU Dresden 39 (1990) 3

KAL 1991 H. Kalka: Statistical Multistep Reactions from 1 to 100 MeV"; in: Nuclear Reaction Mechanisms, (XX. ISNP Gaussig, 12 – 16 November 1990), Ed. D. Seeliger, H. Kalka, World Scientific, Singapore, New Jersey, London, Hong Kong, 1991, pp.87-121, ISBN 981-02-0691-7

KAL 1992 H. Kalka: "Statistical Multistep Reaction Model for Nuclear Data"; in: Nuclear Data for Science and Technology, (Int. Conf. Jülich 13-17 May 1991), Ed. S.M. Quaim, Springer-Verlag, Berlin, Heidelberg, New York, London, Paris, Tokyo, 1992, pp. 897-902, ISBN 0-387-55100-X und ISBN 3-540-55100-X

KAL 1993 H. Kalka: „Statistical Multistep Reactions"; in: Computation and Analysis of Nuclear Data relevant to Nuclear Energy and Safety, (Workshop ICTP Trieste 10 February –13 March 1992), Ed. M.K. Metha, J.J. Schmidt, World Scientific, Singapore, London. Hong Kong, 1993, pp. 587-621, ISBN 981-02-1224-0

KNO 1986 O. Knospe, R. Schmidt, H. Schulz: "Site-percolation approach for mass and isotopic distributions in fragmentation reactions"; Phys. Lett. B182(1986)293

KNO 1988 O. Knospe, R. Schmidt, G. Seifert: "Percolation approach for atomic and molecular cluster fomation"; Phys. Lett. A129(1988)236

LAN 2007 Karl Lanius: „Erinnerungen an den Beginn"; in: „50 Jahre Forschung für die friedliche Nutzung der Kernenergie"; Hrsgb. A. Andreeff und D. Seeliger; Sitzungsberichte der Leibniz-Sozietät e.V. Berlin; Bd. 89, Jhg. 2007, S.11-18

LOV 1978 G.N. Lovchikova, O.A. Salnikov, S.I. Simakov, A.M. Trufanov, D. Seeliger, J. Kayser, W. Pilz, D. Schmidt, T. Strell: „Neutronenspektren beim Zerfall von Isobar-Analog-Resonanzen in den Reaktionen ^{109}Ag(p,n)^{109}Cd und ^{115}In(p,n)^{115}Sn " (in russ.); Yad. Fiz. 28,3(9)(1978)605-610

LOV 1992 G.N. Lovchikova, S.E. Sukhikh, A.V. Polyakov, A.M. Trufanov, H. Märten, D. Seeliger: „Double-Differential Cross Section of Neutron Emission from ^{235}U at 4,9 MeV Neu tron Incident Energy"; in: Nuclear Data for Science and Technology, (Int. Conf. Jülich 13-17 May 1991), Ed. S.M. Quaim, Springer-Verlag, Berlin, Heidelberg, New York, London, Paris, Tokyo, Hong Kong, 1992, pp. 114-116, ISBN 0-387-55100 X und ISBN 3-540-55100-X

MAC 1958 Wilhelm Macke: Lehrbuch „Theoretische Physik", 6 Bände: „Teilchen", „Wellen", „Quanten" „Felder", „Statistik" und „Relativität" ; Akademische Verlagsges. Geest & Portig K.-G., Leipzig, erschienen schrittweise ab 1958

MAD 2008 P. Maddrell: "Spying on Science - Western Intelligence in Divided Germany 1945 - 1961"; Oxford University Press, 2008

MÄD 1976 P. Mädler, R. Reif, G. Röpke, H.E. Zschau: „Non-eqilibrium statistical operator approach to relaxation processes in nuclear reactions"; Phys. Lett. 61B(1976)427

MÄD 1980a P. Mädler, R. Reif: "Description of Preequilibrium Angular Distributions within a Modified Exciton Model"; Nucl. Phys. A337(1980)445

MÄD 1980b P. Mädler, R. Reif, V.D. Toneev: "Description of Preequilibrium Angular Distribution within a Modified Exciton Model"; Kernenergie 23(1980)15

MÄD 1982 P. Mädler, R. Reif: "Relaxation Phenomena in Nucleon-induced Reactions and Preequilibrium Angular Distributions"; Nucl. Phys. A373(1982)27

MÄD 1983 P. Mädler: "An extended time-dependent mean-field theory for strongly correlated nuclear systems"; Nucl. Phys. A404(1983)58-76

MÄD 1984 P. Mädler: "Time-dependent Hartree-Fock method: Aplicaton to heavy-ion collisions and account of correlations";
ECHAYA (Particles&Nuclei) Bd. 15(1984)418

MÄD 1985 P. Mädler: "Catapult mechanism for fast particle emission in fission and heavy-ion reactions"; Z. Phys. A321(1985)343

MÄR 1982 H. Märten, D. Seeliger, B. Stobinski: „The High-Energetic Part of the ^{252}Cf Spontaneous Fission Neutron Spectrum";
INDC(GDR)-17/L, IAEA, Vienna, 1982

MÄR 1983a H. Märten. D. Seeliger, E. Stobinski: "The high-energy part of neutron spectrum from spontaneous fission of 252-Cf";
INDC(NDS)-146, IAEA Vienna 1983, 195-198

MÄR 1983b H. Märten, D. Neumann, D. Seeliger: "Theoretical analysis of the 252-Cf fisson neutron spectrum"; ebenda, pp.199-212

MÄR 1984 H. Märten, D. Seeliger: „Analysis of the prompt-neutron spectrum from spontaneous fission of ^{252}Cf"; J. Phys. G: Nuclear Phys. 10 (1984) 349

MÄR 1985a H. Märten, D. Seeliger: "Measurement and Theoretical Calculation of the ^{252}Cf Spontaneous-Fission Neutron Spectrum"; in: Nuclear Standard Reference Data (AGM Geel, 12-18 November 1984),
IAEA-TECDOC-335, Vienna 1985, pp.255-267

MÄR 1985b H. Märten, D. Richter, D. Seeliger, R. Böttger, W.D. Fromm: "New Measurement of the 252Cf(sf) neutron spectrum in the high-energy range";
ebenda, pp.310-311

MÄR 1985c H. Märten, D. Seeliger: "Calculation of the ^{252}Cf(sf) neutron spectrum in the framework of a complex cascade evaporation model", ebenda, pp.278-279

MÄR 1985d H. Märten, W. Neubert, D. Richter, D. Seeliger: "Detailed Investigations of Fission Neutron Emission"; in: Nuclear Data for Basic and Applied Science, (Int. Conf. Santa Fe, 13-17 May 1985), Ed. P.G. Young, R.E. Brown, G.F. Auchampaugh, P.W. Lisowski, L. Stewart, Gordon and Breach Science Publishers, New York, London, Paris, Montreux, Tokyo, 1985,
Vol. 1, pp. 377-384, ISBN 0-677-21330-1

MÄR 1985e H. Märten, D. Seeliger: "Theoretical Study of the Cf-252(sf) Neutron Spectrum"; ebenda, Vol. 2, pp. 1441-1444, ISBN 0-677-21340-9

MÄR 1986a H. Märten, D. Seeliger: „Description of th 252-Cf(sf) neutron spectrum in the framework of a generalized Madland-Nix-Model";
Nucl. Sci. Eng. 93 (1986)370-375

MÄR 1986b H. Märten, D. Seeliger: "Measurement and theoretical description of the ^{252}Cf spontaneous-fission neutron spectrum"; in: Neutron Induced Reactions, (4-th Int. Symp. Smolenice, June 1985), Ed. J. Kristiak, E. Betak, Reidel Publish. Company, Dodrecht, Boston, Lancester, Tokyo,1986,
pp. 322-343, ISBN 90-277-2214-5

MÄR 1986c H. Märten, D. Richter, D. Seeliger, W.D. Fromm, D. Neubert: "Differential study of 252Cf(sf) neutron emission": ebenda, pp. 368-374

MÄR 1987a H. Märten, D. Richter, D. Seeliger, W.D. Fromm, R. Böttger, H. Klein: „The 252-Cf Spontaneous Fission Neutron Spectrum in the 5 – 20 MeV Range"
INDC(NDS)-194/L, IAEA, Vienna,1987;

MÄR 1987b H. Märten: "Theoretical description of the 252-Cf fission neutron spectrum"; in: Properties of Neutron Sources, (IAEA AGM Leningrad, 9-13 Jun 1986), IAEA TECDOC-410 Vienna 1987, pp. 144-182

MÄR 1987c H. Märten, D. Richter, D. Seeliger, W.D. Fromm, W. Neubert: "New exerimental and theoretical results of the energy and angular distribution of Cf fission neutrons"; ebenda, pp. 183-186

MÄR 1987d H. Märten, D. Richter, D. Seeliger, W. Neubert, A. Lajtai: "Energy and angular distribution of ^{252}Cf fission neutrons in the low energy range"; ebenda, pp. 213-216

MÄR 1988a H. Märten, D. Richter, D. Seeliger, W. D. Fromm, W. Neubert, A. Lajtai: „New Method for Measurement of Energy and Angular Distributions of Prompt Fission Neutrons"; Nucl. Instr. & Meth. A264(1988)375

MÄR 1988b H. Märten, D. Seeliger: „Neutron Evaporation during Fission Fragment Acceleration"; J. Phys. G: Nucl. Phys. 14 (1988) 211-218

MÄR 1988c H. Märten, D. Richter, A. Ruben, D. Seeliger, W. Neubert, A. Lajtai: "Prompt Fission Neutron Data"; in: Nuclear Data for Science and Technology (Int. Conf. Mito, 30 May-3 June 1988), Ed. S. Igarasi, Japan Atomic En. Res. Inst. 1988, pp. 683-686

MÄR 1989a H. Märten, A. Ruben, D. Seeliger: "Fission Energetics and Prompt Neutron Emission"; in: Physics of Neutron Emission in Fission, Ed. H. Lemmel; IAEA INDC(NDS)-220, (CM Mito 24-27 May 1988), Vienna 1989, 47-58

MÄR 1989b H. Märten, D. Richter, D. Seeliger, W. Neubert, A. Lajtai: "Energy and angular distribution of neutron emission in the spontaneous fission of Cf-252"; ebenda, pp. 161-168

MÄR 1989c H. Märten, D. Richter, A. Ruben, D. Seeliger, G.N. Lovchikova, S.E. Sukhikh, A.M. Trufanov: "The Neutron spectrum from Neutron induced Fission of ^{232}Th"; ebenda, pp. 169-170

MÄR 1989d H. Märten, A. Ruben, D. Seeliger: "Theory of Prompt-Fission Neutron Emission", ebenda, pp. 245-258

MÄR 1989e H. Märten, A. Ruben, D. Seeliger: "Statistical Model Approach to Fission Neutron Emission"; in: 50 Years with Nuclear Fission (Int. Conf. Washington D.C. / Gaithersburg, April 25-28,1989), Ed. J.W. Behrens, A.D. Carlson, Am. Nucl. Soc,, La Gange Park, 1989, pp.743-749, ISBN 0-89448-144-4

MÄR 1990 H. Märten, D. Richter, D. Seeliger, W.D. Fromm, R. Bötger, H. Klein: "The 252-Cf Spontaneous Fission Neutron Spectrum in the 5 – 20 MeV Range"; Nucl. Sci. a. Eng. 106 (1990) 353-366

MÄR 1991a H. Märten, A. Ruben, D. Seeliger: „Prompt Fission Neutron Spectra and Fragment Characteristics for Spontaneous Fission of even-numbered Plutonium Isotopes"; Nuclear Sci. a. Engineering 109, Nr.2 (1991) 120

MÄR 1991b H. Märten: "Mechanism of fission neutron emission"; in: Nuclear Data for Neutron Emission in the Fission Process, (CM Vienna, 22-24 October 1990), IAEA INDC(NDS)-251, Vienna 1991, pp. 23-50

MÄR 1991c H. Märten, A. Ruben, D. Seeliger: "Fission neutron multiplicity calculations"; ebenda, pp. 115-133

MÄR 1991d H. Märten: "Fission Modes and Fragment De-Excitation"; in: Nuclear Reaction Mechanisms, (XX. ISNP Gaussig, 12-16 November 1990), Ed. D. Seeliger, H. Kalka, World Scientific, Singapore, New Jersey, London, 1991, pp.255-273, ISBN 981-02-0691-7

MÄR 1992 H. Märten, A. Ruben, D. Seeliger, I. Düring, D. Polster: "Fission Data Systematics", in: Nuclear Data for Science and Technology, (Int. Conf. Jülich 13-17 May1991), Ed. S.M. Quaim, Springer-Verlag, Berlin, Heidel berg, New York, London, Paris,Tokyo, Hong Kong, 1992, pp. 822-827, ISBN 0-387-55100-X und ISBN 3-540-55100-X

MAR1988 D.V. Markovskij, G.E. Shatalov: "Use of Neutronic Data in the Calculations of Hybrid Fusion Reactor Blanket", (AGM Gaussig, 1-5 December 1986), IAEA-TECDOC-457, Vienna 1987, pp.165-178

MEI 1975 W. Meiling: „Kernphysikalische Elektronik"; Reihe Wissenschaftliche Taschenbücher WTB, Band 160, Akademie-Verlag Berlin, 1975

MEI 1978a W. Meiling: „Digitalrechner in der elektronischen Messtechnik I";

Reihe WTB, Band 236, Akademie-Verlag Berin, 1978
MEI 1978b W. Meiling: „Digitalrechner in der elektronischen Messtechnik II"; Reihe WTB, Band 237, Akademie-Verlag Berlin, 1978
MEI 1978c W. Meiling, R. Arlt, W. Grimm, W. Hirsch, R. Krause, W. Wagner, F. Weidhase: „CAMAC bei neutronenphysikalischen Untersuchungen"; Kernenergie 9(1978)292
MEI 1982 W. Meiling: "Microelectronic and its effect on Nuclear Electronics Development"; ZfK-476(1982)39-50
MEI 1984a W. Meiling: „Fortschritte in der kernphysikalischen Mess- und Experimentiertechnik durch Anwendung der Mikroelektronik" Teil III ; Kernenergie 27,H.4(1984)133-146
MEI 1984b W. Meiling: "Fortschritte in der kernphysikalischen Meß- und Experimentiertechnik durch Anwendung der Mikroelektronik"; Kernenergie 27(1984)170;
MEI 1988 W. Meiling und R. Fülle: „Mikroprozessoren und Mikrorechner"; Akademie Verlag, Berlin, Informatik-Kybernetik-Rechentechnik, Bd. 256(1988)1-491
MHF 1976 Studienplan für die Grundstudienrichtung Physik zur Ausbildung an Universitäten und Hochschulen der DDR; MHF, Berlin 1976; Zentralstelle für Lehr- und Organisationsmittel Zwickau, Ag 127/1545/76/2000-ZLO
MIL 1986 B. Milek, R. Reif: „Gamov states in realistic two-center potential and nucleon emission in heavy-ion reactions"; Nucl. Phys. A458(1986)354
MIL 1988 B. Milek, R. Reif, J. Revai: „A model for particle emission from fissioning systems"; Phys. Rev. C37(1988)1077
MIL 1989a B. Milek, W. Nörenberg, P. Rozmej: „Quantum Chaos in the Two-Center-Shell-Model", Z. Phys. A334(1989)233
MIL 1989b B. Milek: „A kicked quantum system including the continuum"; Phys. Lett. A135(1989)11
MIL 1991 B. Milek, R. Reif, J. Revai, Pham Khan Van: „Semiclassical model for single-particle transitions in nucleus-nucleus reactions"; Phys. Rev. C43(1991)45
MIT 1985 S. Mittag, D. Pabst, L.B. Pikelner, W. Pilz, R. Tschammer, A. Meister, D. Seeliger, K. Seidel: „Chemically induced shifts of ^{235}U and ^{234}U Neutron Resonances"; Nuclear Phys. A435 (1985) 97
MIT 1988 S. Mittag, D. Schmidt, D. Seeliger: „Measurement and analysis of continuous spectra from inelastic neutron scattering on ^{93}Nb in the energy range 7 to 14 MeV"; in: Nuclear Theory for Fast Neutron Nuclear Data Evaluation, (AGM Beijing 12-16 October 1987), IAEA TECDOC-483, Vienna 1988, pp.255-268
MST 1981 A. Meister, D. Pabst, L.B. Pikelner, K. Seidel: „Isomer-Shift Analogue in Neutron Resonances"; Nucl. Phys.. 362(1981)18-44
MST 1983 A. Meister, S. Mittag, D. Pabst, W. Pilz, D. Seeliger, K. Seidel, H. Tschammer, R. Tschammer, D. Hermsdorf: „Doppler-Verbreiterung von ^{238}U – Neutronenresonanzen in Festkörpern und molekularem Gas", Kernenergie 26, H.8 (1983) 313
MST 1985 A. Meister, S. Mittag, W. Pilz, D. Seeliger, K. Seidel: „Doppler Broadening of Neutron Resonances in Crystal Lattices compared with the Gas-Model Approximation"; in: Nuclear Data for Basic and Applied Science, (Int. Conf. Santa Fe, 13-17 May 1985), Ed. P.G. Young, R.E. Brown, G.F. Auchampaugh, P.W. Lisowski, L. Stewart, Gordon and Breach Science Publishers, New York, London, Paris, Montreux, 1985, Vol. 1, pp. 489-492, ISBN 0-677-21330-1
MST 1986 A. Meister, S. Mittag, L.B. Pikelner, W. Pilz, D. Seeliger, K. Seidel: "Chemically induced shifts of neutron resonances"; I: Neutron Induced Reactions, (4-th Int. Symp. Smolenice, June 1985), Ed. J. Kristiak, E. Betak, D. Reidel Publ. Company, Dodrecht, Boston, Lancester, Tokyo, 1986, pp. 310-316, ISBN 90-277-2214-5
MÜN 1985 L. Münchow, R. Reif: „Recent Development in the Nuclear Many Body Problem, Vol. I Strong Reactions and Nuclear Structure"; Teubner Texte zur Physik, Band 7, B.G. Teubner Verlagsgesellschaft, Leipzig 1985

MÜN 1987 wie MÜN 1985, „...Vol. II Nuclear Reactions and Dynamics" , ... Leipzig 1987
MUS 1977 G.Musiol: "Arbeiten am Synchrozyklotron des VIK Dubna"; WZ TUD 26(1977)641
MUS 1980 G. Musiol, R. Reif, D.Seeliger: "Kern- und Elementarteilchenphysik"; Reihe Studienbücherei; VEB Deutscher Verlag der Wissenschaften, Berlin 1980
MUS 1988 G. Musiol, J. Ranft, R. Reif, D.Seeliger: "Kern- und Elementarteilchenphysik"; VEB Deutscher Verlag der Wissenschaften, Berlin 1988 und VCH Verlagsgesellschaft Weinheim, N.Y., Cambridge, Basel, 1988; Überarbeitete 2. Auflage: Verlag Harri Deutsch, Frankfurt/Main, 1995; ISBN 3-8171-1404-4
NAG 2003 Günter Nagel: „Atomversuche in Deutschland – geheime Uranarbeiten in Gottow, Oranienburg und Stadtilm"; Heinrich-Jung-Verlagsgesellschaft mbH, Zella-Mehlis / Meiningen, 2002; 2. Auflage 2003
NDS 1983 „Nuclear Data Standards for Nuclear Measurements"; IAEA Technical Reports Series Nr. 227, Vienna, 1983 – und nachfolgende Aktualisierungen
NIK 1962 V.I. Nikanorov, G. Peter, A.F. Pisarev und H. Pose: "Messung des Koeffizienten der Spinkorrelation für die (p,p)-Streuung bei 660 MeV" (in russ.); JETF 42(1962)1209
OEH 1964 H. Oehler, H.Köhler, H. Pose: "Ionisationskammer für die Spektrometrie schneller Neutronen"; Kernenergie 7(1964)325
OEH 1966 H. Oehler, H. Pose: „Unelastische Streuung von 1MeV – Photoneutronen an mittelschweren Atomkernen"; Kernenergie 9(1966)95
OHM 1982 L. Oehme, R. Reif: "Direct and disspative modes in heavy-ion reactions: incomplete deep inelastic collisions"; Phys. Lett. 119B(1982)293
ORT 1982 H.G. Ortlepp, W. Meiling: „Entwicklung spektroskopischer Elektronik im Laboratorium für Kernprobleme des VIK Dubna"; Kernenergie 25(1982)85-88
PET 2003 D. Petschel: „Die Professoren der TU Dresden 1828 – 2003"; Böhlau Verlag Köln Weimar Berlin, 2003
PFI 1988 A. Pfitzner, L. Münchow, P. Mädler: „One-body dynamics modified by collective fluctutions" Z. Phys. A331(1988)43
PIL 1980a W. Pilz, D. Schmidt, D. Seeliger, T. Streil: „Scattering of 10 MeV Neutrons on Silicon"; in:Neutron Induced Reactions; Physics and Applications Vol. 6, VEDA Publ. House of Slovac. Ac. of Sciences, Bratislava 1980, pp. 127-132
PIL 1980b W. Pilz, D. Chmidt, D. Seeliger, T. Streil: „Scattering of 10 MeV Neutrons on Silicon"; in: Nuclear Cross Sections for Technology (Int. Conf. Knoxville TN, Otober 22-26, 1979), Ed. J.L. Fowler, C.H. Johnson, C.D. Bowman, US Dept. of Commerce/ National Bureau of Standards, NBS Special Publication 594, 1980, pp.78-79
PIL 1981 W. Pilz, D. Schmidt, D. Seeliger, A.I. Vdovin; „Untersuchung der Reaktion ^{109}Ag(p,n)^{109}Cd im Energiegebiet E_p von 4,5 bis 9 MeV", Yad. Fiz. 33,4(1981)885
POS 1929 H. Pose, G. Hoffmann: „Nachweis von Atomtrümmern durch Messung der Ionisation eines einzelnen H-Strahls"; ZS f. Phys. 56(1929)405
POS 1930 H. Pose: „Über die diskreten Reichweitegruppen der H-Teilchen aus Aluminium"; ZS f. Phys. 64(1930)1 u. weitere Publ. von 1930 bis 1939
POS 1943a H. Pose, E. Rexer: „Versuche mit verschiedenen geometrischen Anordnungen von Uranoxid und Paraffin"; Leipzig, 1943; Deutsches Museum, Atomberichte G 240
POS 1943b H. Pose: „Spontane Neutronenemission von Uran und Thorium"; ZS f. Phys. 121(1943)293
POS 1957 H. Pose: „Unelastische Streuung von Photoneutronen im Energiebereich von 0,3 bis 1 MeV"; Ann.Phys., Jhg.6, Bd.20(1957)4
POS 1966 H. Pose: „Das Institut für Experimentelle Kernphysik an der Technischen Universität Dresden"; Kernenergie 9, H.2(1966)64-66
POS 1971 H. Pose: „Einführung in die Physik des Atomkerns"; VEB Deutscher Verlag der Wissenschaften, Berlin 1971

RAM 1960 K. Rambusch: „Fünf Jahre Kernforschung und Kerntechnik in der DDR"; Kernenergie 3, H.10/11(1960)932-940
REI 1974 R. Reif, R. Schmidt: „Spin Dependence in Inelastic Proton Scattering from Odd-A-Nuclei"; Phys. Lett. 52B(1974)163
REI 1975a R. Reif: "Dichteabhängige effektive Nukleon-Nukleon-Wechselwirkung und direkte Kernreaktionen"; Yad. Fiz. 22(1975)1129
REI 1975b R. Reif: "Contributions of Direct Reactions to the Pre-quilibium Spectrum of the Non-Elastic Scattering of Neutrons"; Acta phys. Slov. 25(1975)208
REI 1977 R. Reif: "Direkte Reaktionen und Kerndatneinschätzung"; Kernenergie 20(1977)77
REI 1981 R. Reif, U. Richter, K. Meyer: "Untersuchungen zur Rauschanalyse von Transportstörungen in Kernreaktoren"; WZ TUD 30(1981)41
REI 1982 R. Reif, B. Weißbach, E. Betak, Ch. Stoyanov, A.I. Vdovin: "Direct inelastic scattering from odd A nuclei in a microscopic quasiparticle-phonon model"; J. of Phys. G 8(1982)257
REI 1983 R. Reif, G. Saupe: "Angular Momentum Transfer and Orientation in Heavy-Ion Collisions" ECHAYA (Particles & Nuclei) Bd. 14(1983)900
RUB 1990 A. Ruben, H. Märten: "Fission Neutron Multiplcity Versus Fragment Mass and Kinetic Energy"; Z. Phy. A337(1990)237
RUB 1991 A. Ruben, H. Märten, D. Seeliger: "Energy Partition in Nuclear Fission"; Zeitschr. Phys. A - Hadrons and Nuclei 338 (1991) 67
SCI 1942 J. Schintlmeister: „Die Elektronenröhre als physikalisches Messgerät - Röhrenvoltmeter, Röhrengalvanometer, Röhrenelektrometer"; Springer-Verlag, Wien, 1942
SCI 1961 J. Schintlmeister: „Das Zentralinstitut für Kernphysik, Rossendorf bei Dresden; 2. Bereich Kernphysik"; Kernenergie 4, H.7(1961)733-742
SCM 1987 D. Schmidt, D. Seeliger, G.N. Lovchikova, A.M. Trufanov: „Measurement and Systematics of Neutron Scattering on 6-Li and 7-Li between 6 and 12 MeV"; Nucl. Sci. a. Eng. 96(1987)159-167
SCR 2003 U. Schmidt-Rohr: „Die Deutschen Kernphysikalischen Laboratorien - von 1911 bis zur Gründung des Atomministeriums"; MPI für Kernphysik, Heidelberg, Oktober 2003, ISBN 3-00-012384-9
SCR 2005 U. Schmidt-Rohr: „Die Deutschen Kernphysikalischen Laboratorien II - nach Gründung des Atomministeriums" MPI für Kernphysik, MPI für Kernphysik, Heidelberg, Oktober 2005, ISBN 3-00-017204-1
SCT 1978 R. Schmidt, V.D. Toneev, G. Wolschin: "Mass Tansport and Dynamics of the Relative Motion in DIC" Nucl. Phys. A311(1978)247
SCT 1981 R. Schmidt, R. Reif: "Angular Momentum Dissipation and Orientation in Deep Inelastic Heavy Ion Collisions" J. of Phys. G 7(1981)775
SCT 1982 R. Schmidt: "Classical description of heavy ion collisions"; ECHAYA (Particles & Nuclei) Bd.13(182)1203
SCT 1985 R. Schmidt: "Mass transport and energy equilibration in HIC"; Z. Phys. A320(1985)413
SCT 1989 R. Schmidt, B. Kämpfer, H. Feldmeier, O. Knospe: " Relativistic effects in molecular dynamics simulation of heavy-ion collisions"; Phys. Lett. B229(1989)197
SRR 1966 G. Schirmer, H. Pose, H. Hänsgen: „Untersuchung von Beryllium mit polarisierten Neutronen der Energien 2,60 bis 2,77 MeV"; Nucl. Physics 84(1966)201
SCW 1976a T. Schweitzer, D. Seeliger, K. Seidel, S. Unholzer: "Differentielle Querschnite elastisch und unelastisch gestreuter Neutronen an den Kernen Mg, Si, Fe u. Bi bei einer Einschussenergie von 3,4 MeV"; Yad. Konst. 22(176)15
SCW 1976b T. Schweitzer, D. Seeliger, K. Seidel, S. Unholzer: "Analysis of Differential Elasticand Inelastic Scattering Cross Sections by the Hauser-Feshbach Theory"; in: Nuclear Theory in Neutron Nuclear Data Evaluation, (CM ICTP Trieste 8-11 December 1975), IAEA TECDOC 190 Vol. II,

Vienna 1976, pp.243-251

SCW 1977a T. Schweitzer, D. Seeliger, K. Seidel, S. Unholzer: „Differentielle elastische u. unelastische Spreuquerschnitte für Magnesium, Silizium, Eisen, Wismut"; Kernenergie 20,H.6(1977)174-177

SCW 1977b T. Schweitzer, D. Seeliger, S. Unholzer: "Study of elastic and inelastic scattering of 3,4 eV neutrons on ^{23}Na and ^{56}Fe" (in russisch); in Neijtronnaja Fizika, (4-th Neutron Conf. Kiew, 18-22 April 1977), Ed. L.N. Usachev, ZNII Atominform, GKAE und AdW der UdSSR, Moskau 1977, pp.231-237

SEE 1963 D. Seeliger, N. Iliesku, Kim Chi San, D. Longo, L.B. Pikelner, E.I. Sharapov : „Neutronenresonanzen in Brom" (in russ.); JETF 45,5(11)(1963)1294-1303

SEE 1967a D. Seeliger, K. Trützschler, K. Wiesner: „Bau und Erprobung eines Flugzeitspektrometers für schnelle Neutronen", Exp. Techn. d. Physik XV,H.6(1967)341-351

SEE 1967b D. Seeliger und H. Pose: „Flugzeitspektrometer schneller Neutronen mit gepulster Neutronenquelle"; Kernenergie 10 (1967) H.12,366-368

SEE 1967c D. Seeliger, K. Wiesner: „Die Methode der assoziierten Teilchen in der Neutronen-Flugzeitspektrometrie und ihre Anwendung bei der T(d,n)^{4}He-Reakion"; Kernenergie 10,H.7(1967)214-215

SEE 1968 D. Seeliger und K. Trützschler: „Flugzeitspektrometer mit gepulster Quelle für Schnelle Neutronen aus der Kernreaktion T(d,n)^{4}He"; Nucl. Instr. & Meth. 66(1968)157-166

SEE 1970 D. Seeliger, K. Seidel, W. Weder: „Berechnungen zur Gruppierung eines Ionenstrahls mit Mehrspalt-Klystronsystemen"; Exp. Techn. d. Physik XVIII, H.4/5(1970)287-299

SEE 1971 D. Seeliger, K. Seidel, D. Wohlfarth: „Untersuchung des Mechanismus der unelastischen Sreuung von 14 MeV Neutronen an leichten und mittelschwe ren Kernen"; Neutronenkonferenz Kiew, 24.-28.05.1971, Neijtronnaja Fizika, Verlag Naukova Dumka, Kiew (1972), Teil I, S.243-252

SEE 1972 D. Seeliger, K. Seidel, E. Will: „Neutron-Gamma-Diskriminierung in einem Flugzeitspektrometer"; Kernenergie 15,H.10(1972)347-353

SEE 1976 D. Seeliger: „Pre-Equilibrium Emission in Neutron Induced Reactions"; in: Nuclear Theory in Neutron Nuclear Data Evaluation, (CM ICTP Trieste 8-11 December 1975), IAEA TECDOC 190 Vol I, Vienna, 1976, pp. 313-323,

SEE 1977 D. Seeliger: "Mikroskopische Kerndaten Teil I: Der Bedarf an Kerndaten für einige praktische Anwendungen"; Kernenergie 20, H.6 (1977) 153

SEE 1978-89 D. Seeliger: "Progress Reports to the International Nuclear Data Commit tee" IAEA Vienna, INDC(GDR)-8/G, 1978; -12/G, 1980; -16/G, 1981; -24/G, 1983; - 31/G, 1984; -43/G, 1986; -45/G, 1987;

SEE 1979 D. Seeliger: "Theoretical Approach to Nuclear Data Required for Fusion Reactor Calculations", in Nuclear Data for Fusion Reactor Technology; IAEA TECDOC-223, (AGM Vienna 11-15 December 1978), Ed. A. Lorenz, D.W. Muir, Vienna 1979, pp. 139-152

SEE 1980a D. Seeliger, S. Sassonoff: „Theoretische Modelle zur Beschreibung der Winkelverteilungen von Reaktionsprodukten aus Vorgleichgewichtsreaktionen"; ECHAYA (Particles&Nuclei) 11,H.4(1980)967-990

SEE 1980b D. Seeliger: "Application of Pre-Equilibrium Models to the Calculation of Neutron Reaction Data"; in: Nuclear Theory for Applications (Winter Course Int. Center of Theoretical Physics Trieste, 17 January-10 February 1978); IAEA-SMR-43, ICTP Trieste, 1980, pp. 283-292

SEE 1980c D. Seeliger: "New developments of the preequilibrium decay models for reactions with fast neutrons"; in:Neutron Induced Reactions, (Intern. Sympos. Smolenice 25-29 June 1979), Ed. I. Ribansky, E. Betak, Physics and Applica tions No. 6, VEDA Publ. House of Slovac Ac. of Sc., Batislava, 1980, pp.183-199

SEE 1986 D. Seeliger, D. Schmidt, T. Streil: „Nuclear Structure and Direct Reaction Mechanism in Neutron Scattering on ^{28}Si in the Energy Range 6.8 to 14.8

MeV"; Nucl. Phys. A460(1986)265-298

SEE 1987 D. Seeliger: "Techniques for 14 MeV sources utilization"; in: Properties of Neutron Sources (AGM Leningrad, 9-13 June 1986); IAEA TECDOC-410, Vienna 1987, 335-345

SEE 1988a D. Seeliger: "Status of Experimental and Theoretical Double-differential Neutron Emission Data"; in: Nuclear Data for Fusion Reactor Technology, (AGM Gaussig,1-5 Dec. 1986), IAEA TECDOC-457,Vienna, 1988, pp.113-124

SEE 1988b D. Seeliger: "Applicaton of different pre-equilibrium models to the descrip tion of double-differential neutron emission cross section-comparisons discussed for the case ^{93}Nb + n"; in: Nuclear Theory for Fast Neutron Nuclear Data Evaluation, (AGM Beijing 12-16 October 1987), IAEA TECDOC-483, Vienna 1988, pp. 246-255

SEE 1989 D. Seeliger, K. Wiesener, A. Meister, H. Märten, D. Ohms, D. Rahner, R. Schwierz, P. Wüstner: „Search for DD-Fusion Neutrons at the Electrolysis of Heavy Water"; Electrochimica Acta 34 (1989) 991

SEE 1990 D. Seeliger: "Physikalische Proleme der Untersuchungen zur Kernfussion in kondensierter Materie"; Isotopenpraxis 26(1990)348-395

SEE 1991 D. Seeliger: "Theoretical limits of nuclear fusion in condensed matter"; Acta Physica Hungarica 69,3-4(1991)257-267

SEE 1993 D. Seeliger: "Statistical Multistep Direct and Statistical Multistep Compound Models for Calculation of Nuclear Data for Applications"; in: Computation and Analysis of Nuclear Data Relevant to Nuclear Energy and Safety, (Workshop ICTP Trieste 10 February-13 March 1992), Ed. M.K. Mehta, J.J. Schmidt, World Scientific, Singapore, London, Hong Kong, 1993, p. 223-243, ISBN 981-02-1224-0

SEI 1976a K. Seidel, D. Seeliger, A. Meister: „Berücksichtigung von Vorgleichgewichtsprozessen in Neutronenreaktionen" (in russ.); Yad. Fiz. 23,4(1976)745-748

SEI 1976b K. Seidel, D. Seeliger, R. Reif, V.D. Toneev: „Vorgleichgewichtszerfall in Kernreaktionen"; ECHAYA (Particles & Nuclei) 7,H.2(1976)13-552

SEI 1976c K. Seidel, D. Seeliger, A. Meister: "Calculation o Preequilibrium Processes in (n,2n), (n,np) and (n,pn) Reactions", in: Nuclear Theory in Neutron Nuclear Data Evaluation, (CM ICTP Trieste 8-11 December 1975), IAEA TECDOC 190, Vienna 1976, Vol. II, 285-299

SEI 1988 K. Seidel, D. Seeliger, A. Meister, S. Mittag, W. Pilz: „Einfluss von atomaren, molekularen u. Festkörper-Effekten auf d. Neutronenresonanzquerschnitt" ; ECHAYA (Particles&Nuclei) 19, H. 2 (1988) 307

SIE 1976 H.H. Siebert, D. Lehmann, G. Musiol, G. Zschornack: "Zur Berechnung der Ionisationsquerschnitte bei Elektron-Atom-Stößen im Gebiet relativistischer Elektronenergie" (in russ.); Preprint VIK, P 9-10197, Dubna (1976)

SRR 1966 G. Schirmer, H. Pose, H. Hänsgen: „Untersuchung von Beryllium mit polarisierten Neutronen der Energien 2,60 bis 2,77 MeV"; Nucl. Physics 84(1966)201

TIL 1992 G.R. Tillack, R. Reif, A. Schülke, P. Fröbrich, H.J. Krappe, H.G. Reusch: "Light particle emission in the Langevin dynamics of heavy ion induced fission" Phys. Lett B296(1992)296

TON 1978 V.D. Toneev, R. Schmidt: "Complete Fusion, Quasifission and DIC: limitations to the cross sections"; Yad. Fiz. 27(1978)1191

TON 1979 V.D. Toneev, R. Schmidt: "A dynamical model of DIC between heavy ions" Yad. Fiz. 30(197)112

TOR 1988 M. Torjman, H. Kalka, D. Hermsdorf, D. Seeliger: "A semi-empirical description of double-differential neutron emission spectra"; in: Nuclear Theory for Fast Neutron Nuclear Data Evaluation, (AGM Beijing 12-16 October 1987), IAEA TECDOC-483, Vienna 1988,269-272

TRÜ 1969 K. Trützschler, K. Wiesner: „Untersuchung der Streuung von Neutronen im Energiebereich um 3 MeV an Chrom mit Hilfe der ns - Flugzeittechnik" Gemeinsame Dissertation, TU Dresden, 1969

TRU 1991 A.M. Trufanov, G.N. Lovchikova, B.V. Zhuravlev, S.E. Sukhikh, A.V. Polyakov, V.A. Vinogradov, A. Ruben, U. Düring: „The fission neutron spectrum of ^{237}Np"; in: Nuclear Data for Neutron Emission in the Fission Process, (IAEA CM Vienna, 22-24 October 1990), IAEA INDC(NDS)-251, Vienna 1991, pp. 105-108

TUD 1973-79 Übersichtsberichte zur Forschung der TU Dresden, Hrsg. Rektor, für die Jahre 1973 (darin Sektion Physik S. 31-40);1974 (Sektion Physik S. 45-56); 1975 (Sektion Physik S. 45-57);1976/77 (Sektion Physik S. 43-53); 1978/79 (Sektion Physik S. 45-58)

ZFK 1966 Proceedings of the Conference on Nuclear Reactions with Light Nuclei and Nuclear Structure, Rossendorf, 10.-15.01.1966, ZfK-122, 1966

ZFK 1967 Proceedings of the Second Conference on Nuclear Reactions with Light Nuclei and Nuclear Structure, Rossendorf, 16.-21.10.1967, ZfK-130, 1967

ZFK 1971-89 Gemeinsame Jahresberichte, erschienen als ZFK-Reports ab 1971: ZfK-223, Sept.71;-243, Sept.72; -262, Sept.73; -283, Aug.74; -295, Aug.75; -315, Aug.76; -350, Mai 78; -385, Juni 79; -408, Mai 80; -443, Mai 81; -488, Okt.82; -503, Juni 83; -530, Juni 84; -559, Juni 85; -584, Apr.86; -621, Apr.87; -638, Apr.88; -667, Apr.89

ZIM 1989 Helmut Zimmer: „Beiträge zur Geschichte der Physik an der Technischen Universität Dresden"; Hrsg. Rektor der TU Dresden, Domowina-Verlag Nowa Doba, Bautzen, 1989

ZSC 1979a G. Zschornack, G. Müller, G. Musiol: „Röntgenstrahldiagnostik am Schwerionen-Elektronenring-Kollektivbeschleuniger"; VIK E 9-12539, Dubna (1979)

ZSC 1979b G. Zschornack, G. Müller, G. Musiol: „Dirac-Fock-Slater-Rechnungen zur Vielfachionisation von Uranatomen"; ZfK-385 (1979) 92-94

Angaben zu den zitierten Zeitschriften und Publikationen:

AGM: Advisory Group Meeting der IAEA

ANS: American Nuclear Society, La Grange Park, Illinois, USA

Atomkernenergie-Kerntechnik: Independent Journal on Energy Systems and Radiation Carl Hanser Verlag, München

CM: Consultants Meeting der IAEA

ECHAYA (Particles&Nuclei): Übersichtszeitschrift Fizika Elementarnych Chastiz i Atomnovo Yadra (Physik der Elementarteilchen und des Atomkerns); in Russisch, erschienen mit einem zweiten, englischen Titelblatt unter „Particles & Nuclei"; Vereinigtes Institut für Kernforschung Dubna, Verlag Energoatomisdat, Moskau; die englische Übersetzung der Ausgaben von ECHAYA wurde in den USA publiziert durch die ANS als „Elementary Particles and Nuclei",

Exp. Techn. d. Physik: Zeitschrift Experimentelle Technik der Physik,

FEI: Institutsbericht Physikalisch-Energetisches Institut Obninsk (in Russisch)

Fusion Technology: Zeitschr. Fusion Technology, Hrsg. ANS, USA

Nucl. Instr. & Meth.: Ztschr. Nuclear Instruments and Methods, North Holland Publishing Company, Amsterdam

Nucl. Instr. & Meth. in Phys. Res.: Zeitschrift Nuclear Instruments and Methods in Physics Research, North Holland Publishing Company, Amsterdam

Nucl. Phys. : Zeitschrift Nuclear Physics, North Holland Publ. Company, Amsterdam

IAEA-TECDOC: International Atomic Energy Agency, Technical Document, Wien

ICTP: International Center for Theoretical Physics der UNESCO, Trieste, Italy

INDC: Dokumente des International Nuclear Data Committee der IAEA

Nucl. Sci. a. Eng.: Ztschr. Nuclear Science and Engineering, Hrsg. ANS, USA

JETF: Shurnal Eksperimentalnoij i Teoretitscheskoij Fiziki (Ztschr. für Experimentelle und Theoretische Physik), in Russisch, Akademie d. Wissenschaften, Moskau

J. Nucl. En.: Journal of Nuclear Energy, Pergamon Press, Oxford, New York

J. Phys. G:Nucl. Phys.: J. of Physics G: Nuclear Physics, The Institute of Physics, London

Kernenergie: Zeitschrift für Kernforschung und Kerntechnik, Akademie-Verlag, Berlin

Kerntechnik: Independent Journal for Nuclear Engineering, Energy Systems and Radiation, Carl Hanser Verlag München
Phys. Lett.: Zeitschrift Physics Letters, North Holland Publ. Comp., Amsterdam
Phys. Rev.: Physical Review, Hrsg. The American Physical Society,
Prib. Techn. Eksp.: Zeitschrift Pribori i Technika Eksperimenta (Geräte und Technik des Experiments), in Russisch, Akademie der Wissenschaften, Moskau
VIK: Institutsberichte u. Preprints des Vereinigten Instituts für Kernforschung Dubna
WZ TUD: Wissenschaftliche Ztschr. der Technischen Universität Dresden, Der Rektor
Yad. Fiz.: Ztschr. Yadernaja Fizika (Kernphysik), in Russ., Akademie d. Wiss., Moskau
ZfK: Institutsbericht Zentralinstitut für Kernforschung der AdW, Rossendorf b Dresden
Z. Phys. A – Hadrons and Nuclei: Ztschr. für Physik – Hadrons and Nuclei, Springer Verlag

Anhänge

A-1 Personenregister
der genannten Wissenschaftler und Ingenieure[37]

37 Das Personenregister enthält alle im Text, den Tabellen sowie Bildunterschriften genannten Namen von Wissenschaftlern und Ingenieuren, jedoch ohne Angabe akademischer Titel. Nicht erfasst sind dagegen die nur in den Quellenangaben, Anhängen oder Fußnoten genannten Namen

A-2 Diplomabsolventen des Instituts für Experimentelle Kernphysik und seinen Folgeeinrichtungen (1962-1990)[38]

Immatrikulationsjahrgang ***1957*** */ Absolventen* ***1962****:*

Heinz Franke, Karl Holste, Hans-Werner Kammer, Egbert Wiesner

Immatrikulationsjahrgang ***1958*** */ Absolventen* ***1963****:*

... Abraham, ... Blumstengel,. Joachim Höhn, ...Pätzold, ... Radloff, ... Sklenar, ... Stamenoff

Immatrikulationsjahrgang ***1959*** */ Absolventen* ***1964****:*

... Dehne, ... Franz, Rainer Hampel, ...

Immatrikulationsjahrgang ***1960*** */ Absolventen* ***1965****:*

Rolf-Dieter Arlt, Wolfgang Berger, ... Heinrich, Frank Köhler, Heinrich Strusny, Karl Trützschler, Siegfried Unholzer, Klaus Wiesner

Immatrikulationsjahrgang ***1961*** */ Absolventen* ***1966****:*

... Andrejtscheff, ... Hambeck, ... Heltzig, Dietrich Hübner, Dankwart Schmidt, Klaus Seidel, ... Willimczyk

Immatrikulationsjahrgang ***1962*** */ Absolventen* ***1967****:*

Karl Beckert, Klaus Gehrmann, Udo Hagemann, Dietrich Hermsdorf, Winfried Jentsch, Detlev Lechner, Sasson Sassonoff, Wolfgang Zenker

Immatrikulationsjahrgang ***1963*** */ Absolventen* ***1968****:*

... Fritsche, ... Greil, ... Hauptmann, ... Hoffmann, ... Müller, ... Rabe, Gottfried Rosenkranz, ... Scharrahs, ... Spitzner

Immatrikulationsjahrgang ***1964*** */ Absolventen* ***1969****:*

... Kozyk, Ulrich Kreißig, ... Mähler, ... Neumann, Manfred Nitzsche, ... Schubert, Edmund Will, Joachim Heyer, Henning Moritz

Immatrikulationsjahrgang ***1965*** */ Absolventen* ***1970****:*

Alexander Sgonina, D. Wohlfarth, K. Zill, Klaus Pasieka, W. Weder, Horst - Dieter Giera, Klaus Dietze, G. Hessel

Immatrikulationsjahrgang ***1966*** */ Absolventen* ***1971****:*

38 Wegen struktureller und personeller Wechsel, aber auch fehlender Vollständigkeit der Information, lässt sich für die Anfangsjahre 1956-61 keine namentliche Zuordnung zu der betrachteten Strukturlinie vom Institut für Allgemeine Kerntechnik und dem Institut für Kernphysik der Fakulät für KT zum Institut für Experimentelle Kernphysik der Fakultät Mathematik und Naturwissenschaften vornehmen. Einige Namen von Absolventen der Fakultät für Kerntechnik aus der Zeit 1958-61 wurden aber im Kapitel 1 im Zusammenhang mit deren Studienbeginn an der Fakultät für KT im Zeitraum 1956-59 bereits genannt.

Lothar Hantzsch, Peter Müller, U. Müller, Frieder Weidhase, Mohamed Abd-El Salem Shahin Fayez, Gunter Kießig, Dietmar Lehmann, Karl - Friedrich Reuter, Tran Ung, W. Lüttge, H. Patzschke, J. Schöne, W. König

*Immatrikulationsjahrgang **1967** / Absolventen **1971**:*
Andreas Meister, Hans-Georg Ortlepp, Uwe Siebert, Werner Habenicht, G .Hessel

*Immatrikulationsjahrgang **1968** / Absolventen **1972**:*
Dietrich Hoffmann, Dieter Kätzmer, Jürgen Rumpf, L. Hantzsch, U. Kaul, H. Klaar, K. König, M. Plicht, Johannes Schöne, Günther Kloß, H.-P. Richter, J. Zunkel, B. Gläser, A. Stareprawo, F. Reinhold, H.-P. Lau, E. Schulze,

*Immatrikulationsjahrgang **1969** / Absolventen **1973**:*
Ch. Brandt, R. Dippert, U. Herrmann, D. Hinke, Dietrich Hoffmann, Jochen Kayser, M. Matschke, Wolfgang Pilz, Rüdiger Schmidt, Mohamed Abu El-Harith, Peter Mädler, Mohamed Ibrahim Yousef, J. Göbel, K. Passkönig, R. Storch, D. Hinke, V. Riehn, G. Schmidt, H.-J. Hilpert, L. Wunderlich, J. Skusa

*Fernstudenten **1962** (Matrikel 13)/ Absolventen **1969**:*
W. Haussen, ... Hofmann, ...Joachim, ...Jurga, ...Schäbitz, Thomas Schweitzer

*Immatrikulationsjahrgang **1970** / Absolventen **1974** (4-Jahres-Studium):*
Thomas Beuchel, Jürgen Birke, Helmut Förtsch, Stephan Gläser, Werner Grimm, Gudrun Hedt, Michael Josch, Jürgen Kühne, Hans Maroldt, Joachim Pfeiffer, Wolfgang Rahn, Lutz Schneider, Freddy Seidel, Harald Seidemann, Reinhard Storch, Thomas Streil, Wolfgang Ullrich, Gabriele Wegener vereh. Rumpf, Fritz Weinrich, Karl-Heinz Weissling, Eberhard Wünsch, Hans-Eberhard Zschau, Günter Zschornack

*Fernstudenten **1968** (Matrikel 19) / Absolventen **1974**:*
Rainer Feig, Frank-Rainer Kretzschmer, T. Kolschmann, Otto Lößnitz, J. Pegler, Reinhard Naumann, Walter Reiß, Wolf-Dieter Richter, Walther Schurr, Hans-Jürgen Thomas, Hartmut Thürmer,

*Immatrikulationsjahrgang **1971** / Absolventen **1975** (4-Jahres-Studium):*
Egon Arndt, Ottfried Döring, Ronald Foth, Matthias Hänisch, Werner Hommel, Dieter Horstmann, Reinhard Kogler, Friedrich Lohse, Hans-Jürgen Mosebach, Arnulf Möbius, Lothar Oberritter, Wolfgang Pilz, Bernd Richter, Andreas Rink, Uwe Rother, Joachim Schubert, Uwe Seidel, Gert Stemmler, Sigrid Sturm, Uwe Theidel, Bernhard Weißbach,N. Busse, J. Lange, B. Weinhold, P. Preuß

*Immatrikulationsjahrgang **1972** / Absolventen **1977***
Thomas Dietrich, Ingrid Held, Uwe Koepernik, Karin Körner vereh. Preuß, Eva Krieger vereh. Schmidt, Stefan Reiß, Peter Schneider, Franziska Smoll vereh. Waschina, Christel Thiemann vereh. Auerbach, Hannelore Tschammer, Ralf Tschammer, Rita Wohlfeld, Reinhard Wolf, Gunther Ziller,

*Immatrikulationsjahrgang **1973** / Absolventen **1978**:*
Reinhard Böse, Wilhelm Friedrich, Frank Gleisberg, Hans-Ulrich Heidrich, Andreas Kahn, Ulrich Kaiser, Michael Kirsche, Wolfgang Lange, Claus Lehmann, Siegfried Mittag, Guntram Pausch, Udo Richter, Petra Rösner, Bert Schöneich, Wolfgang Seifert, Wolfgang Spindler, Axel Viehweger,

Immatrikulationsjahrgang ***1974*** */ Absolventen* ***1979:***
Lutz Adolph, Volker Behne, Hans-Werner Eckardt, Wolfgang Enghardt, Jörg Espenhahn, Gerd Heinrich, Andreas Horn, Heinrich Jacobi, Horst Märten, Bernd Michel, Lutz Neumann, Joachim Pöthig, Gudrun Saupe, Johanna Schwalbe, Gerd Tanneberger, Jochen Teichert, Jörg Wegerich

Immatrikulationsjahrgang ***1975*** */ Absolventen* ***1980:***
Reinhard Berg, Hartmut Bergelt, Volker Dietz, Peter Hanke, Ulrich Jahn, Rolf Jähne, Fred Kirschner, Eckhard Kreißig, Elief Paffrath, Dagmar Rissmann, Arndt Schamlott, Joachim Schubert, Rainer Schulz, Wolfgang Seiffert, Peter Stephan, Hartmut Unger, E. Vetter

Immatrikulationsjahrgang ***1976*** */ Absolventen* ***1981:***
Michael Andreeff, J. Bauersfeld, F. Bormann, U. Brückner, L. Hergert, G. Jacob, H. Phillip, W. Piner, A. Wagner, Ronald Schwengner

Immatrikulationsjahrgang ***1977*** */ Absolventen* ***1982:***
M. Andrassi, H. Gräfe, A. Kiesemund, B. Stobinski, L. Oehme, Bernd Milek, M. Bedrich

Immatrikulationsjahrgang ***1978*** */ Absolventen* ***1983:***
Tilo Elfruth, A. Hoffmann, Harald Kalka, R. Milbacher, D. Neumann, W. Schlesier, J. Schröder, M. Militzer

Immatrikulationsjahrgang ***1979*** */ Absolventen* ***1984:***
Garcia Cortes, Uwe Gall, J.M.B. Galvez, Uwe Gohs, M. Schubert, A. Tiedt , Dietmar Richter, M. Biedermann

Immatrikulationsjahrgang ***1980*** */ Absolventen* ***1985:***
Boubakar Barry, Henry Birner, Jens Bookhagen, Holger Hartmann, Torsten Hehl, Anne Seifert, T. Gleitsmann

Immatrikulationsjahrgang ***1981*** */ Absolventen* ***1986:***
L. Almeroth, L.E. Blanco, B. Hildebrandt, P. Krimmling, Uwe Steininger, Michael Töpfer, D. Neumann, Dirk Lucas, J. Fandrich

Immatrikulationsjahrgang ***1982*** */ Absolventen* ***1987:***
Haitham Al-Obiesi, Michael Bittner, Gunnar Boneß, J. Arias Clavaria, Claus Jank, Olaf Knospe, Peter Neidel, Gonzales Rodriguez, Andreas Ruben, Maha Torjman

Immatrikulationsjahrgang ***1983*** */ Absolventen* ***1988:***
Abdulmagid Bouzed, Jörg Eckelmann, Dirk Lukas, Juan Carlos Molina, Ingo Paleit, Jan Schwager, Matthias Slodowski, Peter Wüstner, Gunter Ziegenbalg, U. Kaminski, J.C. Drake

Immatrikulationsjahrgang ***1984*** */ Absolventen* ***1989:***
Klaus Arnold, Torsten Kunze, Peter Leistner, Falk Milde, Mathias Pathe, Mike Seidel, Gerd-Rüdiger Tillack

Immatrikulationsjahrgang ***1985*** */ Absolventen* ***1990:***
Jens Brose, Ingo Düring, Mathias Adler, Dietmar Polster, Jörg Hippe, Steffen Griehl, Joachim Klose, U. Scheler, Arrieta Ortega, Suarez Sanchez